普通高等教育信息技术类系列教材

Access 2010 数据库应用案例教程

张　岩　蔡丽艳　肖　楠　张丹彤　杨　昊　主编

科学出版社

北　京

内 容 简 介

本书根据大学本科非计算机专业计算机应用能力培养要求，以及教育部考试中心 2013 年颁布的《全国计算机等级考试二级 Access 数据库程序设计考试大纲》编写而成。本书共 9 章，主要内容包括初识数据库、初识 Access 2010、数据表、查询、窗体、报表、宏、模块与 VBA 编程及数据库安全与维护。书末附有全国计算机等级考试（二级 Access）模拟试题。

本书既可作为高等院校本、专科非计算机专业数据库应用技术课程的教学用书，也可作为全国计算机等级考试（二级 Access）的辅导和培训教材。

图书在版编目（CIP）数据

Access 2010 数据库应用案例教程/张岩等主编. —北京：科学出版社，2017
（普通高等教育信息技术类系列教材）
ISBN 978-7-03-051219-2

Ⅰ. ①A… Ⅱ. ①张… Ⅲ. ①关系数据库系统-高等学校-教材 Ⅳ. ①TP311.138

中国版本图书馆 CIP 数据核字（2016）第 321301 号

责任编辑：戴 薇 刘 杨 / 责任校对：张 曼
责任印制：吕春珉 / 封面设计：东方人华平面设计部

科 学 出 版 社 出版
北京东黄城根北街 16 号
邮政编码：100717
http://www.sciencep.com

三河市骏杰印刷有限公司印刷
科学出版社发行 各地新华书店经销
*
2017 年 7 月第 一 版 开本：787×1092 1/16
2024 年 8 月第七次印刷 印张：14 3/4
字数：332 000

定价：48.00 元

（如有印装质量问题，我社负责调换）
销售部电话 010-62136230 编辑部电话 010-62135120-2047

前　　言

Microsoft Office Access 2010 是由 Microsoft 公司发布的关联式数据库管理系统。它结合了 Microsoft Jet Databasc Engine（底层数据库引擎）和 Graphical User Interface（图形用户界面）两项特点，是 Microsoft Office 的系统程序之一。Access 是把数据库引擎的图形用户界面和软件开发工具结合在一起的数据库管理系统。学习和掌握数据库的基本知识，利用数据库系统进行数据处理是高等院校学生必须具备的信息处理能力之一，也是对各类科技人员和管理人员的基本要求。近年来，许多高等院校将数据库应用技术作为必修课或选修课。

本书以循序渐进的方式，全面介绍了 Access 2010 中文版的基本操作和功能，详尽说明了各种工具的使用，全面解析了基础知识、操作方法和使用技巧。本书从用户学习的实际情况出发，突出案例教学方法的使用，围绕案例详细讲解基础知识，步骤清晰，与实践结合非常密切。具体内容如下。

第 1 章介绍了有关数据库的基础知识，通过本章的学习，读者可以对数据库有一个简单的了解。

第 2 章介绍了 Access 2010 的基础知识，包括 Access 2010 数据库的组成、创建数据库的方法及 Access 2010 的功能特点。

第 3 章介绍了表的创建、表的属性和表之间关系的创建。

第 4 章介绍了 Access 中创建查询的几种操作。

第 5 章介绍了窗体的设计及应用。

第 6 章介绍了报表的操作和应用。

第 7 章介绍了宏的创建方法和宏的执行与调试。

第 8 章介绍了模块的概念和 VBA 程序的基本结构。

第 9 章介绍了数据库安全管理、数据库的转换与导入/导出及数据库信任问题。

附录部分是两套全国计算机等级考试（二级 Access）模拟试题。

本书以应用为目的，通过贯穿讲解案例，使读者能够在学习过程中提高操作能力和应用能力。

本书由多年从事教学的一线教师，本着讲解知识由浅入深、数据库理论知识易懂、数据库应用操作技术全面、以案例教学为驱动、教学资源交流共享的原则进行编写。本书由牡丹江师范学院张岩、蔡丽艳、肖楠、杨昊和吉林工程技术师范学院张丹彤担任主编，具体分工如下：第 1 章～第 3 章由张岩编写，第 4 章由杨昊和张丹彤共同编写，第 5 章、第 6 章由肖楠编写，第 7 章、第 8 章由蔡丽艳和张丹彤共同编写，第 9 章由杨昊编写，全书由张岩统稿。编者在编写本书过程中参考了大量同行教材及网络资料，主要参考了《Access 2010 数据库原理及应用》（张星云、张秋生主编，科学出版社）和《数据库技术与应用实训教程——Access 2010》（王芳、杨莉主编，2 版，科学出版社），在此深表谢意！

本书得到了黑龙江省教育厅备案项目（No.1351MSYYB014）、牡丹江市科学技术计划项目（No.Z2016s0030、No.Z2016s0027）、牡丹江师范学院教育教学改革工程项目（No.13YJ-15047、No.16-JG18047、No.16-JG18046）的支持。

本书经过编者多次认真讨论、反复修改而定稿。由于编写时间仓促，加之编者水平有限，书中难免有疏漏与不妥之处，恳请读者和专家指正，以便及时修正。

编　者

2016 年 11 月

目　录

第1章　初识数据库

本章重点

- 数据库、数据库管理系统和数据库应用系统的基本概念。
- 关系数据库的相关知识。
- 关系数据库应用系统的设计。

在人类社会步入大数据时代的今天，人们每天都要接触和处理大量的信息。信息以数据的形式存储在计算机中。数据库技术是20世纪60年代末70年代初发展起来的一门新的学科，其核心是利用计算机高效率地管理数据，它依赖于专门的软件——数据库管理系统。

本书介绍的Access 2010是Microsoft公司Office办公套件中极为重要的组成部分，是世界上比较流行的桌面数据库管理系统之一，是开发中小型数据库应用系统的主要工具之一。

1.1　数据库概述

在学习Microsoft Access 2010之前，先简单介绍下数据库的基本知识，掌握一些有关数据库的基本概念：数据、数据处理、数据库、数据模型、数据库管理系统、数据库应用系统、数据库系统及数据库管理员等。

1.1.1　数据库的基础知识

1. 相关概念

（1）数据

数据（Data）是描述事物的符号，是对客观事物属性的记录，是信息的具体表现形式。人们通常使用各种各样的物理符号来表示客观事物的特性和特征，这些符号及其组合就是数据。在数据处理领域，数据不仅包括数字、字母及文字，还包括符号、图形、图像、动画、声音等。

在数据处理领域，同一个信息可以有多种数据表现形式，如某学生是否是团员，可以表示成“是”或“否”，也可以表示成“T”或“F”，还可以表示成“Y”或“N”等。同一个数据也可以表示多种信息，如“20161030”可以表示数值两千零一十六万一千零三十，也可以表示日期2016年10月30日。但是，在特定的环境下，一个数据仅代表一种确定的信息。任何事物的属性都是通过数据来表示的。数据经过加工处理后成为信息，而信息必须通过数据才能传播，才能对人类产生有益的影响。

（2）数据处理

数据处理又称信息处理，就是利用计算机对数据进行输入、输出、整理、存储、分类、排序、检索、统计等加工过程。数据处理的对象包括数值、文字、图形、表格等。随着多媒体计算机的出现，声音、图像、影视等也已成为计算机处理的数据。

（3）数据库

通俗地说，数据库（Database，DB）就是存储数据的仓库，类似于粮库、设备库等。实际上数据库中的数据并不是杂乱无章的，而是按照一定的组织形式存储起来的、相互关联的数据集合。数据库由两大部分构成：一是应用所需要的数据的集合，称为物理数据库，它是数据库的主体；二是关于各级数据结构的描述，体现相关事物之间的联系，由数据字典系统管理。

（4）数据模型

为了有效地实现对数据的管理，必须使用一定的数据结构来组织、存储数据，并且需要使用一种方法来建立各种类型数据之间的联系。表示实体类型及实体之间联系的模型称为数据模型。常见的数据模型有关系模型、层次模型和网状模型等，这些将在 1.1.3 节专门介绍。

（5）数据库管理系统

数据库管理系统（Database Management System，DBMS）是数据库系统中对数据进行管理的专门的软件系统，它是数据库系统的核心组成部分，对数据库的所有操作和控制都是通过 DBMS 来进行的。由于 DBMS 总是基于某种数据模型，因此可以把 DBMS 看作某种数据模型在计算机系统上的具体实现。本书所介绍的 Access 属于关系型的 DBMS。

（6）数据库应用系统

数据库应用系统是在某种 DBMS 的支持下，根据实际应用的需要开发出来的应用程序包，如财会软件、图书管理系统软件及学籍管理系统软件等。

（7）数据库系统

数据库系统（Database System，DBS）是硬件系统、数据库、DBMS、数据库应用系统、数据库管理员和用户的统称。

（8）数据库管理员

数据库管理员（Database Administrator，DBA）是专门人员或管理机构，负责监督和管理数据库系统。数据库管理员主要负责决定数据库中的数据和结构，决定数据库的存储结构和策略，保证数据库的完整性和安全性，监控数据库的运行和使用，进行数据库的改造、升级和重组。

2. 数据库系统的特点

（1）数据共享性高、冗余度小、易扩充

数据的冗余度是指数据重复的程度。数据库系统从整体角度描述数据，使数据不再面向某一应用，而是面向整个系统。因此，数据可以被多个应用共享。这不仅大大减小了数据的冗余度，节约了存储空间，减少了存取时间，而且可以避免数据之间的不相容性和不一致性。

数据库中的数据是面向整个应用系统的，容易增加新的应用，适应各种应用需求。当应用需求改变或增加时，只要重新选取整体数据的不同子集，便可满足新的要求，这就使得数据库系统具有弹性大、易扩充的特点。

（2）采用特定的数据模型

数据库中的数据是有结构的，这种结构由 DBMS 所支持的数据模型表现出来。数据库系统不仅可以表示事物内部数据项之间的联系，而且可以表示事物与事物之间的联系，从而反映出现实世界事物之间的联系。因此，任何 DBMS 都支持一种抽象的数据模型。关于数据模型将在 1.1.3 节具体介绍。

（3）数据独立性高

数据独立性包括物理独立性和逻辑独立性。

数据的物理独立性是指当数据的物理存储改变时，应用程序不用改变。换言之，用户的应用程序与数据库中的数据是相互独立的。数据在数据库中的存储形式是由 DBMS 管理的，用户程序不需要了解，应用程序要处理的只是数据的逻辑结构。

数据的逻辑独立性是指当数据的逻辑结构改变时，用户应用程序不用改变。换言之，用户的应用程序与数据库的逻辑结构是相互独立的。

数据和程序的独立性，可以将数据的定义和描述从应用程序中分离出来。数据的存取由 DBMS 管理，用户不必考虑存取路径等细节，从而简化了应用程序的编制，大大减少了应用程序的维护和修改的工作量。

（4）采用统一的数据管理和控制

数据库对于系统中的用户是共享资源。计算机的共享一般是并发的，即多个用户可以同时存取数据库中的数据，甚至可以同时存取数据库中的同一个数据。因此，DBMS 必须提供以下几个方面的数据控制保护功能。

1）数据的安全性（Security）保护。数据的安全性主要是指防止非法用户侵入，保护数据，以防止不合法的使用所造成的数据泄密和破坏，使每个用户只能按规定对某种数据以某些方式进行使用和处理。例如，用身份鉴别、检查口令或其他手段来检查用户的合法性，只有合法用户才能进入数据库系统。

2）数据的完整性（Integrity）控制。数据的完整性主要是指防止合法用户的非法侵入，包括数据的正确性、有效性和相容性。完整性检查提供必要的功能，保证数据库中的数据在输入和修改过程中始终符合原来的定义和规定，始终在有效的范围内或保证数据之间满足一定的关系。例如，月份是 1～12 的正整数，性别是男或女，一般大学生的年龄是大于 15 且小于 45 的整数，学生的学号是唯一的等。

3）数据库恢复（Recovery）。数据库恢复是指当数据库中数据遭到破坏时，能恢复到某一已知的正确状态。计算机系统的硬件、软件故障，操作人员的失误及人为的攻击和破坏，都会影响数据库中数据的正确性，甚至会造成部分或全部数据的丢失。因此，DBMS 必须能够进行应急处理，将数据库从错误状态恢复到某一已知的正确状态。

4）并发（Concurrency）控制。并发控制是指保证多个用户同时使用数据库中同一数据时数据库的正确性。当多个用户的并发进程同时存取、修改数据库时，可能会发生由相互干扰而导致结果错误的情况，并使数据库完整性遭到破坏。因此，必须对多用户的并发操作加以控制和协调。

数据库系统克服了文件管理系统阶段的缺陷，对相关数据实行统一规划管理，形成一个数据中心，构成一个数据仓库，实现了整体数据的结构化。

在 DBMS 阶段，应用程序与数据库之间的关系如图 1-1 所示。

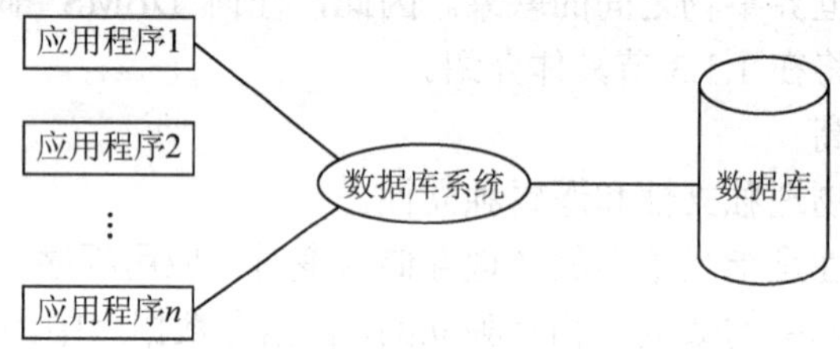

图 1-1　DBMS 阶段应用程序与数据库之间的关系

1.1.2　数据库的体系结构

数据库的体系结构分为 3 级：外部级（用户视图）、概念级（全局视图）和内部级（存储视图），如图 1-2 所示。虽然有多种不同类型的 DBMS，并且在不同的操作系统支持下工作，但其在总体结构上都具有 3 级层次结构。

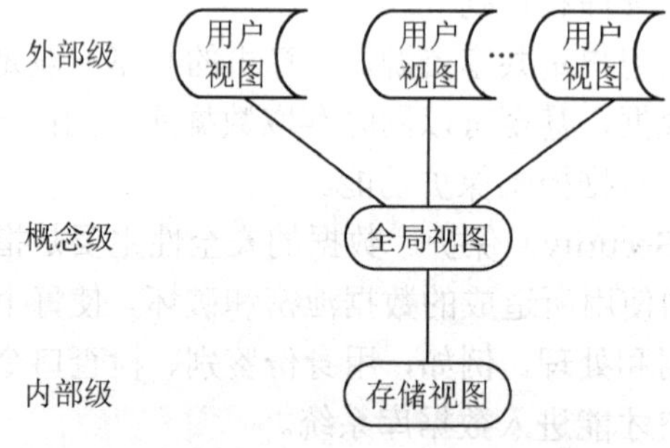

图 1-2　数据库的 3 级层次结构

从不同角度看到的数据特征称为数据视图（Data View）。用户所看到的数据特征属于外部级，单个用户使用的数据视图称为外模型，如在 Access 数据库中使用较多的查询和表的数据表视图、窗体视图、报表视图、打印预览视图等，都属于外模型；而涉及用户的数据定义，也就是全局的数据视图，称为概念模型，如表的设计视图；涉及实际数据存储方式的最接近于物理存储设备的数据视图称为内模型。

1.1.3 数据模型

数据模型是数据库的框架，这个框架形式化地描述了数据库的数据组织形式。数据模型是重要的，因为它是定义数据库的依据。

数据模型是客观事物及其联系的数据描述，是用来抽象表示和处理现实世界中的数据和信息的工具，是反映客观事物及客观事物之间联系的数据组织的结构和形式。

在数据库技术中，可用数据模型描述数据的整体结构，包括数据的结构和性质、数据之间的联系、完整性约束及数据变换规则等。数据模型应该结构简单，易于在计算机上实现，而且能够比较真实地反映客观事物之间的联系。数据模型是数据库设计人员、程序员和最终用户之间进行交流的工具。

数据模型可分为两种形式：概念模型和实现模型。通常先将现实世界中的一个系统抽象为概念模型，它既不依赖于任何计算机系统，也不依赖于具体的 DBMS，然后把概念模型转换为与某一个具体 DBMS 相关联的数据模型，即实现模型。在实际应用中，人们所说的数据模型是指实现模型。

1. 概念模型

概念模型是现实事物之间的一种抽象，它表示数据的逻辑特征，从概念上表示数据库中将要存储的信息，而不涉及这些信息在数据库中的存储形式。最常见的概念模型是实体-联系（Entity-Relationship）图，简称 E-R 图。

（1）实体

实体是指客观存在并相互区别的事物。无论是实际存在的东西（如一名学生、一台电视机），还是概念性的东西（如产品质量），或是事物与事物之间的联系（如一次选课）等，一律统称为实体。

（2）属性

属性是指实体所具有的特性。例如，学生的学号、姓名、性别、出生日期、系、入学时间等都是属性。

（3）实体和属性的型与值

实体和属性都有“型”与“值”之分。“型”是概念的内涵，而“值”是概念的实例。例如，学生这个实体，通过学号、姓名、年龄、性别和成绩等属性表明学生状况，这是实体型；而每个学生的具体情况，则称为实体的值。与此相仿，姓名、年龄、性别等都是属性型，而具体的张珊、19 岁、女等是属性的值。

（4）实体集

同一类型的实体集合称为实体集。例如，在牡丹江师范学院，所有的学生构成一个实体集，所有的教师构成一个实体集，所有的课程构成一个实体集。

（5）实体间的联系

实体与实体之间的关系称为实体间的联系。例如，一名学生可以学习多门课程，每门课程又有多名学生选修；一名教师可以教授多名学生，而每名学生又由多名教师教授。课程和学生、教师和学生之间都具有实体间的联系。两个实体型之间的联系可以分为 3 类。

1）一对一联系（1∶1）。如果对于两个不同型实体集 A 和 B，实体集 A 中的每一个实体，在实体集 B 中至多有一个实体与之联系，反之亦然，则称实体集 A 与实体集 B 具有一对一联系，记为 1∶1。

例如，一个宾馆中，“客房”和“房间号”是两个不同的实体集，每个客房都对应着一个房间号，一个房间号也唯一地对应这间客房。所以，客房和房间号之间具有一对一联系。

又如，确定部门实体和经理实体之间存在一对一联系，意味着一个部门只能由一个经理管理，而一个经理只管理一个部门。

2）一对多联系（1∶n）。如果对于两个不同型实体集 A 和 B，实体集 A 中的每一个实体，在实体集 B 中有 n（$n\geqslant0$）个实体与之联系；反之，对于实体集 B 中的每一个实体，在实体集 A 中至多有一个实体与之联系，则称实体集 A 与实体集 B 具有一对多联系，记为 1∶n。

例如，一个单位的“部门”和“职工”是两个不同的实体集，一个部门中有若干名职工，而每名职工只能在一个部门工作，则部门与职工之间具有一对多联系。

3）多对多联系（m∶n）。如果对于两个不同型实体集 A 和 B，实体集 A 中的每一个实体，在实体集 B 中有 n（$n\geqslant0$）个实体与之联系；反之，对于实体集 B 中的每一个实体，在实体集 A 中也有 m（$m\geqslant0$）个实体与之联系，则称实体集 A 与实体集 B 具有多对多联系，记为 m∶n。

例如，在某学院的选课系统中，“课程”和“学生”是两个不同的实体集，一门课程同时有若干名学生选修，而一名学生可以同时选修多门课程，则课程与学生之间具有多对多联系。

实际上，一对一联系是一对多联系的特例，而一对多联系又是多对多联系的特例。

此外，实体型之间的这种一对一、一对多、多对多联系不仅存在于两个实体集之间，也存在于两个以上的实体集或同一个实体集内部。

例如，在某学院的授课系统中，对于“课程”、“教师”与“参考书”3 个不同型实体集，如果一门课程可以由若干名教师教授，使用若干本参考书，而每一名教师只教授一门课程，每一本参考书只供一门课程使用，则课程与教师、课程与参考书之间的联系是一对多的。

又如，“职工”实体集内部有领导与被领导的联系，即某职工为部门领导，领导若干职工，而一名职工仅被另外一名职工（领导）直接领导，因此这是一对多联系。

（6）实体-联系模型

实体-联系模型是反映实体之间联系的结构形式，简称 E-R 模型。描述 E-R 模型通常用 E-R 图表示，E-R 图提供了表示实体型、属性和联系的方法。

E-R 图有以下 3 个基本图素。

1）实体型：用矩形表示，矩形框内写明实体名。

2）属性：用椭圆形表示，并用直线与相关实体连接。

3）联系：用菱形表示，菱形框内写明联系名，用直线与相关实体连接，同时在直线上标明联系（1∶1，1∶*n*，*n*∶*m*）。学生选课系统的 E-R 图如图 1-3 所示。

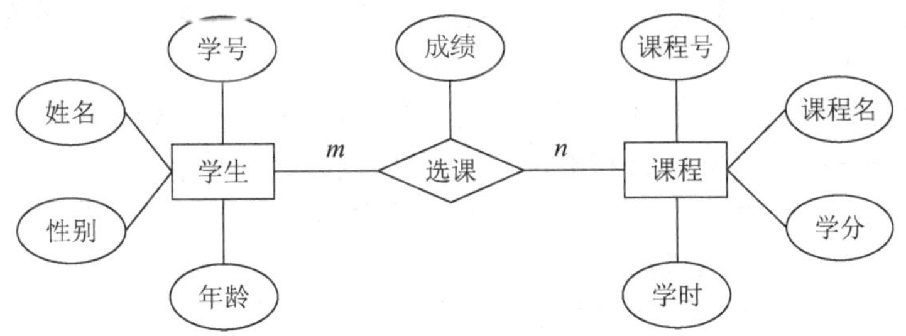

图 1-3　学生选课系统的 E-R 图

2. 实现模型

为了反映现实世界中的客观事物本身及其与其他事物之间的联系，数据库中的数据必须具有一定的结构，这种结构就是实现模型，也统称为数据模型。数据模型是数据之间逻辑关系的一种反映。

目前，应用在数据库系统中较成熟的数据模型有层次模型、网状模型和关系模型及面向对象模型，其中层次模型和网状模型统称为非关系模型。面向对象模型的专业性强，本章仅介绍前 3 种数据模型。

（1）层次模型

层次模型（Hierarchical Model）是数据库中最早出现的数据模型，层次数据库系统采用层次模型作为数据的组织方式。用树形（层次）结构表示实体类型及实体间的联系是层次模型的主要特征，层次模型的组织如图 1-4 所示。

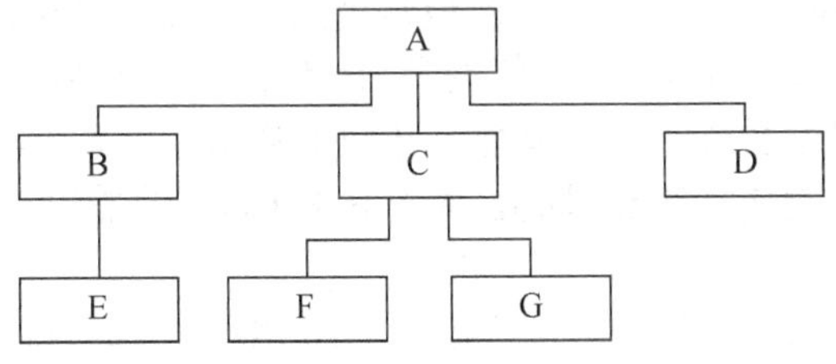

图 1-4　层次模型的组织

在数据库中，层次模型具有以下特点。

1）只有一个结点，无父结点，这个结点称为根结点，如图 1-4 中的 A 结点。

2）根结点以外的子结点，向上仅有一个父结点，向下有若干个子结点。

层次模型像一棵倒置的树，根结点在上，层次最高；子结点在下，逐层排列。层次模型的表示就如同一个家庭可以有多个孩子，向上只有一个父亲。

层次模型的特点是层次清楚、结构简单、易于实现，能够描述一对一（1∶1）和一对多（1∶n）的联系。

层次数据库系统的典型代表是 IMS（Information Management System），这是 1968 年 IBM 公司推出的第一个大型的商用 DBMS。IMS 作为 IBM 公司最典型的层次模型系统，曾在 20 世纪 70 年代的商业上广泛应用。目前，仍有某些特定用户在使用。

（2）网状模型

在现实世界中事物之间的联系更多的是非层次关系，用层次模型表示非树形结构是很不直接的，网状模型（Network Model）则可以克服这一弊端。

用网状结构表示实体类型及实体之间联系的数据模型称为网状模型。网状模型是层次模型的扩展，表示多个从属关系的层次结构，网状模型的结点间可以任意发生联系，能够表示各种复杂的关系。网状模型的组织如图 1-5 所示。

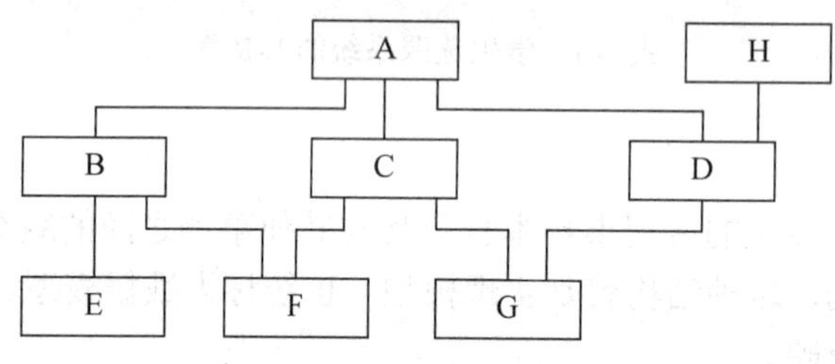

图 1-5　网状模型的组织

在数据库中，网状模型具有以下特点。

1）允许结点有多于一个的父结点，如图 1-5 中的 F 和 G 结点。

2）允许一个以上的结点无父结点，如图 1-5 中的 A 和 H 结点。

网状结构可以表示较复杂的数据结构，即可以表示数据间的纵向关系和横向关系。网状结构多适用于多对多联系。

（3）关系模型

关系模型（Relational Model）是目前最常用的一种数据模型。关系数据库系统采用关系模型作为数据的组织方式。1970 年美国 IBM 公司 San Jose 研究室的研究员 E. F. Codd 首次提出了数据库系统的关系模型，开创了数据库关系方法和关系数据理论的研究，为关系数据库技术奠定了理论基础。由于 E. F. Codd 的杰出工作，他于 1981 年获得图灵奖。

20 世纪 80 年代以来，计算机厂商推出的 DBMS 几乎都支持关系模型，非关系模型系统的产品也大多加上了接口。数据库领域当前的研究工作也都是以关系方法为基础的。

在现实世界中，人们经常用表格形式表示数据信息。但是日常生活中使用的表格往往比较复杂，在关系模型中基本数据结构被限制为二维表格。因此，在关系模型中，数据在用户观点下的逻辑结构就是一个二维表。每一个二维表称为一个关系（Relation）。

关系模型比较简单，容易被初学者接受。关系在用户看来是一个表格。构成学生信息的关系模型为学生信息表（学号，姓名，性别，出生日期），如表 1-1 所示。

表 1-1 学生信息表

学号	姓名	性别	出生日期
201701001	王文	男	2000-01-01
201701002	张珊	女	1999-05-01
201701003	赵小伟	男	2000-05-08
201701004	李洁	女	1999-06-19
201701005	刘小源	女	1998-04-17

构成课程信息的关系模型为课程信息表（课程号，课程名，学分），如表 1-2 所示。

表 1-2 课程信息表

课程号	课程名	学分
B010101	大学英语	5
B011002	高等数学	5
B010103	大学计算机基础	4

构成学生成绩的关系模型为成绩单（学号，课程号，成绩），如表 1-3 所示。

表 1-3 成绩单

学号	课程号	成绩
201701001	B010101	88
201701001	B011002	75
201701001	B010103	92
201701002	B010101	90
201701003	B010103	100

可以看出，以上 3 个关系表中，学生信息表和成绩单两个表中都有“学号”属性，可以通过学号属性查出每个学生选修了哪门课程，成绩如何；同样，课程信息表和成绩单两个表中也可以通过共有属性“课程号”查出每门课程由哪些学生选修，因此，关系模型很好地描述了现实世界中学生和课程之间的多对多联系。

1.2 关系数据库

1.2.1 基本概念

（1）关系

一个关系就是一个二维表，每个关系有一个关系名。在 Access 中，一个关系存储为一个表，具有一个表名。

（2）元组

在一个二维表中，表中的行（第一行除外）称为元组（Tuple），每一行都是一个元组（也称为一个实体），元组对应表中的一条具体记录。

（3）字段

每一列称为一个字段（Field），列首称为字段名，字段名以下的单元格中的数据称为字段值，同一列的字段值具有相同的属性（即相同的数据类型、长度、格式等）。

（4）记录

每一行（第一行除外）称为一条记录或一个元组，也就是关系的“值”。同一记录中的各字段值都是相互关联的。

（5）域

属性的取值范围称为域，即不同的元组对同一属性的取值所限定的范围。例如，性别属性的取值范围只能是“男”或“女”，年龄属性只能是大于 0 的整数。

（6）属性

属性是数据的特性，如类型、长度、小数位等。

（7）主键

其值能唯一地标示和区分表中每条记录的字段（列）。主键可以是一个字段，也可以是多个字段的组合。例如，表 1-1 学生信息表中学号字段可以唯一标示不同的记录，可以作为该关系的主键，姓名字段不适合作为该关系的主键，因为姓名经常有重名的现象；课程号字段可以作为表 1-2 课程信息表的主键；表 1-3 成绩单的主键为学号和课程号的组合。

主键用于在某个表与其他也有该字段的表之间建立联系，形成新的关系，快速地查找并组合存储在多个不同表中的信息，进行分类、排序、统计等操作。

在数据库中，主键的值既不能重复，也不允许空值的存在，而且必须始终有唯一索引。

（8）外键

一个表中的某个（或多个）字段，是另一个表中的主键，这个字段就被称为外键。外键用于建立表与表之间的关系。例如，表 1-3 中单独的学号字段不是该关系的主键，但学号字段是表 1-1 学生信息表的主键，因此表 1-3 中的学号字段被称为外键。同理，该表中课程号字段也是外键。

1.2.2 关系运算

在关系数据库进行查询时，需要找到用户感兴趣的数据，这就需要对关系进行一定的运算。关系的基本运算有两类：一类是传统的集合运算（并、差、交等），另一类是专门的关系运算（选择、投影、连接等），有些查询需要几个基本运算的组合。

1. 传统的集合运算

（1）并

设有两个关系 R 和 S，它们具有相同的结构。R 和 S 的并（Union）结果为一个新的关系 T，T 的结构与 R 和 S 相同，内容是由属于 R 或属于 S 的元组组成的集合，相同的元组只出现一次。并运算的运算符为∪，记为 $T=R\cup S$。

【例 1-1】将表 1-4 和表 1-5 中给出的有关学生信息的两个关系进行关系并运算，其结果如表 1-6 所示。

表 1-4　学生表 1

学号	姓名	性别	出生日期
201701001	王文	男	2000-01-01
201701003	赵小伟	男	2000-05-08
201701005	刘小源	女	1998-04-17
201701006	陈宇	男	1999-02-02

表 1-5　学生表 2

学号	姓名	性别	出生日期
201701002	张珊	女	1999-05-01
201701003	赵小伟	男	2000-05-08
201701004	李洁	女	1999-06-19

表 1-6　学生表 1∪学生表 2

学号	姓名	性别	出生日期
201701001	王文	男	2000-01-01
201701002	张珊	女	1999-05-01
201701003	赵小伟	男	2000-05-08
201701004	李洁	女	1999-06-19
201701005	刘小源	女	1998-04-17
201701006	陈宇	男	1999-02-02

（2）差

R 和 S 的差（Difference）是由属于 R 但不属于 S 的元组组成的集合，运算符为“−”，记为 $T=R-S$。

【例 1-2】将表 1-4 和表 1-5 中给出的有关学生信息的两个关系进行关系差运算，其结果如表 1-7 所示；将表 1-5 和表 1-4 中给出的有关学生信息的两个关系进行关系差运算，其结果如表 1-8 所示。

表 1-7　学生表 1−学生表 2

学号	姓名	性别	出生日期
201701001	王文	男	2000-01-01
201701005	刘小源	女	1998-04-17
201701006	陈宇	男	1999-02-02

表 1-8　学生表 2−学生表 1

学号	姓名	性别	出生日期
201701002	张珊	女	1999-05-01
201701004	李洁	女	1999-06-19

（3）交

R 和 *S* 的交（Intersection）是由既属于 *R* 又属于 *S* 的元组组成的集合，运算符为∩，记为 $T=R\cap S$，且有 $R\cap S=R-(R-S)$。

【例 1-3】 将表 1-4 和表 1-5 中给出的有关学生信息的两个关系进行关系交运算，其结果如表 1-9 所示。

表 1-9　学生表 1∩学生表 2

学号	姓名	性别	出生日期
201701003	赵小伟	男	2000-05-08

2. 专门的关系运算

（1）选择运算

从关系中找出满足给定条件的那些元组组成新的关系称为选择。选择是从行的角度进行的操作，选出一部分需要的元组，运算的结果和原关系具有相同的结构。在 Access 中就是选择记录。

【例 1-4】 从表 1-1 学生信息表中找出所有女生信息，结果如表 1-10 所示。

表 1-10　学生信息表选择结果

学号	姓名	性别	出生日期
201701002	张珊	女	1999-05-01
201701004	李洁	女	1999-06-19
201701005	刘小源	女	1998-04-17

（2）投影运算

从关系模式中挑选若干字段组成新的关系称为投影。投影是从列的角度进行的运算，相当于对关系进行垂直分解。由于投影去掉了一些字段，因此结果关系的字段个数少于原有关系。

【例 1-5】 从表 1-1 学生信息表中查找所有学生的学号和姓名，结果如表 1-11 所示。

表 1-11　学生信息表投影结果

学号	姓名
201701001	王文
201701002	张珊

续表

学号	姓名
201701003	赵小伟
201701004	李洁
201701005	刘小源

（3）连接运算

连接是将两个关系通过公共的字段名拼接成一个新的关系，生成的新关系字段包含两个关系的所有字段；新关系的元组是通过连接条件来控制的，连接条件中将出现两个关系中的公共字段名，或者具有相同语义、可比的字段。连接是对多个关系的结合运算。

在连接运算中，有一种特殊的连接运算叫作自然连接，在数据库操作中应用最为广泛。

自然连接是在参与运算的两个关系中，按照相同字段相等的原则进行连接，并去掉重复字段的等值连接。它属于连接运算的一个特例，是最常用的连接运算，在关系运算中起着重要的作用。

【例 1-6】 将表 1-1 学生信息表和表 1-3 成绩单按照相同学号字段进行连接，即两个关系的自然连接，其结果如表 1-12 所示。

表 1-12 学生信息表和成绩单连接结果

学号	姓名	性别	出生日期	课程号	成绩
201701001	王文	男	2000-01-01	B010101	88
201701001	王文	男	2000-01-01	B010102	75
201701001	王文	男	2000-01-01	B010103	92
201701002	张珊	女	1999-05-01	B010101	90
201701003	赵小伟	男	2000-05-08	B010103	100

如果需要两个以上的关系进行连接，应当两两进行。利用关系的这 3 种专门运算可以方便地构造新的关系。

【例 1-7】 将表 1-1 学生信息表和表 1-3 成绩单按照相同字段学号进行自然连接，然后与表 1-2 课程信息表按照相同字段课程号进行自然连接，其结果如表 1-13 所示。

表 1-13 3 个关系进行自然连接的结果

学号	姓名	性别	出生日期	课程号	课程名	学分	成绩
201701001	王文	男	2000-01-01	B010101	大学英语	5	88
201701001	王文	男	2000-01-01	B010102	高等数学	5	75
201701001	王文	男	2000-01-01	B010103	大学计算机基础	4	92
201701002	张珊	女	1999-05-01	B010101	大学英语	5	90
201701003	赵小伟	男	2000-05-08	B010103	大学计算机基础	4	100

可以看出，多个关系自然连接后，新的关系包含的字段比较多，一般情况下，经常

需要再对新关系进行投影运算，查找出需要的字段。

1.2.3 关系的完整性

关系模型的完整性规则是对关系的某种约束条件，以保证数据的正确性、有效性和相容性。关系模型中有 3 类完整性约束。

（1）实体完整性

实体完整性规则要求关系中的主键不能取空值或重复的值。所谓空值就是“不知道”或“无意义”的值。

例如，在学生信息表中，学号为主键，则学号不能为空，也不能相同。

（2）参照完整性

参照完整性是对关系数据库中建立关联关系的数据表间数据参照引用的约束，也就是对外键的约束。准确地说，参照完整性是指关系中的外键必须是另一个关系的主键有效值，或者是 NULL。

例如，学号在表 1-3 成绩单中为外键，在表 1-1 学生信息表中为主键，则成绩单中的学号只能取学生信息表中已有的一个学号值（表示学号已经是学校学生），但由于学号也是成绩单关系的主键的一部分，所以在这里学号也不能为空。只有当某字段是外键但不是该关系主键的组成部分时，可以取空值 NULL。

（3）域完整性

实体完整性和参照完整性是关系模型必须满足的完整性约束条件。此外，用户还可以根据某一具体应用所涉及的数据必须满足的语义要求，自定义完整性约束，这类完整性也称为域完整性。

域是逻辑相关的值的集合，从域中可以得出特定列的值，域的完整性是指列数据输入的有效性。

例如，在学生信息表中，出生日期字段对应域的值必须按照特定的统一格式存放，而不能有时用形如 1998.12.03 的格式，有时用形如 12/03/1998 的格式，造成数据混乱；学生姓名、院系名称等域的值必须属于字符集合；对于性别，该域中的值必须局限于男、女。

1.3 数据库设计

概括起来，数据库设计包括两个方面的内容：一是数据库的结构设计，二是数据库应用系统的功能设计。

数据库的结构设计，就是建立一组结构合理的基表，这是整个数据库的数据源。必须合理地规划，有效地组织数据，以便实现高度的数据集成和有效的数据共享。基表应比较规范，尽可能减少数据冗余，保证数据的完整性和一致性。

数据库应用系统的功能设计，是在充分进行用户需求分析的基础上实现的，它包括各种用户界面的设计和功能的实现策略。

除了必要的硬件选择和建立外，还必须选择一个合适的软件，即 DBMS。Access 是一个适用于中小规模数据量的 DBMS，而且它可以在网络上运行，具有对对象连接与嵌入（Object Linking and Embedding，OLE）技术的支持，对于数据规模不是特别大的电子商务网站，作为底层数据库特别适用。

1.3.1 数据库设计原则

在创建数据库时，为了更好地组织数据，应该遵循以下基本设计原则。

1. 一个实体（集合）或实体之间的联系对应数据库中一个独立的表

例如，将学生的基本信息保存到学生信息表中，将学生选修的课程信息保存到课程信息表中，将它们之间的联系，即学生选课信息保存到成绩单中。

2. 尽量避免在不同表中出现相同字段

除了保存表之间进行联系的外部关键字之外，应尽量避免表之间出现重复字段，以减少数据冗余。

3. 同一表中的字段避免出现冗余信息

例如，学生信息表中，如果有出生日期字段则不需要有年龄字段，因为年龄可以通过出生日期字段计算得到。

4. 外键是建立表与表之间联系的关键

表之间的联系使用外键来维系。设计的表要结构合理，不仅可以存储所需要的实体信息，还可以反映实体之间的联系信息。

1.3.2 数据库应用系统的开发与设计

数据库应用系统的开发与设计应使用软件工程（Software Engineering）的理论与方法作为指导。软件工程把应用系统的开发过程描述为软件生命周期，这个周期分为用户需求分析、应用系统设计、设计的实现（编码）、应用系统测试、系统运行和系统维护。

1. 用户需求分析

在整个软件生命周期中，这个阶段是至关重要的，必须充分了解用户的需求，包括业务流程、数据流向等，才能设计出符合客观需要的优秀软件。主要应对以下内容进行调查和分析。

（1）业务流程分析

要充分了解用户的业务流程、各种业务之间的联系，确定它们之间相互关联的方法，为功能设计建立良好的依据。

（2）数据流向分析

要充分了解数据的原始来源，中间经过哪些处理环节，它们之间有哪些联系，包括输入、输出及反馈等流向，为数据库的结构设计奠定基础。

（3）系统功能分析

通过分析、归纳用户的业务过程，梳理出各个环节之间的关系，制定出解决问题的方案，画出 E-R 图。

2. 应用系统设计

在完成了需求分析的基础上，就可以进入应用系统设计阶段。它包括以下几个方面的内容。

（1）数据库结构设计

数据库结构设计是非常关键的一步，它将决定整个应用系统的数据源的组织、结构是否合理，关系到系统的工作效率和质量。数据库结构设计的内容包括基表的结构设计、建立数据模型及设计表与表之间的关联方法，设计时要遵循数据库设计原则。

（2）应用系统的功能设计

在这一步的工作中，应根据需求分析阶段所制定的功能分析的结果，完成各个功能模块的详细设计，建立各个模块之间的联系方法，要按照软件工程的规范进行设计。

（3）用户界面设计

用户界面设计包括输入模块和输出模块的设计、人-机交互界面设计等内容。

输入模块的用户界面设计要力求美观、操作方便，并要保证整体风格的统一性。界面设计还包括提供一些实时的帮助等友好的用户界面程序设计。

输出模块的用户界面设计包括显示模块和打印模块两个方面的设计，其中包括输出格式、输出内容、输出方式等，还包括统计、计算、汇总、分类等操作界面设计。

人-机交互界面设计包括系统流程的控制面板设计、各种功能的对话框设计等。

3. 设计的实现（编码）

如果有了周密的系统分析和设计，功能模块的编码就相对容易了，程序的编写需要由高素质的程序员来完成。技术上要对用户可能发生的错误具有防范措施，提高程序模块的抗干扰能力；还要使用一些容错技术、故障处理技术等，当错误发生时，由相应的处理程序进行处理。

4. 应用系统测试

对软件的测试首先要完成单个模块的测试，然后进行多个模块之间的整体连调，包括功能的测试（是否达到预期目标）和性能的测试（可操作性、容错和抗干扰能力等）。软件测试方法属于一个专门学科，在此不再赘述。

5. 系统运行和系统维护

测试完成后就可以投入试运行，但并不等于没有问题了，任何一个优秀的软件都是在运行的过程中不断发现问题、解决问题、克服不足、逐渐完善的。这是一个必不可少的过程。

第2章　初识Access 2010

 本章重点

- Access数据库的组成。
- 创建数据库的方法。
- Access 2010的功能特点。

Access 是一个基于关系模型的 DBMS。使用 Access 可以在一个数据库文件中管理所有的用户信息，它为用户提供了强大的数据处理功能，帮助用户组织和共享数据库信息，使用户能方便地得到所需的数据。

2.1　Access 概述

Microsoft Office Access 是由美国 Microsoft 公司发布的关联式 DBMS，自诞生后经历了多次升级改版。

2.1.1　Access 的发展

Access 是一款数据库应用开发工具软件，其开发对象主要是 Microsoft Jet 数据库和 Microsoft SQL Server 数据库。由于在 Office 97 及以前的版本中，Microsoft Jet 3.51 及以前版本的数据库引擎是随 Access 一起安装和发布的，Jet 数据库与 Access 就有了天生的“血缘”关系，并且 Access 对 Jet 数据库做了很多扩充。例如，在 Access 的环境中，可以在查询中使用自己编写的 VBA 函数，Access 的窗体、报表、宏和模块作为一种特殊数据存储在 Jet 数据库文件（.mdb）中，只有在 Access 环境中才能使用这些对象。随着 Microsoft Windows 操作系统版本的不断升级和改良，在 Windows XP 以后的版本中，Microsoft 将 Jet 数据库引擎集成在 Windows 操作系统中作为系统组件的一部分一起发布（主要原因是 Windows 中还有很多组件需要使用 Jet 引擎、活动目录等）。从此 Jet 数据库引擎从 Access 中分离出来，而 Access 也就成为了一个专门的数据库应用开发工具软件。

Windows 3.0 自 1990 年 5 月推出以来，立刻受到了用户的欢迎和喜爱，1992 年 11 月 Microsoft 公司发行了 Windows 数据库关系系统 Access 1.0。从此，Access 不断改进和再设计，自 1995 年起，Access 成为办公软件 Office 95 的一部分。多年来 Microsoft 公司先后推出的 Access 版本有很多，有大家熟悉的 Access 2003、Access 2007、Access 2010 和 Access 2013。本书以 Access 2010 为教学背景。

2.1.2 Access 的特点

Microsoft Office Access 的特点就在于使用简便。在 Access 2010 中透过新增加的网络数据库功能，用户在追踪与共享数据，或利用数据制作报表时，将更加轻松，这些数据自然也就更具影响力。

1）易上手。在 Access 2010 中，用户可以发挥社群的力量，采用其他人建立的数据库模板，分享自己的独到设计。用户可以使用由 Office Online 预先建置、针对常见工作而设计的全新数据库模板，或选择社群提供的模板，并且加以自定义，以符合用户的独特需求。

2）为用户的数据建立集中化存取平台。用户可以使用多种数据联机，以及从其他来源链接或汇入的信息，以整合用户的 Access 报表。用户可以透过改良的“设定格式化的条件”功能与计算工具，建立起丰富、动态化、富含视觉效果的报表。Access 2010 报表已可支持数据横条效果，让用户及其他阅读报表的人都能更容易地掌握趋势。

3）在任何地方都能存取用户的应用程序、数据或窗体。Access 将用户的数据库延伸到网络上，让没有 Access 客户端的使用者也能透过浏览器开启网络窗体与报表。数据库如有变更，将自动获得同步处理。用户也可以脱机处理网络数据库，进行设计与数据变更，然后在重新联机时，将这些变更同步更新到 Microsoft SharePoint Server 2010 上。透过 Access 2010 与 Microsoft SharePoint Server 2010，用户的数据将获得集中保护，以符合数据、备份与集合方面的需求，并且提高可存取性与管理能力。

4）让专业设计深入用户的 Access 数据库。Access 把友好、美观的 Office 主题，原汁原味地套用到用户的 Access 客户端与网络数据库上。用户可以在多种主题中任意挑选，或是设计用户独特的自定义主题，使窗体与报表更加美观。

5）以拖放方式为数据库加入导航功能。用户不用编写任何程序代码，或设计任何逻辑，就能创建出具备专业外观与网页式导览功能的窗体，让用户常用的窗体或报表在使用上更为方便。Access 2010 共有 6 种预先定义的导览模板，外加多种垂直或水平索引卷标可供选择。多层的水平索引卷标可用于显示大量的 Access 窗体或报表。只要以拖放方式，就能显示窗体或报表。

6）能更快、更轻松地完成工作。Access 2010 能简化用户寻找及使用各项功能的方式。全新的 Microsoft Office Backstage 检视取代了传统的档案菜单，用户只需轻按几下鼠标，就能发布、备份及管理数据库。功能区设计也经过改良，进一步加快存取常用命令的速度。用户可以自定义索引卷标，或自行建立索引卷标，针对自己的工作方式来打造个性化的体验。

7）使用 IntelliSense 建立表达式，简单便捷。经过简化的“表达式建立器”可以让用户更快速、更轻松地建立数据库中的逻辑与表达式。IntelliSense 的快速信息、工具提示与自动完成功能，有助于减少错误，不必记忆表达式名称和语法，把更多时间用到应用程序逻辑的建立上。

8）可以快速设计宏。Access 2010 拥有全新的宏设计工具，用户可以更轻松地建立、编辑并自动化执行数据库逻辑。宏设计工具能提高用户生产力，减少程序代码编写错误，并且轻松整合复杂的逻辑，建立起稳固的应用程序。宏设计工具以数据宏结合逻辑与数据，将逻辑集中在源数据表上，进而加强程序代码的可维护性。用户可以透过更强大的宏设计工具与数据宏，把 Access 客户端的自动化功能延伸到 SharePoint 网络数据库及其他可以更新数据表的应用程序上。

9）把数据库部分转化成可重复使用的模板。Access 2010 可以重复使用由数据库的其他用户所建立的数据库组件，节省了时间与精力。用户可以将常用的 Access 对象、字段或字段集合存储为模板，并且加入现有的数据库中，以提高工作效率。也可将应用程序组件分享给合作团队的所有成员使用，以求建立数据库应用程序时能拥有一致性。

2.1.3 Access 2010 的新特性

Access 2010 用户界面的 3 个主要组件如下。

1）功能区：包含多组命令且横跨程序窗口顶部的带状选项卡区域，如图 2-1 所示。

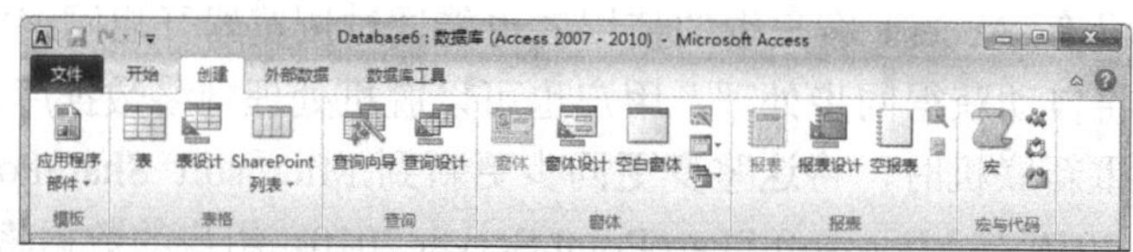

图 2-1　功能区

2）Backstage 视图：功能区的“文件”选项卡上显示的命令集合，如图 2-2 所示。

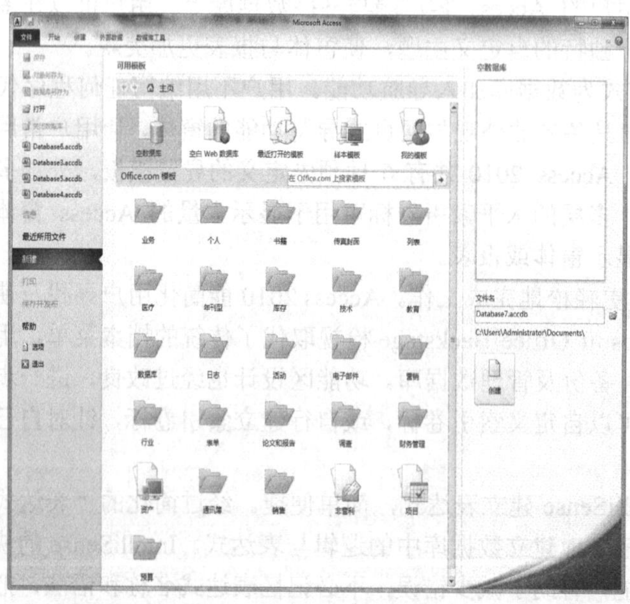

图 2-2　Backstage 视图

3）导航窗格：用户界面左侧的窗格，用户可以在其中使用数据库对象，如图 2-3 所示。

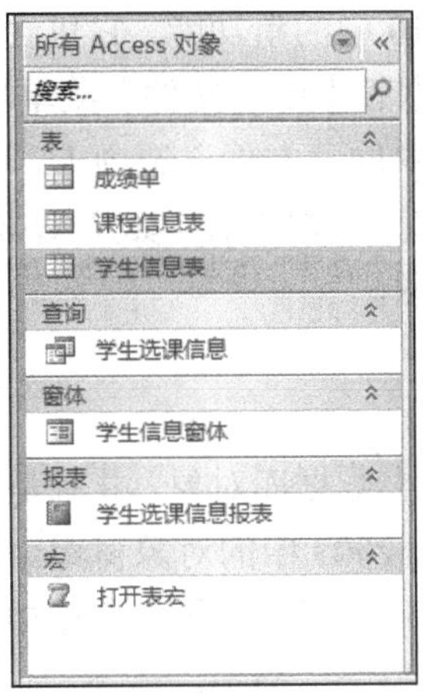

图 2-3　导航窗格

1. 功能区

取消传统菜单操作方式而代之以功能区是 Access 2010 的明显改进之一，用户可以在功能区中进行绝大多数的数据库管理相关操作。Access 2010 默认情况下有以下 4 个功能区，每个功能区根据命令的作用又分为多个组。

（1）开始

“开始”功能区中包含视图、剪贴板、排序和筛选、记录、查找、文本格式、中文简繁转换 7 个分组，用户可以在“开始”功能区中对 Acccss 2010 进行操作，如复制/粘贴数据、修改字体和字号、排序数据等。

（2）创建

“创建”功能区中包含模板、表格、查询、窗体、报表、宏与代码 6 个分组，“创建”功能区中包含的命令主要用于创建 Access 2010 的各种元素。

（3）外部数据

“外部数据”功能区中包含导入并链接、导出、收集数据 3 个分组，在“外部数据”功能区中主要实现对 Access 2010 数据的导入/导出。

（4）数据库工具

“数据库工具”功能区中包含工具、宏、关系、分析、移动数据、加载项 6 个分组，“数据库工具”功能区主要用于对 Access 2010 数据库进行比较高级的操作。

除了上述 4 个功能区之外，还有一些隐藏的功能区默认没有显示。只有在进行特定操作时，相关的功能区才会显示出来。例如，在进行创建表操作时，会自动打开“表格工具”功能区。

2. Backstage 视图

Backstage 视图是 Access 2010 中的新功能。它包含应用于整个数据库的命令和信息（如“压缩和修复”），以及早期版本中“文件”菜单中的命令（如“打印”）。

Backstage 视图占据功能区中的“文件”选项卡，并包含适用于整个数据库文件的其他命令。在打开 Access 但未打开数据库时（如从 Windows“开始”菜单中打开 Access 2010），可以看到 Backstage 视图。

3. 导航窗格

导航窗格可帮助用户组织归类数据库对象，并且是打开或更改数据库对象设计的主要方式。导航窗格取代了 Access 2003 中的对象窗口。导航窗格按类别和组进行组织，可以从多种组织选项中进行选择，还可以在导航窗格中创建用户的自定义组织方案。默认情况下，新数据库使用“对象类型”类别，该类别包含对应于各种数据库对象的组。“对象类型”类别组织数据库对象的方式，与早期版本中的默认“数据库窗口”显示方式相似。可以最小化导航窗格，也可以将其隐藏，但是不可以在导航窗格前面打开数据库对象来将其遮挡。

4. Access 2010 的功能特点

（1）日历控件

Microsoft 日历控件（mscal.ocx）在 Access 2010 中不可用。作为备选方案，用户可以使用 Access 2010 中的日期选取器控件。在 Access 2010 中打开使用日历控件的 Access 早期版本创建的应用程序时，将生成一条错误消息，并且不会显示此控件。

（2）Microsoft 复制冲突查看器

Microsoft 复制冲突查看器在 Access 2010 中不可用。若要获取相同的功能，可以使用数据库副本集中的 ReplicationConflictFunction 属性，以便可以创建解决同步冲突的自定义过程。

（3）快照文件格式

将报表导出为快照文件的功能在 Access 2010 中不可用。快照文件格式的备选文件格式是.pdf 和.xps，这些文件格式会保留原始报表的布局和格式设置。

（4）数据访问页

从 Access 2007 开始，Access 不再支持创建、修改或导入数据访问页的功能。不过，Access 2007 数据库中的数据访问页仍然有效。通过 Access 2010，用户可以打开包含数据访问页的数据库，不过，这些数据访问页已经不起作用了。在尝试打开数据访问页时，用户会收到一条错误消息，指出 Microsoft Office Access 不支持对数据访问页执行此操作。

2.2 数据库对象

在 Access 2010 中，数据库包括 6 个基本对象，即表、查询、窗体、报表、宏、模块，选择的类不同，每个对象在数据库中的作用和功能也不同。当打开一个数据库时，数据库的所有对象都会在导航窗格中显示出来，如图 2-3 所示。所有数据库对象都保存在扩展名为.accdb 的同一个数据库文件中。

1. 表

表又称基表，它是数据库中最基本的数据源，是信息的仓库，是信息处理的基础和依据，如图 2-4 所示。一个数据库可以包含多个表，每个表都是由规范化的数据按照一定的组织形式建立起来的。在一个数据库中，表与表之间有相对的独立性，同时也存在着一定的联系，可以通过某种方法定义它们之间的关系。关于数据的组织和规范化及关系的定义将在第 3 章中介绍。

学生信息表

学号	姓名	性别	出生日期
201701001	王文	男	2000/1/1
201701002	张珊	女	1999/5/1
201701003	赵小伟	男	2000/5/8
201701004	李洁	女	1999/6/19
201701005	刘小源	女	1998/4/17

图 2-4 学生信息表窗口

2. 查询

查询是对基表数据的有选择地提取，从而产生另一类型的对象，以便提高数据处理的效率。一个查询产生的结果可以是一个表中的部分字段信息，数据库操作中称为投影；也可以是表中满足某些条件的部分记录，数据库操作中称为筛选；还可以是来自多个表的部分或全部信息，数据库操作中称为连接。如图 2-5 所示，“学生选课信息”查询是表 1-1 学生信息表、表 1-2 课程信息表和表 1-3 成绩单 3 个表的自然连接，然后进行投影运算得到需要的字段信息。查询不仅可以根据需要选择基表中的信息，还可以根据需要进行排序、统计、计算等操作。因此，查询可以方便用户，提高数据处理的效率。

这种查询属于对表进行信息检索的类型，它的特点是不改变基表中的原始数据。还有一种查询称为操作查询，它包括删除、更新、生成表等操作，此类查询的执行将会导致原始数据发生变化。

学生选课信息

学号	姓名	课程名	成绩
201701001	王文	大学英语	88
201701001	王文	高等数学	75
201701001	王文	大学计算机基	92
201701002	张珊	大学英语	90
201701003	赵小伟	大学计算机基	100

图 2-5 查询窗口

3. 窗体

窗体是重要的人-机界面，是用户和 Access 之间的接口。设计者可以利用窗体为用户提供友好的界面，供用户浏览和修改表中数据，如图 2-6 所示。由于 Access 的窗体设计非常方便灵活，因此设计者可以充分体现自己的创意，展示自己的个性和才华，使 Access 应用系统具有独特的整体风格。窗体既接近实际应用又高于实际应用，使用户能够轻松愉快、方便快捷地对数据库进行各种操作。

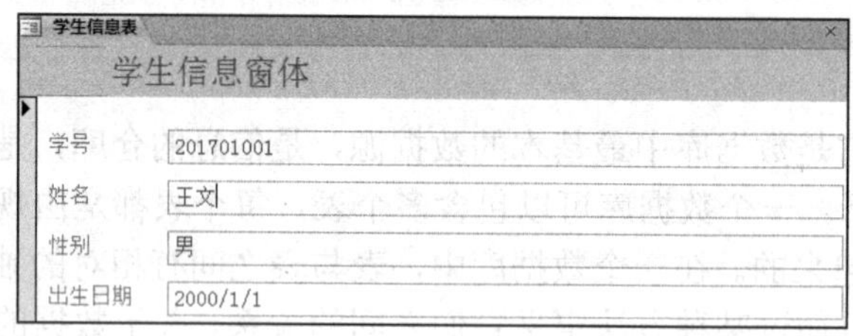

图 2-6　学生信息窗体

4. 报表

报表是 Access 提供的另一种输出形式，主要作用是从打印机上输出。一般来说，对于数据库信息的输出，如果只需要查看内容或计算结果，使用窗体就可以了。如果要打印各种表格，并对数据进行分类、分组、排序、计算等处理，使用报表是最好的选择，如图 2-7 所示。

学生选课信息报表

学生选课信息

学号	姓名	课程名	成绩
201701001	王文	大学英语	88
201701001	王文	大学计算机基础	92
201701001	王文	高等数学	75
201701002	张珊	大学英语	90
201701003	赵小伟	大学计算机基础	100

5

共 1 页，第 1 页

图 2-7　学生选课信息报表

报表的数据源来自表或查询，报表中数据的计算非常方便，Access 提供了丰富的函数，包括各种日期函数、页计数、统计函数、域合计函数等，这些函数的计算值被存储在报表对象中。

5. 宏

宏是命令的集合。命令实际上是一段简单的小程序，每个命令实现一个特定的操作。Access 提供了 40 多种宏命令。Access 宏可以只包括一个宏命令，也可以包括多个宏命令，还可以根据条件执行其中的某些宏命令，图 2-8（a）所示为设计宏视图，图 2-8（b）所示为运行宏视图。但是宏只能用于执行一些简单的操作，不能处理复杂的过程。

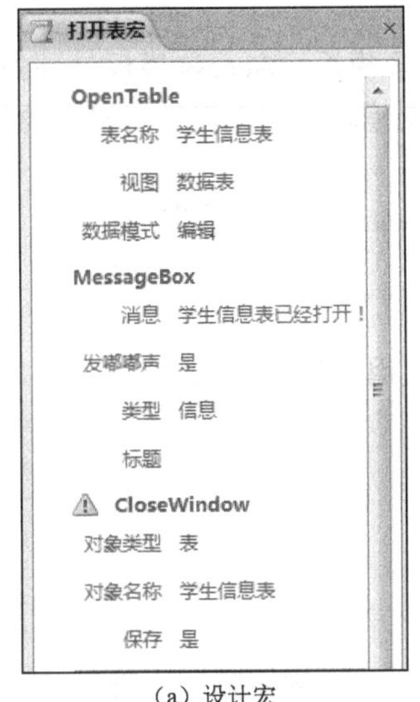

（a）设计宏

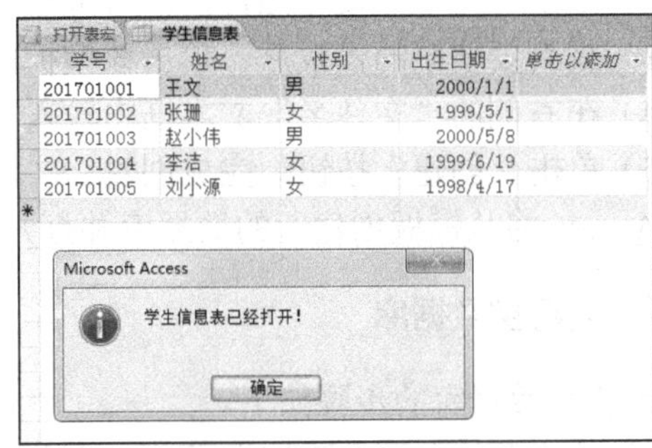

（b）运行宏

图 2-8　宏设计与运行视图

6. 模块

模块又称程序，是比宏更大、更复杂的程序。它能够处理更多的事务，处理各种复杂的情况和执行相应的过程。随着数据库中数据量的不断增加，用户对管理信息系统的要求越来越高，仅仅靠宏命令来处理是远远不够的，要编制出高质量的、功能强大的应用程序，必须使用模块来实现。

Access 中嵌入了数据库编程语言 VBA（Visual Basic for Application），也可以外挂动态网页设计编程语言 ASP（Active Server Pages）。模块中的每一个过程都可以是一个函数过程或子程序。VBA 模块的编辑窗口如图 2-9 所示。

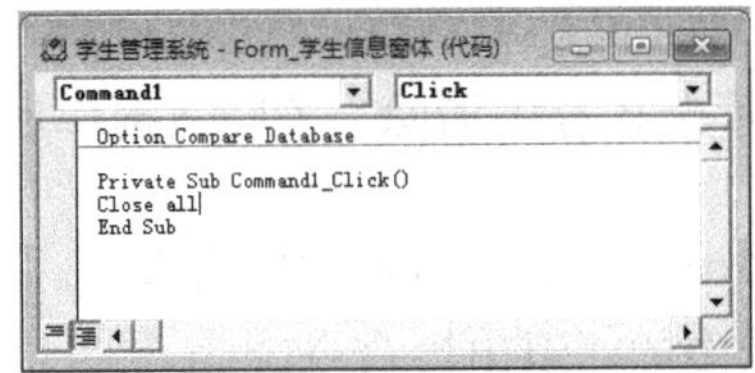

图 2-9　VBA 模块编辑窗口

2.3 创建数据库

在 Access 中创建数据库通常有两种方法：一种是利用 Access 模板创建数据库，另一种是直接创建空数据库。

2.3.1 利用模板创建数据库

Access 2010 产品附带很多模板，也可以自行下载更多模板。Access 模板是预先设计的数据库，含有专业设计的表、窗体和报表。模板为用户创建新数据库提供了极大的便利。

利用模板创建数据库的操作步骤如下。

1）从“开始”菜单或快捷菜单中启动 Access，Backstage 视图随即出现。

2）单击“样本模板”图标，即可浏览可用模板。

3）找到要使用的模板后，单击该模板图标。

4）在右侧的“文件名”文本框中输入文件名，或使用系统提供的文件名。

5）单击“创建”按钮，完成创建。

Access 将从模板创建新的数据库并打开该数据库。

2.3.2 创建空数据库

创建空数据库的步骤如下。

1）从“开始”菜单或快捷菜单中启动 Access，Backstage 视图随即出现。

2）执行下列操作之一。

① 创建新的 Web 数据库。

a．在“可用模板”页面下，单击“空白 Web 数据库”图标。

b．在右侧的“文件名”文本框中输入数据库文件的名称，或使用系统提供的名称。

c．单击“创建”按钮，完成创建。

② 创建新的数据库，并且在数据表视图中打开一个新的表。

a．在“可用模板”页面下，单击“空数据库”图标。

b．在右侧的“文件名”文本框中输入数据库文件的名称，或使用系统提供的名称。

c．单击“创建”按钮，完成创建。

新数据库随即创建，并且在数据表视图中将打开一个新表。

2.3.3 关闭数据库

关闭数据库是指将数据库从内存中清除，关闭数据库后数据库窗口将关闭。关闭数据库有以下几种方法。

1）选择“文件”选项卡中的“关闭数据库”命令。

2）选择“文件”选项卡中的“退出”命令。

3）单击数据库窗口标题栏的“关闭”按钮。

第3章 数 据 表

本章重点

- 数据表的创建方法。
- 设置表中字段的属性。
- 数据的编辑方法。
- 创建索引和主键。
- 创建和编辑表之间的关系。

数据表是 Access 数据库的基础，是存储和管理数据的对象，也是数据库其他对象的操作依据。在空数据库建好后，要先建立数据表对象，并建立各表之间的关系，以提供数据的存储架构，然后逐步创建其他 Access 对象，最终形成完备的数据库。在第 2 章建立数据库的基础上，本章主要介绍数据库中数据表的创建和编辑方法、记录的输入操作、常用字段属性的设置、数据的排序和筛选、表与表之间的关系等。

3.1 创建数据表

表是数据库中用来存储数据的对象，是整个数据库的基础，也是数据库中其他对象的数据来源。例如，查询、窗体、报表、数据访问页都是在表的基础上建立和使用的。数据库中只有建立了表才能输入数据，才能创建查询、窗体、报表、数据访问页这些数据对象。

3.1.1 设计表

Access 以二维表的形式来定义数据库表的数据结构。数据库表由表名、表包含的字段名及其属性、表的记录等几部分组成。可以说创建表的过程就是平时编制表的过程，只是更加方便灵活。一般创建表分两个步骤，首先创建出表结构（即表中字段名、字段数据类型及其相关属性），然后给表添加记录。数据库中多个表之间是有关联的，应在所有的表创建完后再给这些表之间建立关系。

在建立表之前，首先要考虑以下几个方面。

1）明确建立表的目的，确定好表的名称，表的名称应与用途相符。例如，要保存学生的基本信息，表名就可以直接命名为“学生信息表”或“学生表”，尽量做到见名知意。

2）要确定表中字段及字段的名称，即字段的属性。例如，学号、姓名、性别、出生日期、政治面貌、班级、入学成绩、照片、备注等。

3）确定每个字段的数据类型。Access 针对字段提供了文本、备注、日期/时间、数字、货币、自动编号、是/否、OLE 对象、超链接和查阅向导 10 种数据类型，以满足数据的不同用途。例如，姓名字段的数据类型为文本型，出生日期字段的数据类型为日期/时间型，成绩字段的数据类型为数字型。

4）确定每个字段的大小。

5）确定表中能够唯一标示记录的主关键字段，即主键。

图 3-1 所示为“学生信息表”的表结构。

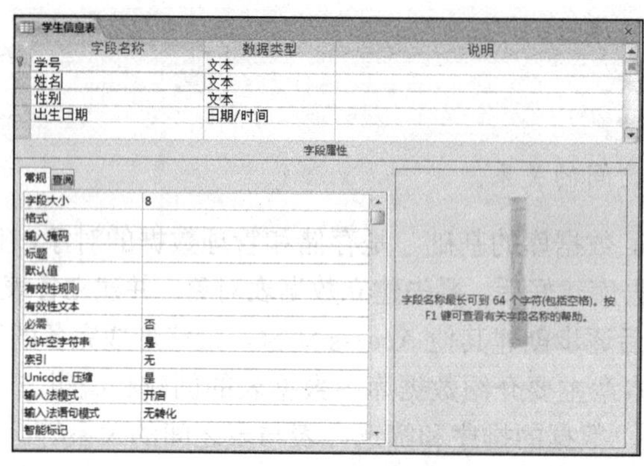

图 3-1 “学生信息表”的表结构

3.1.2 设置字段的数据类型

Access 提供了文本、备注、数字、自动编号、日期/时间、货币、是/否、OLE 对象、超链接和查阅向导 10 种数据类型，以满足数据的不同用途。表 3-1 列出了 10 种类型的含义和用途。

表 3-1 Access 的数据类型

数据类型	含义	用途
文本型	字段大小最多为 255 个字符，默认字段大小是 50 个字符	用于文本或文本与数字的组合，或不需要计算的数字，如学号、电话号码等
备注型	字段大小可以长达 65535 个字符，注意不能对备注型字段进行排序或索引	用于超出文本型的数据和长文本
数字型	数字型可以是整型、长整型、字节型、单精度型和双精度型等。长度为 1 字节、2 字节、4 字节、8 字节。其中单精度的小数位精确到 7 位，双精度的小数位精确到 15 位	用于计算数据
自动编号型	每次向表中添加记录时，自动插入唯一顺序号，即在自动编号字段中指定一个数值。自动编号会永久与记录连接，若删除一条记录，也不会多记录重新编号	一般用于主键，如编号字段
日期/时间型	100～9999 任意日期和时间的数字，长度为 8 字节	用于日期型数据，如出生日期字段
货币型	等价于双精度属性的数字数据类型	用于货币计算。向货币字段输入数据时，不必输入美元符号和千位分隔符，如单价、金额等字段

续表

数据类型	含义	用途
是/否型	取“是”或“否”值的数据类型，显示为 Yes/No、True/False、On/Off	用于只包含两种不同取值的字段，如婚否字段
OLE 对象型	表中链接或嵌入的对象，如 Word、Excel、图形、图像、声音或二进制文件等。字段大小最多为 1GB，并受磁盘空间限制	用于单独地链接或嵌入 OLE 对象
超链接型	可以链接到另一个文档、URL 或者文档内的一部分	—
查阅向导型	为用户提供建立一个字段内容的列表	—

3.1.3 创建表

1. 通过设计视图创建表

用户可以使用设计视图根据自己的需要创建表，只需要定义字段名、类型及相关属性即可。这是 Access 常用的创建数据表的方式之一。

从图 3-1 所示的“学生信息表”的表结构中可以看到，表设计视图由两部分组成：上半部分显示网格，每行描述一个数据列，对于每个数据列，该网格显示其基本特征，即列名称、数据类型、长度，以及是否允许空值；下半部分显示上半部分中突出显示的任何数据列的其他特征。

通过表设计视图既可以创建新表，又可以修改已有的表。

下面通过例子说明使用表设计视图创建数据表的步骤。

【例 3-1】利用表设计视图创建“学生表”，其字段类型及字段属性如表 3-2 所示，其中未列出的字段类型可采用默认值。

表 3-2 “学生表”的表结构

字段名称	字段类型	字段大小	是否为主键
学号	文本	10	是
姓名	文本	8	
性别	文本	2	
出生日期	日期/时间		
政治面貌	文本	10	
班级	文本	16	
入学成绩	数字	整型	
照片	OLE 对象		
备注	备注		

通过表设计视图设计“学生表”的表结构，操作步骤如下。

1）打开数据库，在“创建”选项卡的“表格”组中单击“表设计”按钮，打开表设计视图，如图 3-2 所示。

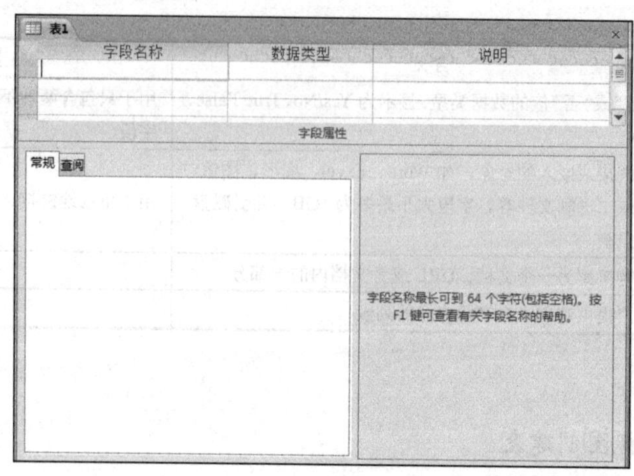

图 3-2　表设计视图

2）在表设计视图中输入表的“字段名称”“数据类型”等内容。单击表设计视图第一行“字段名称”列，并输入“学生表”中第一个字段名称“学号”，单击“数据类型”列，再单击其右侧的下拉按钮，在弹出的下拉列表中选择所需要的数据类型，如“文本”数据类型，如图 3-3 所示。

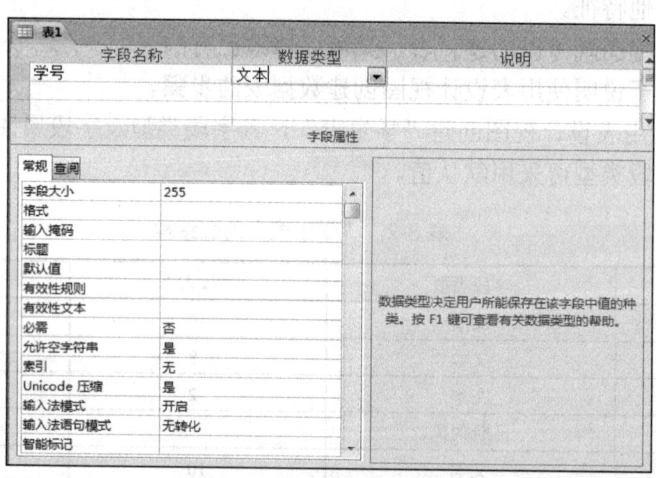

图 3-3　数据类型选项

3）依照前面的方法依次输入其他字段的名称并选择相应的数据类型。如果需要，也可以在“字段属性”区域设置相应的属性值。

4）设置主键。定义完全部字段后，将光标定位在“学号”字段行，然后右击，在弹出的快捷菜单中选择“主键”命令，给表定义一个主关键字，如图 3-4 所示。

5）保存表结构设计。选择“文件”选项卡中的“保存”命令，打开“另存为”对话框，在表名称文本框内输入“学生表”，单击“确定”按钮，如图 3-5 所示。

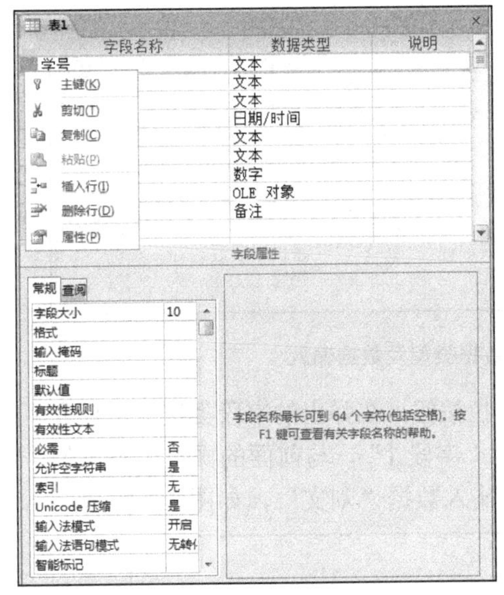

图 3-4 设置主键

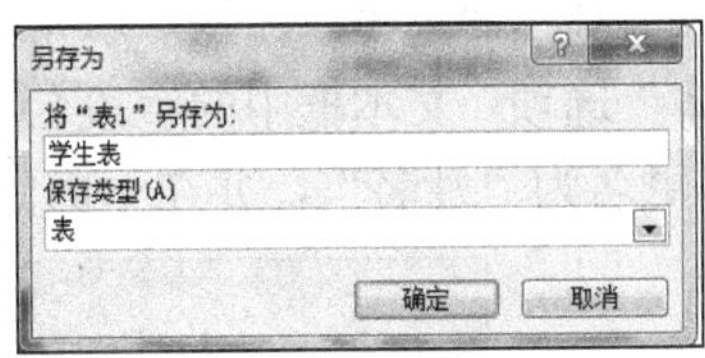

图 3-5 保存学生表

2. 通过数据表视图创建表

当使用数据表视图创建表时，系统会打开数据表视图窗口，用户在输入数据的同时可以对表的结构进行定义，也就是说，通过输入数据创建表是一种“先输入数据，再确定字段”的创建表的方式。仍以创建“学生表”为例，通过数据表视图创建该表的操作步骤如下。

1）打开数据库，在“创建”选项卡的“表格”组中单击“表”按钮，打开数据表视图，如图 3-6 所示。

2）在显示的表格中，第一行用于定义字段，第二行开始为输入数据区域，单击“ID”对应文本框，将光标定位在“ID”字段行。在“字段”选项卡中的“属性”组中单击“名称和标题”按钮，打开“输入字段属性”对话框。

3）在“名称”文本框中输入“学号”，然后单击“确定”按钮，如图 3-7 所示。

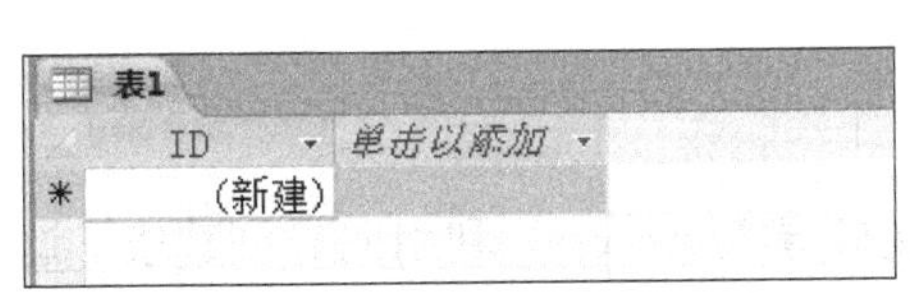

图 3-6 数据表视图

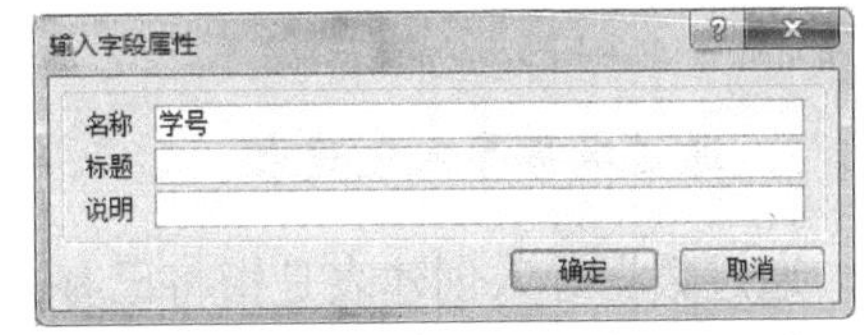

图 3-7 “输入字段属性”对话框

4）选中“学号”字段列，在“字段”选项卡中的“格式”组中单击“数据类型”下拉按钮，在弹出的下拉列表中选择数据类型“文本”，在“属性”组中设置“字段大小”的值为“10”，在“学号”下方的单元格中输入数据“201701001”，如图 3-8 所示。至此，完成了对“学号”字段的定义和数据输入。

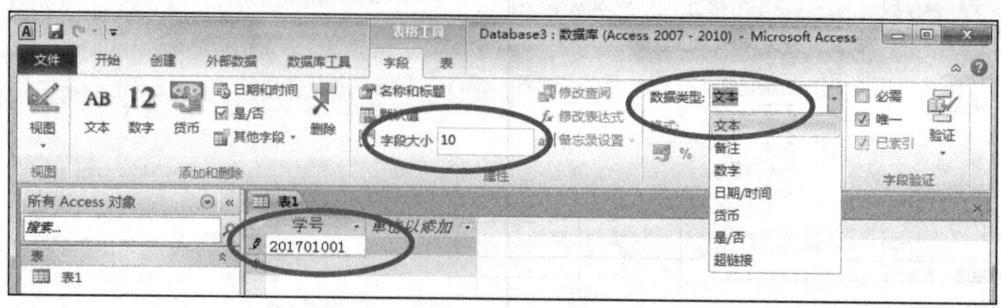

图 3-8　字段大小、数据类型及数据输入

5）单击“单击以添加”单元格右侧的下拉按钮，在弹出的字段类型下拉列表中选择“文本”选项，文本框中的字段名将自动改为“字段 1”，与前面的操作步骤类似，将字段 1 更名为“姓名”，并在下面的单元格中输入数据“刘文”，如图 3-9 所示。

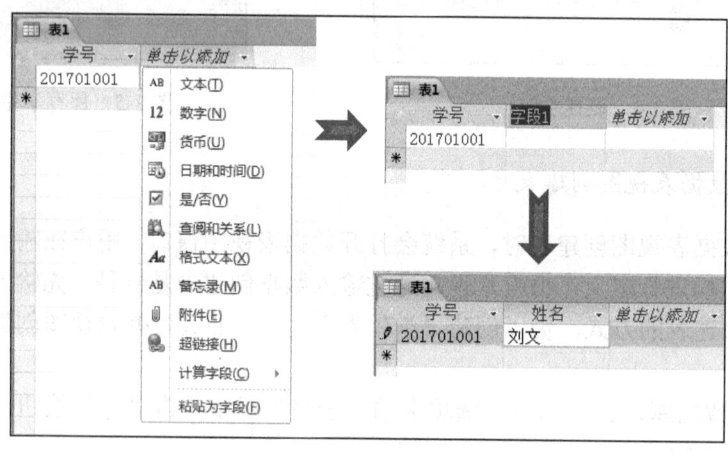

图 3-9　增加字段及输入数据

6）重复步骤 5），添加“性别”“出生日期”等其他字段，并输入数据。

7）数据可以重复输入，直到输入所有的数据。

8）右击默认表名“表 1”，在弹出的快捷菜单中选择“保存”命令，将该表保存为“学生表”。

3. 通过数据导入创建表

通过数据导入创建表是指将已有的数据文件导入 Access，利用向导创建表。这些数据文件可以是电子表格、文本文件或其他数据库文件。

【例 3-2】将 Excel 电子表格“成绩表”导入“mybase”数据库。

操作步骤如下。

1）打开“mybase”数据库，在“外部数据”选项卡的“导入并链接”组中单击“Excel”

按钮，打开“获取外部数据-Excel 电子表格”对话框，如图 3-10 所示。

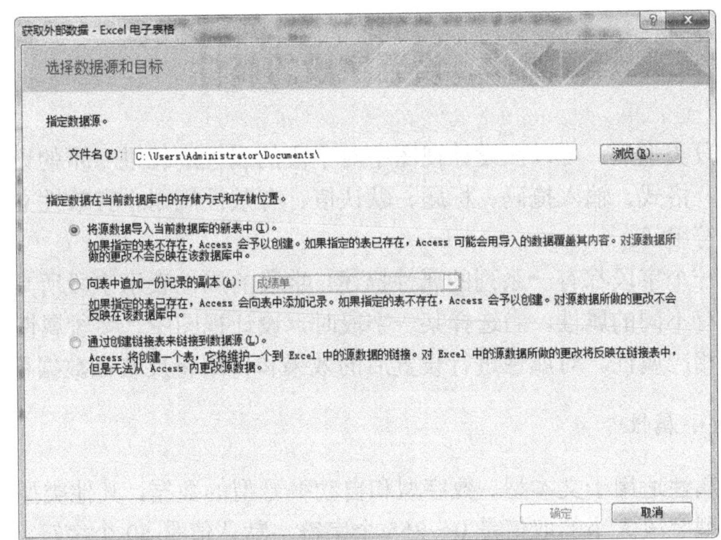

图 3-10 “获取外部数据-Excel 电子表格”对话框

2）单击“浏览”按钮，选择要导入的 Excel 文件，单击“打开”按钮，再单击“确定”按钮，打开“导入数据表向导”对话框，如图 3-11 所示。

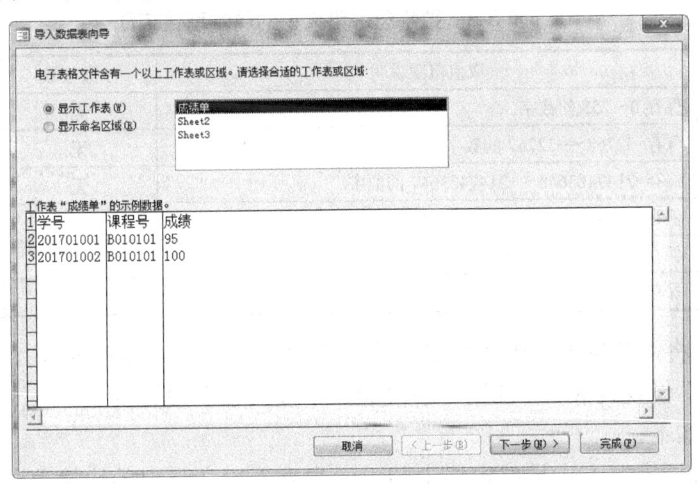

图 3-11 “导入数据表向导”对话框

3）选中“显示工作表”单选按钮，系统会自动显示表中的数据，单击“下一步”按钮，选中“第一行包含列标题”复选框，系统会将第一行的数据作为新表的结构，将第二行以后的数据作为表中记录。单击“下一步”按钮，选择和修改字段信息，这里使用默认值。单击“下一步”按钮，选择主键方式，按照上面选择设置完主键。单击“下一步”按钮，设置新表名称为“成绩表”，然后单击“完成”按钮。

4）取消选中“保存导入步骤”复选框，然后单击“关闭”按钮，完成导入“成绩表”。

3.2 设置字段的属性

确定了字段类型后，可以在设计视图中对字段的属性进行进一步的设置，主要属性包括字段大小、格式、输入掩码、标题、默认值、有效性规则、有效性文本、必需、索引、允许空字符串等。

表中的每一个字段都有一系列的属性描述。字段的属性表示字段所具有的特性，不同的字段类型有不同的属性，当选择某一字段时，设计视图中“字段属性”区域中就会显示该字段的相应属性。对属性进行设置后的效果和作用将反映在数据视图中。

1. 字段大小属性

字段大小属性适用于文本型、数字型和自动编号型的数据，其他类型的数据大小是固定的。文本型字段大小的取值是0～255个字符，默认值是50个字符。

数字型字段大小反映不同的取值范围和精度，数字型字段大小的属性取值范围如表3-3所示。表中列出了字节型、整型、长整型、单精度型、双精度型、小数型6种属性的取值范围，默认值是长整型。

表3-3　数字型字段大小的属性取值范围

数字型	取值范围说明	小数位数	字段长度
字节型	保存0～255的数字	无	1字节
整型	保存-32768～+32767的数字	无	2字节
长整型	保存-2147483648～+2147483647的数字	无	4字节
单精度型	保存-3.4×10^{38}～$+3.4\times10^{38}$的数字	7	4字节
双精度型	保存-1.79734×10^{308}～$+1.79734\times10^{308}$的数字	15	8字节
小数型	保存-10^{28}～$+10^{28}$的数字	28	12字节

【例3-3】将“学生表”中“学号”字段的“字段大小”设置为10，“姓名”字段的“字段大小”设置为8，“性别”字段的“字段大小”设置为2。

操作步骤如下。

1）打开数据库，右击导航窗格中的“学生表”，在弹出的快捷菜单中选择“设计视图”命令，打开“学生表”设计视图。

2）单击“学号”字段行任意位置，在“字段属性”区域“字段大小”文本框中输入“10”。

3）单击“姓名”字段行任意位置，在“字段属性”区域“字段大小”文本框中输入“8”。

4）单击“性别”字段行任意位置，在“字段属性”区域“字段大小”文本框中输入“2”，如图3-12所示。需要注意的是，如果设置的字段大小中已有数据，则减小字段大小可能会丢失数据。

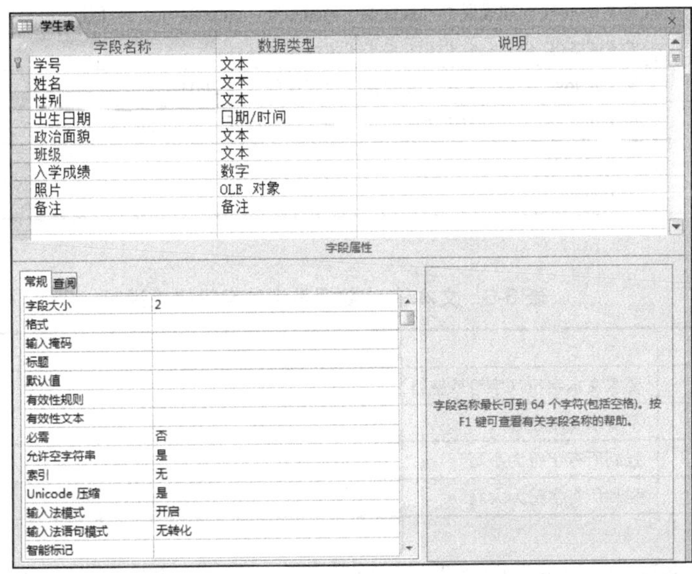

图3-12 设置“字段大小”属性

2. 格式属性

格式属性用于自定义文本型、数字型、日期/时间型和是/否型字段的输出（显示或打印）格式。设置字段的格式属性，将改变数据显示和打印的格式，但不会改变数据的存储格式。

各种数据类型的字段格式说明如表3-4～表3-6所示。

表3-4 数字/货币数据类型的字段格式说明

数字/货币型	说明
常规数字	（默认值）以输入的方式显示数字，如123.456
欧元	使用欧元符号，如€123.45
货币	使用千位分隔符，如￥2,000.00
固定	至少显示一位数字，如3456.78
标准	使用千位分隔符，如2,000.00
百分比	乘以100再加上百分号（%），如123.00%
科学计数	使用标准的科学计数法，如2.00E+03

表3-5 日期/时间数据类型的字段格式说明

日期/时间型	说明
常规日期	（默认值）如2003-7-2

续表

日期/时间型	说明
长日期	与 Windows 区域设置中“长日期”设置相同，如 2004 年 7 月 2 日
中日期	如 03-07-02
短日期	与 Windows 区域设置中“短日期”设置相同，如 2003-7-2
长时间	与 Windows 区域设置中“时间”选项卡设置相同，如 17:34:23
中时间	如 17:34:00
短时间	如 17:34

表 3-6　文本/备注数据类型的字段格式说明

文本/备注型	说明
@	要求文本字符（字符或空格）
&	不要求文本字符
<	强制所有字符为小写
>	强制所有字符为大写

【例 3-4】改变“学生表”中“学号”字段的显示格式。例如，将 201701001 显示成 2017-01001。

操作步骤如下。

1）打开数据库，右击导航窗格中的“学生表”，在弹出的快捷菜单中选择“设计视图”命令，打开“学生表”设计视图。

2）在“学生表”设计视图中单击“学号”字段行任意位置，在“字段属性”区域“格式”文本框中输入“@@@@-@@@@@”，如图 3-13 所示。

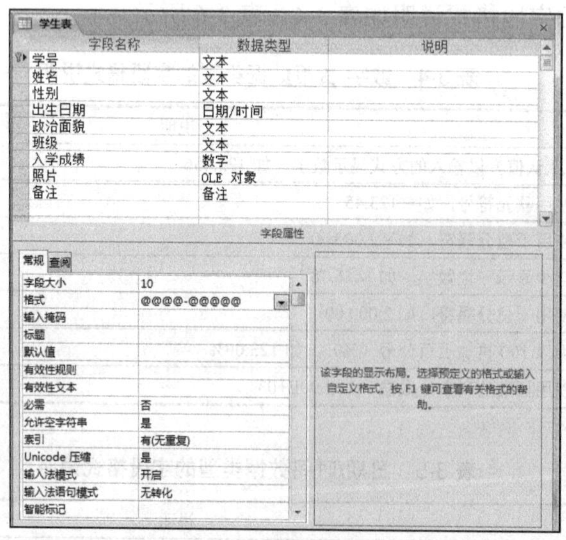

图 3-13　设置格式属性

3）保存“学生表”，单击右下角的“数据表视图”按钮，可以看到学号的显示形式发生了变化。

3. 输入掩码属性

使用输入掩码属性可以帮助用户按照规定的格式输入数据，并拒绝错误的输入，保证输入正确。

【例 3-5】将“学生表”中的“出生日期”字段设置为“长日期”掩码。

操作步骤如下。

1）打开数据库，右击导航窗格中的“学生表”，在弹出的快捷菜单中选择“设计视图”命令，打开“学生表”设计视图。

2）在“学生表”设计视图中单击“出生日期”字段行任意位置，再单击“字段属性”区域“输入掩码”文本框右侧的掩码向导按钮，打开“输入掩码向导”对话框，如图 3-14 所示。

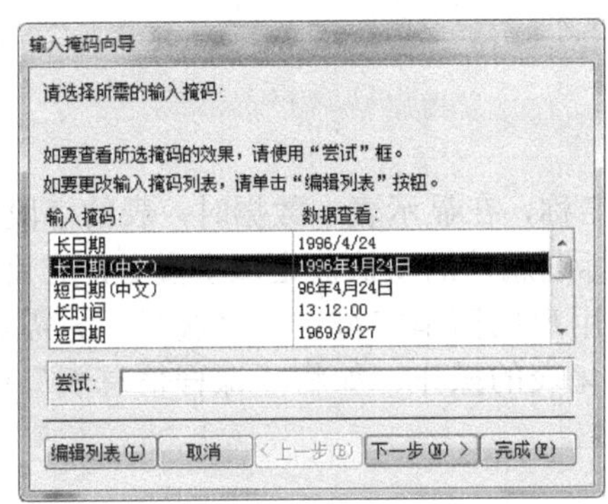

图 3-14 “输入掩码向导”对话框

3）在“输入掩码”列表框中选择“长日期（中文）”类型，单击“下一步”按钮，直到完成。

4）单击“保存”按钮，在数据表视图下输入新的记录就能按照所设置的掩码格式显示新记录。

提示：

输入掩码只为文本和日期/时间型字段提供向导，其他数据类型没有向导帮助。输入掩码属性所使用的字符及其含义如表 3-7 所示。

表 3-7 输入掩码属性所使用的字符及其含义

字符	说明
0	数字 0～9，必选项，不允许使用加号和减号
9	数字或空格，非必选项，不允许使用加号和减号
#	数字或空格，非必选项，空白将转换为空格，允许使用加号和减号
L	字母 A～Z，必选项

续表

字符	说明
?	字母 A～Z，可选项
A	字母或数字，必选项
a	字母或数字，可选项
&	任一字符或空格，必选项
C	任一字符或空格，可选项
.,:;-/	十进制占位符、千位分隔符、日期和时间分隔符，实际使用的字符取决于 Windows 控制面板中指定的区域设置
<	使其后所有的字符转换为小写
>	使其后所有的字符转换为大写
!	使输入掩码从右到左显示，而不是从左到右显示。输入掩码中的字符始终都是从左到右输入。可以在输入掩码中的任何地方包括感叹号
\	使其后的字符显示为原义字符。可用于将该表中的任何字符显示为原义字符，如\A 显示为 A
密码	文本框中输入的任何字符都按字面字符保存，但显示为星号（*）

4. 标题属性

标题属性将取代字段名称，在显示表中数据时，表的字段名将是标题属性值，而不是“字段名称”值。字段标题属性的默认值是该字段名，它用于表、窗体和报表中。

利用标题属性可以让用户用简单字符定义字段名，只需在标题属性中输入较完整的名称即可，这样可以简化表的操作，如将“课程信息表”中的“学分”字段的标题属性值改为“课程学分”。

5. 默认值属性

默认值属性可在表增加新记录时，以默认值作为该字段的内容，这样可以减少输入量，也可以修改默认值。在一个数据库中，往往有一些字段的数据内容相同或含有相同的部分，如“学生表”中的“性别”字段只有“男”“女”两种值，这种情况就可以设置一个默认值。

【例 3-6】设置“学生表”中“性别”字段的默认值属性为“女”。

操作步骤如下。

1）打开数据库，右击导航窗格中的“学生表”，在弹出的快捷菜单中选择“设计视图”命令，打开“学生表”设计视图。

2）单击“性别”字段行任意位置，在“字段属性”区域“默认值”文本框中输入“女”，如图 3-15 所示。

3）单击“保存”按钮，在数据表视图下，新记录的“性别”字段的内容将自动添加为“女”。

提示：

输入文本值时不用加引号。设置默认值属性时，必须与字段中所设的数据类型一致，否则将出现错误。

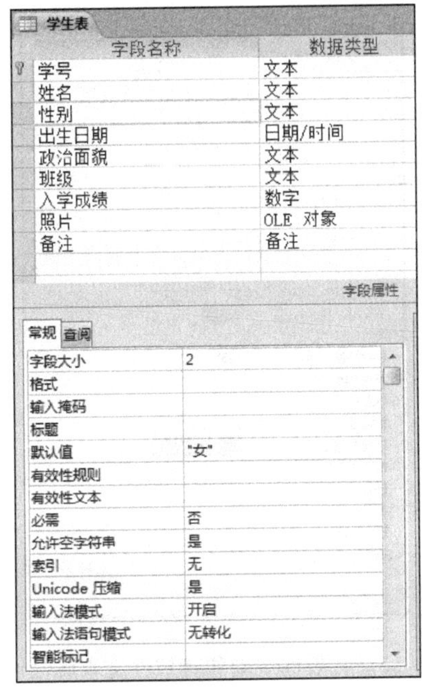

图 3-15　设置默认值属性

6. 有效性规则属性和有效性文本属性

有效性规则属性用于指定对输入记录中字段数据的要求。在“有效性规则”文本框中输入表达式，用来检查输入字段的值是否符合要求；“有效性文本”文本框中是一段提示文字，当输入的数据违反了字段“有效性规则”的设置时，字段“有效性文本”可作为对话框的提示信息。

【例 3-7】 规定“课程信息表”中“学分”字段取值为 2～5 学分。

操作步骤如下。

1）打开数据库，右击导航窗格中的“课程信息表”，在弹出的快捷菜单中选择“设计视图”命令，打开“课程信息表”设计视图。

2）单击“学分”字段行任意位置，在“字段属性”区域“有效性规则”文本框中输入“>=2 And <=5”，如图 3-16 所示。

3）在“字段属性”区域“有效性文本”文本框中输入“学分值输入错误，请输入 2～5 之间数据”。

4）单击“保存”按钮，在数据表视图下输入一个超出限制的数据，如“6”，按【Enter】键，将弹出一个消息框，如图 3-17 所示，说明输入的数据与有效性规则发生冲突，系统拒绝接收此数据。

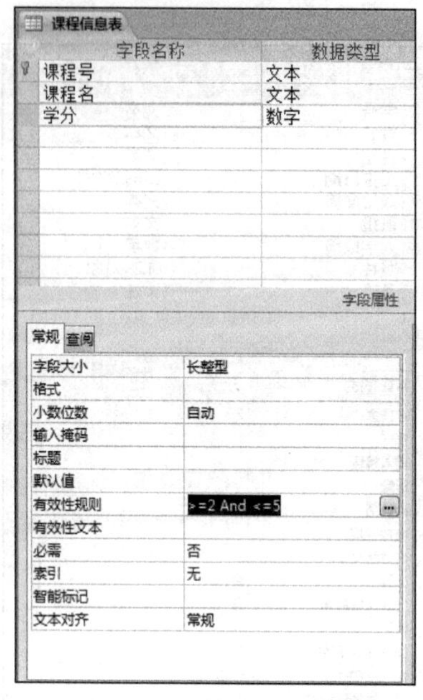

图 3-16　有效性规则和有效性文本属性设置

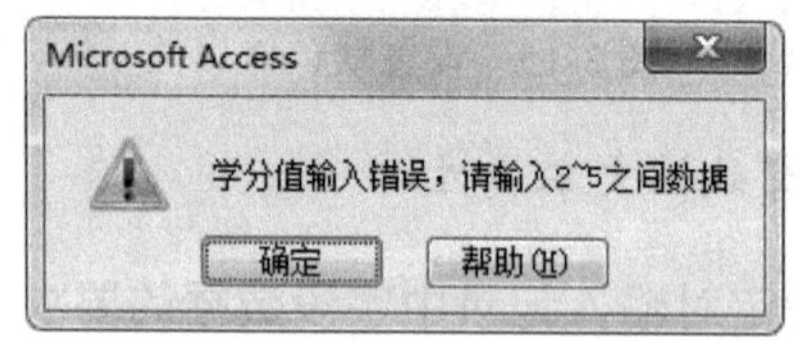

图 3-17　测试所设有效性规则

7. *必需属性*

必需属性取值有“是”或“否”两项。当取值为“是”时，表示该字段的内容不能为空，必须填写。一般情况下，作为主键字段的必需属性为“是”，其他字段的必需属性为“否”。

【例 3-8】将“学生表”中“姓名”字段的必需属性设置为“是”。

操作步骤如下。

1）打开数据库，右击导航窗格中的“学生表”，在弹出的快捷菜单中选择“设计视图”命令，打开“学生表”设计视图。

2）单击“姓名”字段行任意位置，在“字段属性”区域“必需”下拉列表中选择“是”选项。

3）单击“保存”按钮，在数据表视图下输入新记录时，在“姓名”字段中必须填写内容，否则在保存数据表时会出现错误提示。

8. 索引属性

索引可以加速对索引字段的查询，还能加速排序及分组操作。当表数据量很大时，为了提高查找速度，可以设置索引属性。索引属性有以下3个项取值。

“无”：表示本字段无索引，且该字段中的记录可以重复。

“有（有重复）”：表示本字段有索引，且该字段中的记录可以重复。

“有（无重复）”：表示本字段有索引，且该字段中的记录不允许重复。

一般情况下，作为主键字段的索引属性为“有（无重复）”，其他字段的索引属性为“无”。

【例3-9】将“学生表”中“姓名”字段的索引属性设置为“有（无重复）”。

操作步骤如下。

1）打开数据库，右击导航窗格中的“学生表”，在弹出的快捷菜单中选择“设计视图”命令，打开“学生表”设计视图。

2）单击“姓名”字段行任意位置，在“字段属性”区域“索引”下拉列表中选择“有（无重复）”选项，如图3-18所示。

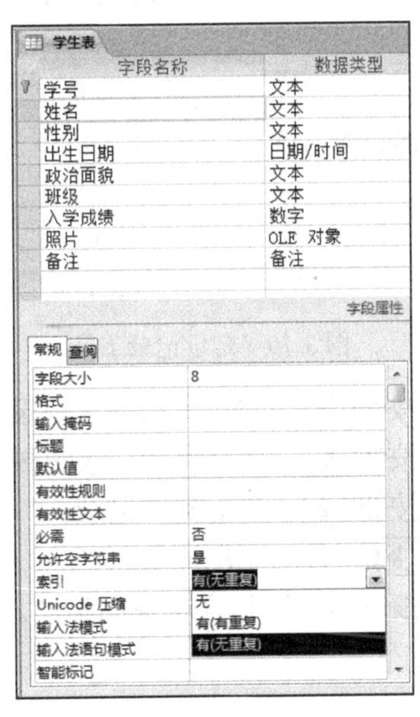

图3-18　索引属性设置

以上字段属性的设置是为了提高数据的规范性、正确性和有效性。读者可以在应用的过程中，逐步认识它们的作用。

9. 设置主键字段

主键是指在数据表中定义的一个或一组字段，以唯一地识别表中存储的每一条记录。定义主键后才能进一步定义表之间的关系。

提示：

如果在保存新建的表之前没有定义主键，Access 将打开消息框，询问是否创建主键，如果单击“是”按钮，Access 将会自动定义一个自动编号字段，并创建自动编号为主键；在输入记录时，Access 会自动将这个字段值加 1。

最好在没有输入记录时设置主键，如果已有记录再设置主键，有时系统是不允许的。

3.3 编辑表中记录

数据表中的记录包括定位记录、选择记录、添加记录、删除记录、修改记录、复制记录等操作，还可以调整表的外观，进行字体、字形、颜色等设置。

1. 定位记录

在数据表视图中，Access 允许在记录间移动来对要进行操作的记录定位，既可向前/向后移动一条记录或移到首记录/尾记录，也可通过垂直滚动条进行大范围移动，如图 3-19 所示。

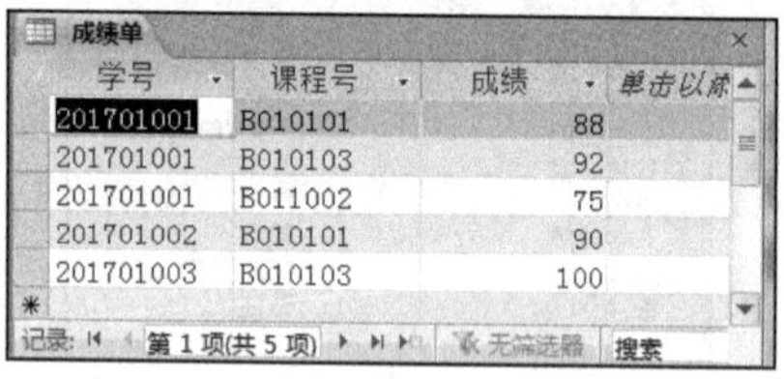

成绩单

学号	课程号	成绩	单击以添
201701001	B010101	88	
201701001	B010103	92	
201701001	B011002	75	
201701002	B010101	90	
201701003	B010103	100	

记录：第 1 项(共 5 项)　无筛选器　搜索

图 3-19　定位记录工具

1）单击“下一条记录”按钮，向后移动一条记录，下一条记录处于活动状态。

2）单击“上一条记录”按钮，向前移动一条记录，上一条记录处于活动状态。

3）单击“第一条记录”按钮，移动到首记录。

4）单击“尾记录”按钮，移动到尾记录。

5）拖动窗口右侧的垂直滚动条，可以在记录间移动。

2. 选择记录

可以在数据表视图下选择数据范围。

（1）使用鼠标选择数据范围

打开数据表，可在数据表视图中用以下方法选择数据范围。

1）选择字段中的部分数据：单击开始处，拖动鼠标指针到结尾处。

2）选择字段中的全部数据：单击字段左侧，待鼠标指针变成✚后再单击。

3）选择相邻多字段中的数据：单击第一个字段左侧，待鼠标指针变成✚后，拖动鼠标指针到最后一个字段的结尾处。

4）选择一列数据：单击该列的字段选定器。

5）选择相邻多列数据：单击第一列顶端字段名，拖动鼠标指针到最后一列顶端字段名。

（2）使用鼠标选择记录范围

打开数据表，可在数据表视图中用以下方法选择记录范围。

1）选择一条记录：单击该记录的记录选定器。

2）选择多条记录：单击第一条记录的记录选定器，然后拖动鼠标指针到选定范围的结尾处。

（3）使用键盘选择数据范围

可使用以下方法通过键盘选择数据范围。

1）选择一个字段中的部分数据：将光标移到要选定文本的开始处，然后按住【Shift】键，并按方向键，直到选定文本的结尾处。

2）选择整个字段的数据：将光标移到字段中的任意位置，按【Home】键，再按【Shift+End】组合键。

3）选择相邻多个字段：选择第一个字段，按住【Shift】键，再按方向键移动光标到结尾处。

3. 添加记录

添加新记录时，可在数据表视图中打开要编辑的表，然后将光标移动到表的最后一行，直接输入要添加的数据；也可以通过单击最下端的“新（空白）记录”按钮来添加数据。

4. 删除记录

如果需要删除表中不需要的数据，可以使用以下方法删除记录。

1）在数据库导航窗格中的表对象中双击要编辑的表。

2）在数据表视图中右击要删除的记录，在弹出的快捷菜单中选择“删除记录”命令，系统将弹出删除记录消息框。

3）单击消息框中的“是”按钮，可以删除选定记录。若单击“否”按钮，可以取消删除操作。

在数据表视图中可以一次删除多条相邻的记录。操作方法：先单击第一条记录的选定器，然后拖动鼠标指针到要删除记录的末尾，右击，在弹出的快捷菜单中选择“删除记录”命令，就可以删除选定的记录。

5. 修改记录

在数据表视图中修改数据的方法很简单，只要将光标移到要修改数据的相应字段，直接修改即可。修改时，可以修改整个字段的值，也可以修改字段的部分数据。

6. 复制记录

利用数据复制操作可以减少重复数据或相近数据的输入。

在 Access 中，数据复制的内容可以是一条记录、多条记录、一列数据、多列数据、一个数据项、多个数据项或一个数据项的部分数据。操作步骤如下。

1）打开数据表。

2）选定要复制的内容并右击，在弹出的快捷菜单中选择“复制”命令。

3）在需粘贴此内容的位置右击，在弹出的快捷菜单中选择“粘贴”命令。

7. 设置数据表格式

在数据表视图中，可以设置和修改数据表的格式，如设置行高和列宽，排列和隐藏列，设置显示方式、字体大小、排序等。

3.4 操 作 表

操作表包括对数据表数据进行查找和替换，对数据表数据进行升序或降序的排列，对数据表数据进行筛选等操作。

3.4.1 查找和替换数据

1. 查找数据

当数据表数据较多时，可以通过查找功能快速查找所需要的数据。

【例 3-10】查找“学生表”中“性别”为“女”的记录。

操作步骤如下。

1）打开数据表。

2）单击“性别”字段。

3）在“开始”选项卡的“查找”组中单击“查找”按钮，打开“查找和替换”对话框。

4）在“查找”选项卡的“查找内容”文本框中输入“女”，其他部分选项如图 3-20 所示。

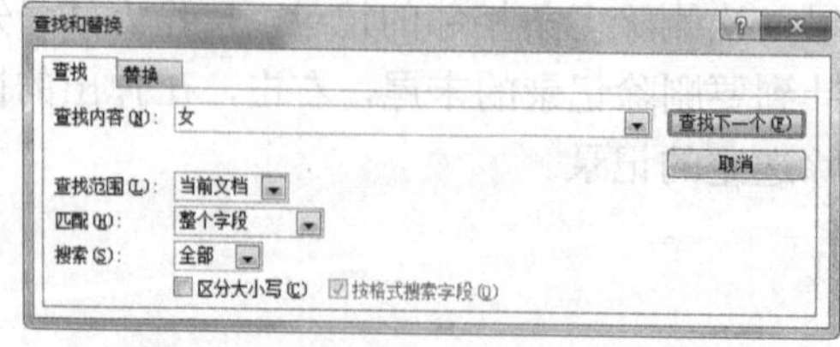

图 3-20 “查找和替换”对话框中“查找”选项卡

5）单击“查找下一个”按钮，将查找下一个指定的内容，Access 会反白显示找到的数据。连续单击“查找下一个”按钮，可以将全部指定的内容查找出来。

6）单击“取消”按钮，结束查找。

提示：

“查找范围”下拉列表中所包含的字段为在进行查找之前控制光标所在的字段。一般在查找之前将控制光标移到要查找的字段上，这样比对整个表进行查找节省更多的时间。也可以在“查找范围”下拉列表中选择“整个表”作为查找范围。

在查找数据时，也可以使用如表 3-8 所示的通配符来查找一批相匹配的记录。

表 3-8 通配符

字符	说明	示例
*	与任何个数的字符匹配。在字符串中，它可以当作第一个或最后一个字符使用	使用 wh*可以找到 wha、wham、whamn
?	与任何单个字母的字符匹配	使用 a? t 可以找到 alt、amt、ant
[ ]	与方括号内任何单个字符匹配	使用 b[ae]t 可以找到 bat、bet，但找不到 bit
!	匹配任何不在方括号之内的字符	使用 b[!ae]t 可以找到 bit、but，但找不到 bat、bet
-	与某个范围内的任一个字符匹配，必须按升序指定范围（A～Z，而不是 Z～A）	使用 b[a-c]d 可以找到 bad、bbd、bcd
#	与任何单个数字字符匹配	使用 1#3 可以找到 123、133、143

2. 替换数据

如果要修改数据表中相同的数据，可以使用替换功能，自动将查找的数据替换为指定的数据。

【例 3-11】 查找“学生表”中“性别”为“女”的记录，替换为“G”。

操作步骤如下。

1）打开“学生表”。

2）单击“性别”字段。

3）在“开始”选项卡的“查找”组中单击“查找”按钮，打开“查找和替换”对话框。

4）在“替换”选项卡的“查找内容”文本框中输入“女”，在“替换为”文本框中输入“G”，其他部分选项如图 3-21 所示。

5）如果一次替换一个，则单击“查找下一个”按钮，找到后单击“替换”按钮；如果不替换当前找到的内容，则继续单击“查找下一个”按钮。如果要一次替换全部指定内容，则单击“全部替换”按钮，弹出消息框，如图 3-22 所示，要求用户确认是否完成替换操作。

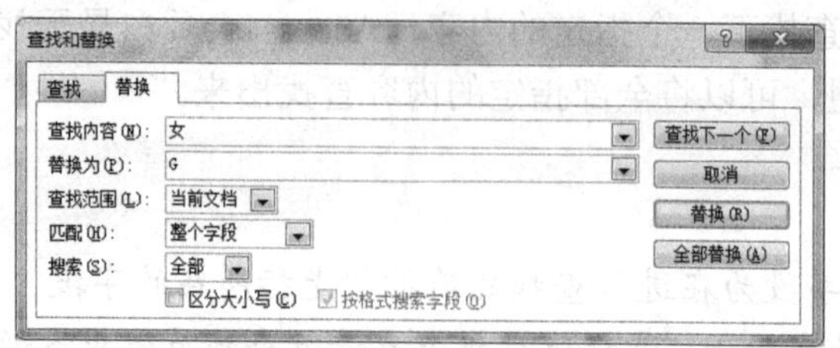

图 3-21 “查找和替换”对话框中“替换”选项卡

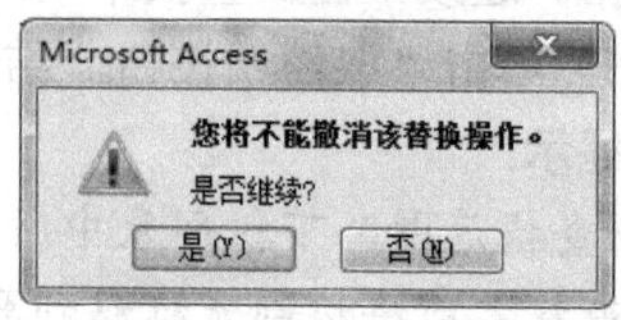

图 3-22 全部替换确认消息框

3.4.2 排序数据

排序就是将数据按照一定的逻辑顺序排列。例如，将学生成绩从高分到低分排列就可以方便地看到成绩排列情况。在 Access 中可以进行简单排序或者高级排序，在进行排序时，Access 将重新组织表中记录的顺序。下面首先了解一下排序的规则。

1. 排序规则

排序是根据当前表中的一个或多个字段的值对整个表中的所有记录进行重新排列。排序时可以按升序排列数据，也可以按降序排列数据。排序时，字段类型不同，排序规则也会有所不同，具体规则如下。

1）英文字母排序时，大、小写字母顺序不同，升序时按 A～Z 排列，降序时按 Z～A 排列。

2）中文按拼音字母的顺序排列。

3）数字按数字的大小排列。

4）日期和时间字段按日期的先后顺序排列。

排序时需要注意以下几点。

1）对于日期/时间型字段，若要从前往后对日期和时间进行排序，则需要使用升序；若要从后往前对日期和时间进行排序，则需要使用降序。

2）对于文本型字段，如果它的取值有数字，则 Access 将其作为字符串而不是数值来排序。因此，若要按数值顺序来排序，就必须在较短的数字前面加上 0，使全部的文本字符串具有相同的长度。

3）在按升序对字段进行排序时，如果字段中同时包含 NULL 值和零长度字符串的记录，则包含 NULL 值的记录将首先显示，紧接着是零长度字符串。

4）数据类型为“备注”“超链接”“OLE 对象”的字段不能排序。

5）排序后，排序次序将与表一起保存。

2. 简单排序

简单排序就是将一条或多条相邻字段的记录按升序或降序排列。

【例 3-12】在“学生表”中，将“出生日期”字段按降序排列。

操作步骤如下。

1）打开“学生表”，进入数据表视图。

2）单击“出生日期”字段。

3）在“开始”选项卡的“排序和筛选”组中单击“降序”按钮，数据表中的记录将立即按照“出生日期”降序排列。

3.4.3 筛选数据

筛选是选择查看记录，并不是删除记录。筛选时用户必须先设定筛选条件，然后 Access 按筛选条件筛选并显示满足条件的数据，不满足条件的记录将被隐藏起来。筛选可以使数据更加便于管理。Access 提供了选择筛选、按窗体筛选、高级筛选/排序 3 种方法。

1. 选择筛选

选择筛选用于查找某一字段满足一定条件的数据记录，条件包括“等于”“不等于”“包含”“不包含”等，其作用是隐藏不满足条件的记录，显示所有满足条件的记录。

2. 按窗体筛选

按窗体筛选是在空白窗体中设置筛选条件，然后查找满足条件的所有记录并显示。可以在窗体中设置多个条件，按窗体筛选是使用最广泛的一种筛选方法。

3. 高级筛选/排序

使用高级筛选/排序不仅可以筛选满足条件的记录，还可以对筛选的结果进行排序。

【例 3-13】 在“学生表”中显示性别为“男”的学生。

操作步骤如下。

1）打开“学生表”，进入数据表视图。

2）在“开始”选项卡的“排序和筛选”组中单击“高级”下拉按钮并在弹出的下拉列表中选择“按窗体筛选”选项，打开空白窗体，在“性别”下拉列表中选择“男”选项，如图 3-23 所示。

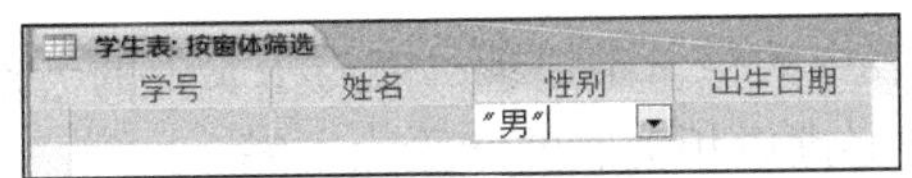

图 3-23　筛选记录

3）单击“高级”下拉按钮并在弹出的下拉列表中选择“应用筛选/排序”选项，将在数据表视图中显示筛选结果。

4）单击“高级”下拉按钮并在弹出的下拉列表中选择“高级筛选/排序”选项，打开筛选窗口，在数据表中双击“出生日期”，将“出生日期”添加到数据表设计网格中，然后在“排序”下拉列表中选择“降序”选项，再在“高级”下拉列表中选择“应用筛选/排序”选项，可以对数据进行排序。

应用“高级筛选/排序”功能既可以对记录进行筛选，又可以排序，还可以同时筛选和排序。

3.5 创建表间关系

在数据库中为每个实体设置了不同的表后，需要定义表间关系来实现信息的合并。在表中定义主键可以保证每条记录被唯一识别，更重要的作用是用于多个表间的连接。当数据库包含多个表时，需要通过主键的连接来创建表间关系，使各表协同工作。

3.5.1 关系的作用及种类

关系通过匹配关键字字段中的数据来执行，关键字字段通常是两个表中具有相同名称的字段。大多数情况下，这些匹配的字段是表中的主键，对每一条记录提供唯一的标识，在其他表中还有一个外键。关系数据库通过外键来创建表间关系。表间关系分为 3 种：一对一、一对多和多对多。

在一对一关系中，A 表中的每一条记录只能在 B 表中有一条匹配的记录，B 表中的每一条记录也只能对应 A 表中的一条记录。此关系类型不常用。一对多关系是最常用的类型，在一对多关系中，A 表中的一条记录可与 B 表中的多条记录匹配，B 表中的记录只能与 A 表中的一条记录匹配。在多对多关系中，A 表中的记录能与 B 表中的多条记录匹配，B 表中的记录也能与 A 表中的多条记录匹配。此关系类型不符合关系数据库对存储表的要求，只能通过定义连接表把多对多关系转化成多个一对多关系。

3.5.2 创建关系

两个表之间的关系是通过一个相关联的字段建立的，在两个相关表中，起着定义相关字段取值范围作用的表称为父表，该字段称为主键；而另一个引用父表中相关字段的表称为子表，该字段称为子表的外键。根据父表和子表中关联字段间的相互关系，表间关系应遵循以下原则。

1）一对一关系：父表中的每一条记录只能与子表中的一条记录相关联，在这种表间关系中，父表和子表都必须以相关联的字段为主键。

2）一对多关系：父表中的每一条记录可与子表中的多条记录相关联，在这种表间关系中，父表必须根据相关联的字段建立主键。

3）多对多关系：父表中的记录可与子表中的多条记录相关联，而子表中的记录也可与父表中的多条记录相关联。在这种表间关系中，父表与子表之间的关联实际上是通过一个中间数据表来实现的。

【例 3-14】为“学生管理系统”数据库中的“学生信息表”“课程信息表”“成绩单”创建关系。

操作步骤如下。

1）在“数据库工具”选项卡的“关系”组中单击“关系”按钮，打开“显示表”对话框，如图3-24所示。

2）在“显示表”对话框中选择“学生信息表”，然后单击“添加”按钮，接着用同样的方法将“课程信息表”“成绩单”添加到“关系”窗口中。

3）单击“关闭”按钮，关闭“显示表”对话框，在“关系”窗口添加了如图3-25所示的3个表。

图3-24 “显示表”对话框

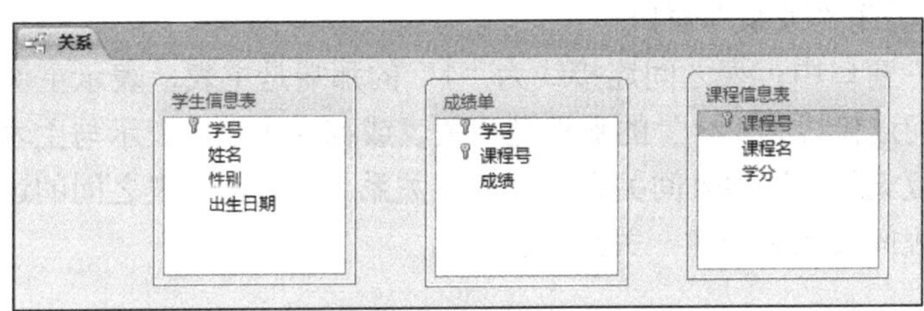

图3-25 添加表后的关系窗口

4）选择“学生信息表”中的“学号”字段，然后拖动到“成绩单”中的“学号”字段上，这时会打开如图3-26所示的“编辑关系”对话框。

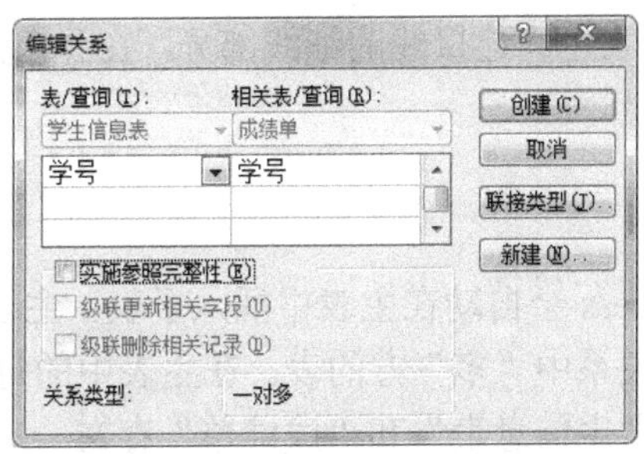

图3-26 “编辑关系”对话框

5）选中“实施参照完整性”复选框，表明两个表中不能出现学号不相等的记录。

另外，可以选中“级联更新相关字段”和“级联删除相关记录”两个复选框，也可以暂时不选。

提示：

如果选中了“级联更新相关字段”复选框，在主表中更改主键值，将自动更新所有相关记录中的匹配值。如果选中了“级联删除相关记录”复选框，删除主表中的记录也将删除任何相关表中的相关记录。如果主表中的主键是自动编号字段，选中“级联更新相关字段”复选框将没有任何效果，因为不能更改自动编号中的值。

6）用同样的方式将主键拖向其他表中同名的外键，创建其他各表之间的关系，如图 3-27 所示。

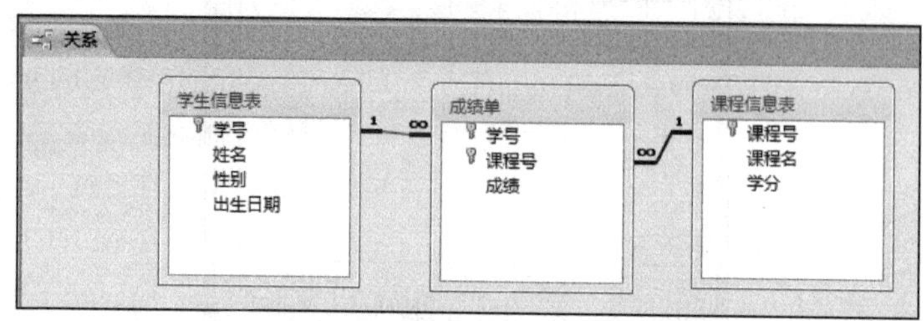

图 3-27　创建 3 个表的关系

7）保存并关闭“关系”窗口。

在“关系”窗口中，表之间连接线为“1”的那端是主表，表示主键的字段值是无重复的；表之间连接线为“∞”的那端是相关表或称为子表，表示与主表主键字段相同的字段值有重复记录，这种表间关系是一对多关系。如果两个表之间的连接线两端都为“1”，则这种表间关系是一对一关系。

3.5.3　删除关系

如果要删除表间关系，操作步骤如下。

1）在“数据库工具”选项卡的“关系”组中单击“关系”按钮，再次打开“关系”窗口。

2）右击“关系”窗口表之间连接线的细线部分，在弹出的快捷菜单中选择“删除”命令。

3.5.4　主表与子表

创建表间关系后，Access 会自动在主表中插入子表。主表是在一对多关系中“一”方的表，子表是在一对多关系中“多”方的表。在主表中的每一条记录下面都会有一个甚至几个子表。例如，“学生信息表”和“成绩单”存在一对多关系，主表是“学生信息表”。

【例 3-15】通过打开“学生信息表”主表，查看“成绩单”子表的信息。

操作步骤如下。

1）打开“学生信息表”，可以看到每条记录的前面有一个“+”号。

2）单击“+”，则“+”变成“-”，同时展开“成绩单”子表，显示主表记录在子表中所对应的记录。图 3-28 所示的是学号为“201701001”的学生在“成绩单”中的课程成绩。

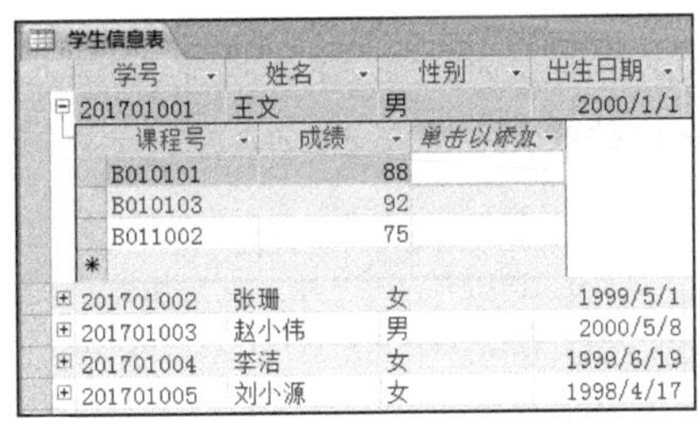

图 3-28 主表和子表显示形式

第4章 查　询

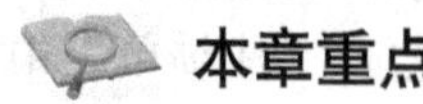

本章重点

- 查询的基本概念。
- 查询的功能及分类。
- 根据给定条件建立查询的规则。
- 查询的设计方法。
- 查询的应用。
- SQL 语言及其应用。

查询是 Access 数据库的重要对象，其目的是通过对数据库中的数据进行分析和处理，从中提取有用的信息。查询是基于“表”的一种视图，通过查询看到的记录，实际上是存储在表中的数据，不需要额外的空间来存储它们，而只是对它们进行重新组合、聚集、统计等加工处理后得到的另一种视图。利用查询可以实现对数据库中的数据进行浏览、筛选、排序、检索、统计和加工等操作，从而方便用户对数据库进行查看。

4.1 查询概述

查询即查找和询问。运用查询，用户可以从主题划分的数据表中检索出所需要的数据。检索的结果本身又可以看作一个数据表，利用数据表可以存储数据，这些数据可以长期保存于数据库中。存储数据是为了重复使用这些数据。在设计数据库时，为了减少数据冗余，节省内存空间，常常会将数据分类存储到多个数据表中，这种设计导致某些相关信息分散地存储在多个数据表中。在使用这些数据时，用户可以根据自己的需求从单个数据表中获取所需要的信息，也可从多个相关的数据表中获取信息，这时所采用的就是查询功能。Access 提供的查询功能为用户提供了从若干个数据表中获取信息的方法，是分析和处理数据的一种重要工具。

4.1.1 查询的概念

查询是指向数据库提出请求，使数据库按照特定的需求在指定的数据源中进行查找，以提取指定的字段，返回一个新的数据集合，这个集合就是查询结果。

查询在数据库操作中具有非常重要的地位。利用不同的查询，可以方便、快捷地浏览数据库中一个表或者多个表中的数据，也可以实现数据的统计分析与计算等操作，同时查询还可以作为窗体和报表的数据源。

查询也可以看成一个“表”，只不过是以表或查询为数据来源的再生表，是动态的数据集合。也就是说，查询的记录集实际上并没有单独存储在数据库中，每次使用查询时，只是从查询的数据源表中提取满足查询条件的记录集建立一个虚表。因此，查询的结果总是与数据源中的数据保持同步，当数据源中的记录更新时，查询的结果也会随数据源的变化自动更新。

查询基本上可以满足用户以下要求。

1）选择所要查询的基本表或查询（一个或多个）。

2）选择想要在结果集中见到的字段。

3）使用准则来限制结果集中所要出现的记录。

4）对结果集中记录的排序次序进行选定。

5）对结果集中的记录进行统计（求和、总计等）。

6）将结果集汇集成一个新的基本表。

7）将结果作为数据源创建窗体和报表。

8）根据结果建立图表，得到直观的图像信息。

9）在结果集中进行新的查询。

10）建立交叉表形式的结果集。

11）在其他数据库软件包生成的基本表中进行查询。

12）批量地向数据库中添加、删除或修改数据。

从某种意义上说，能够进行查询，是使用数据库管理系统管理大量数据区别于使用Excel电子表格管理数据的最显著的特点。

4.1.2 查询的类型

根据对数据源的操作方式及查询结果，Access 2010提供的查询可以分为6种类型，分别是选择查询、交叉表查询、参数查询、操作查询、SQL查询和删除查询。

（1）选择查询

选择查询是最常用的查询类型，它能够根据用户指定的查询条件，从一个或多个数据表中获取数据并显示结果，还可以利用查询条件对记录进行分组，并进行求总计、计数、平均数等运算。选择查询产生的结果是一个动态记录集，不会改变数据源表中的数据。

（2）交叉表查询

交叉表查询可以计算并重新组织数据表的结构，可以方便地分析数据。交叉表查询将数据源表或查询中的数据分组，一组在数据表的左侧，另一组在数据表的上部，数据表内行与列的交叉单元格处显示表中数据的某个统计值，这是一种可以将表中的数据看成字段的查询方法。

（3）参数查询

参数查询为用户提供了更加灵活的查询方式，可以通过参数来设计查询的准则。在执行查询时，会打开一个已经设计好的对话框，由用户输入查询条件并根据此条件返回查询结果。

（4）操作查询

操作查询是指在查询中对源数据表进行操作，可以对表中的记录进行追加、修改、删除和更新操作。操作查询包括删除查询、更新查询、追加查询和生成表查询。

（5）SQL 查询

SQL 查询是指使用结构化查询语言 SQL 创建的查询。在 Access 中用户可以使用查询设计器创建查询，在查询创建完成后，系统会自动产生一个对应的 SQL 语句。除此之外，用户还可以使用 SQL 语句创建查询，实现对数据的查询和更新操作。

（6）删除查询

删除查询可以从一个或多个表中删除一组记录。当使用删除查询时，通常会删除整个记录，而不只是记录中所选择的字段。

4.1.3 查询视图

查询共有 5 种视图，分别是设计视图、数据表视图、SQL 视图、数据透视表视图和数据透视图视图。

（1）设计视图

设计视图就是查询设计器，通过该视图可以创建除 SQL 之外各种类型的查询。

（2）数据表视图

数据表视图是查询数据浏览器，用于查看查询运行结果。

（3）SQL 视图

SQL 视图是查看和编辑 SQL 语句的窗口，通过该窗口可以查看用查询设计器创建的查询所产生的 SQL 语句，也可以对 SQL 语句进行编辑和修改。

（4）数据透视表视图和数据透视图视图

在数据透视表视图和数据透视图视图中，可以根据需要生成数据透视表和数据透视图，从而对数据进行分析，得到直观的分析结果。

4.1.4 创建查询的方法

在 Access 中，创建查询的方法主要有两种，使用设计视图创建查询和使用查询向导创建查询。

（1）使用设计视图创建查询

使用设计视图创建查询首先要打开查询视图窗口，然后根据需要进行查询定义。

（2）使用查询向导创建查询

使用查询向导创建查询就是使用 Access 系统提供的查询向导，按照系统的引导完成查询的创建。

Access 中提供了 4 种类似的查询向导，包括简单查询向导、交叉表查询向导、查找重复项查询向导和查找不匹配项查询向导。它们创建查询的方法基本相同，用户可以根据需要进行选择。

4.2 选择查询

选择查询是最常用的查询类型，它能根据用户所指定的查询条件，从一个或多个数据表中获取数据并显示结果，还可以利用查询条件对记录进行分组，并进行求总计、计数、平均值等运算。选择查询产生的结果是一个动态的记录集，不会改变源数据表中的数据。

4.2.1 使用设计视图创建查询

使用设计视图是建立和修改查询的最主要的方法，在设计视图上由用户自主设计查询比采用查询向导建立查询更加灵活。

【例 4-1】查找“学生信息表”中的“姓名”“性别”“出生日期”3 个字段，查询名称命名为“学生信息表查询”。

操作步骤如下。

1）打开数据库。

2）在“创建”选项卡的“查询”组中单击“查询设计”按钮，打开“显示表”对话框，选择“学生信息表”，单击“添加”按钮，打开查询设计器窗口并关闭“显示表”对话框，如图 4-1 所示。

3）在查询设计器窗口的设计网格中单击字段的空白处，添加要查询的“姓名”“性别”“出生日期”字段，或者双击数据源中所需要的字段，选中的字段将显示在设计网格中，如图 4-2 所示。

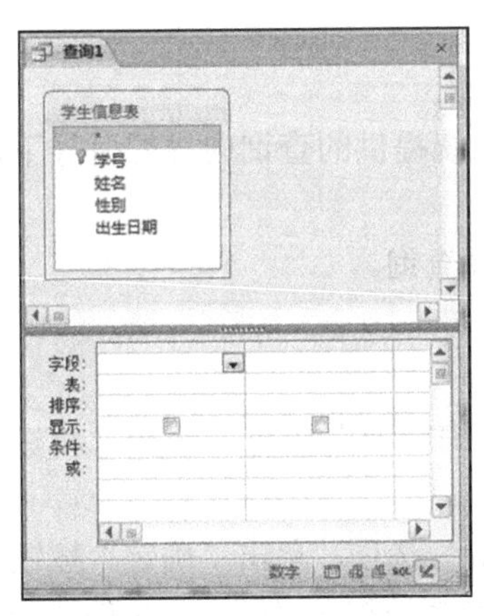

图 4-1　查询设计器窗口

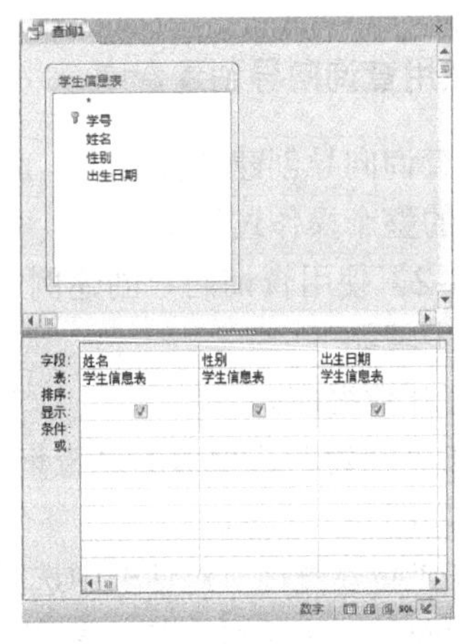

图 4-2　为查询添加字段

除此之外，还可以为显示的信息指定标题，以及调整字段的宽度和改变显示的顺序。

调整字段的宽度和改变显示的顺序直接用鼠标拖动即可实现。拖动字段的边界可改变字段的宽度，调整字段显示顺序只需将指定的字段拖动到指定的位置即可，而为显示的信息指定标题可以在需要指定标题的字段名或表达式的前边输入“标题：”。

4）在查询设计器窗口设计网格中的“排序”下拉列表中可以指定查询的排序关键字和排序方式。排序方式分为升序、降序和不排序 3 种。

5）使用“显示”行的复选框可以设置某个字段是否在查询结果中显示。若复选框被选中，则显示该字段；反之不显示。

6）在“条件”行中输入查询条件，或者利用表达式生成器输入查询条件，可以创建带条件的查询。

7）右击“查询 1”，在弹出的快捷菜单中选择“保存”命令，在打开的“另存为”对话框中为查询命名，如图 4-3 所示。

8）在“查询工具-设计”选项卡的“结果”组中单击“运行”按钮，可打开查询的数据表视图观看查询内容，如图 4-4 所示。

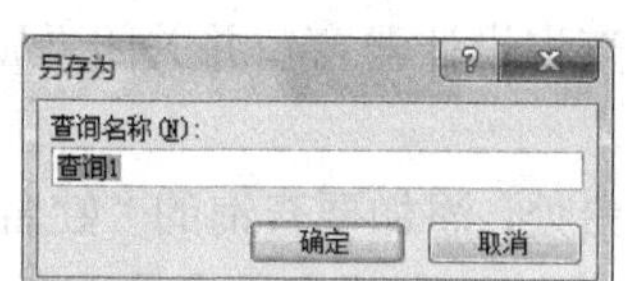

图 4-3　输入查询名

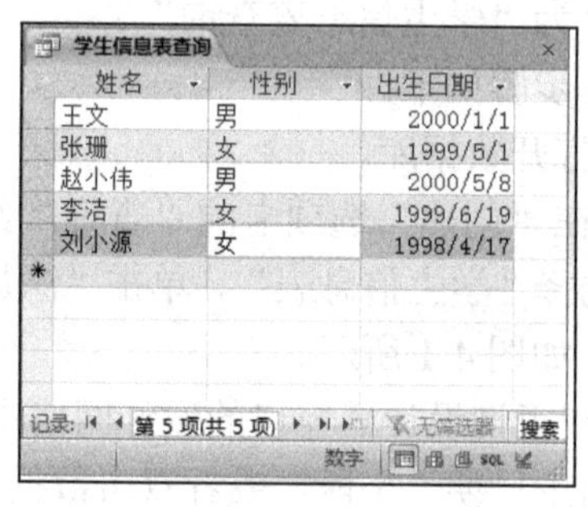

图 4-4　查询的数据表视图

4.2.2　使用查询向导创建查询

使用查询向导创建选择查询，就是在 Access 系统提供的查询向导的引导下，完成创建查询的整个操作过程。

【例 4-2】使用查询向导创建例 4-1 所建立的选择查询。

操作步骤如下。

1）打开数据库。

2）在“创建”选项卡的“查询”组中单击“查询向导”按钮，打开“新建查询”对话框，如图 4-5 所示。

3）在“新建查询”对话框中选择“简单查询向导”选项，单击“确定”按钮，打开“简单查询向导”对话框。在“表/查询”下拉列表中选择数据源“表：学生信息表”，然后分别双击“可用字段”列表框中的“姓名”“性别”“出生日期”字段，将它们添加到“选定字段”列表框中，作为选择查询的字段，如图 4-6 所示，单击“下一步”按钮。

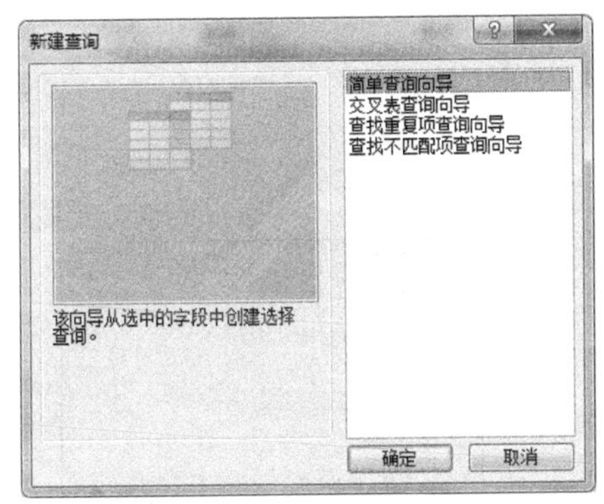

图 4-5 “新建查询”对话框

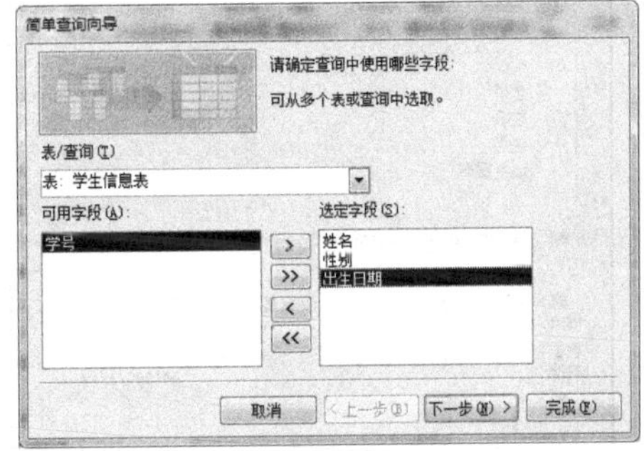

图 4-6 选择查询字段

4）为查询指定标题“学生信息表查询”，单击“完成”按钮，系统自动进入数据表视图状态，显示查询数据。

4.2.3 查询的条件

在查询时往往需要表达用户所需的条件，在设计视图中，查询条件是通过在设计网格的“条件”行中输入 Access 条件式来表达的（在 Access 2000 以下的版本中称为“准则”，在 Access 2010 中称为“条件”）。

例如，要在学生信息表中查找所有在 2000 年及以后出生的女学生，则需要在“性别”字段的“条件”行中输入“女”，按【Enter】键，在“出生日期”字段的“条件”行中输入“>=2000-1-1”，按【Enter】键即可（系统会自动为字符型数据加上“”、为日期型字符加上“#”作为定界符）。

提示:

1）若要表达多个条件，那么在设计网格中，同一行表示“与”的关系，不同行表示“或”的关系，也可以用逻辑表达式来表达两个以上的条件。

2）当表达单个条件时，两端的引号不必输入，系统会自动加上，如果要人工输入引号，则只能使用英文标点（半角）。

【例 4-3】在例 4-1 所建立的选择查询基础上查询 1999 年 1 月 1 日以后出生的男学生（类型：两个以上的条件，“与”的关系），并要求结果不显示“性别”字段。

操作步骤如下。

1）在设计视图中打开“学生信息表查询”。

2）取消选中“性别”字段的复选框，设定为不显示。

3）在“性别”字段的“条件”行中输入“男”，在“出生日期”字段的“条件”行中输入“>1999-1-1”，如图 4-7 所示。

4）单击“运行”按钮，查看查询结果，如图 4-8 所示。

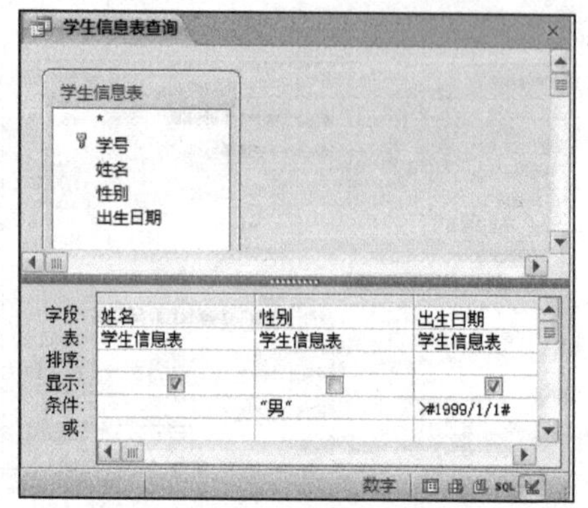

图 4-7　输入查询条件（一）

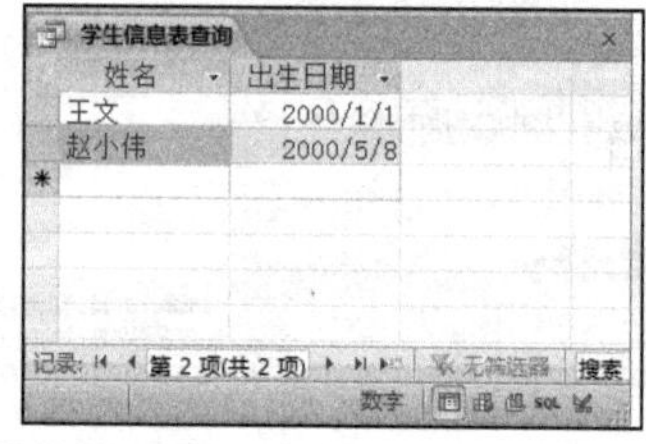

图 4-8　查询结果（一）

【**例 4-4**】在例 4-1 所建立的选择查询基础上查询出生日期为 1999 年 1 月 1 日以前或 1999 年 12 月 31 日及以后的学生（类型：一个字段值两个以上的条件，“或”的关系）。

操作步骤如下。

在“出生日期”字段的“条件”行中输入“<1999-1-1”，在其下一行中输入“>1999-12-31”，如图 4-9 所示。

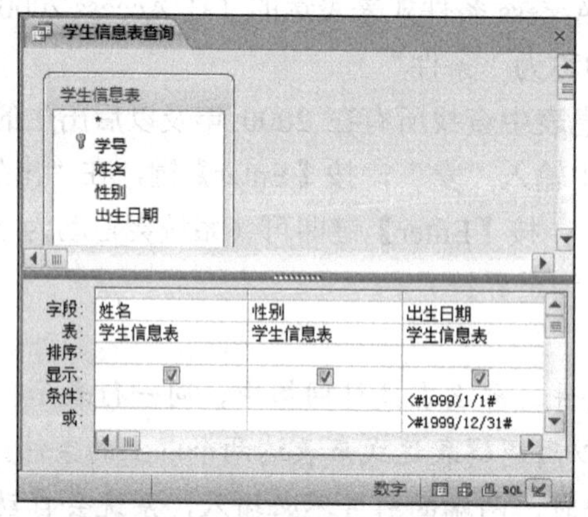

图 4-9　输入查询条件（二）

运行结果如图 4-10 所示。

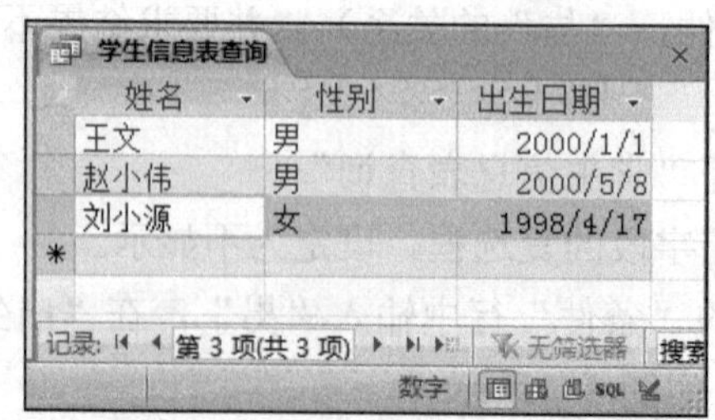

图 4-10　查询结果（二）

也可以使用逻辑表达式表示为“<1999-1-1 Or >1999-12-31”，此时可以将条件放在一行中表示。需要注意的是，字符串两端的双引号和逻辑运算符“And”（表示逻辑与）、“Or”（表示逻辑或）、“Not”（表示逻辑非）一定要使用英文字符（半角）。

如果需要显示的是某个表中的所有字段，可以直接选中“*”号，代表选择“所有字段”，从而使查询变得快捷方便，省去了每个字段一一选取的麻烦。但是如果要对某个字段设置查询条件就不方便了。这里有一个简单的方法解决此问题：在选中“*”号后，再将需要设置条件的字段选上，在它的“条件”行中设置条件，并取消选中“显示”行中的复选框，就可以避免相同的字段显示两次。如上述例 4-4 需要显示全部字段，查询条件不变，可以在设计视图中选择全部字段，然后选择“出生日期”字段，并输入查询条件“<1999-1-1 Or >1999-12-31”，如图 4-11（a）所示，查询结果如图 4-11（b）所示。

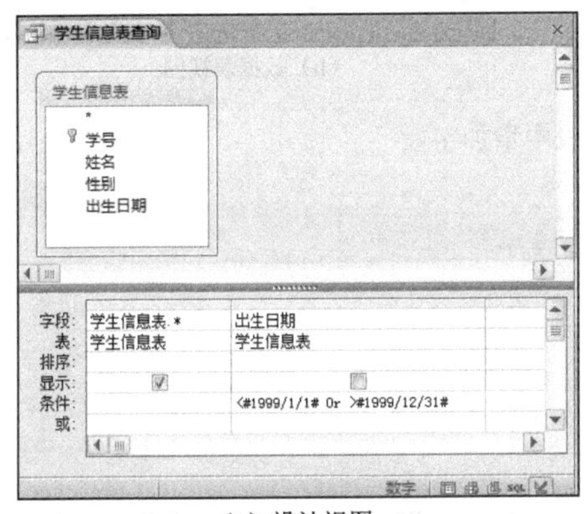

（a）设计视图

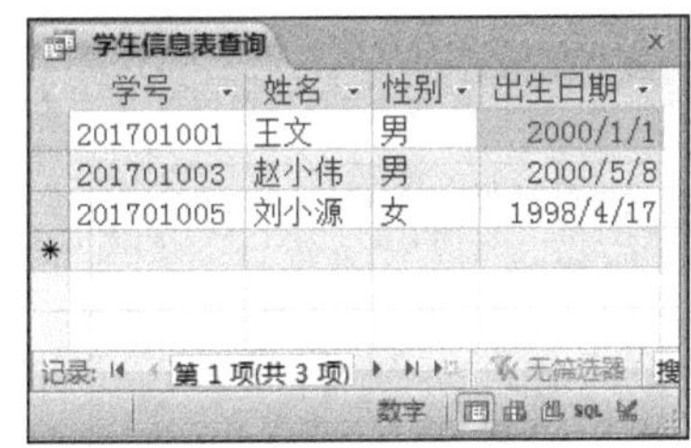

（b）查询结果

图 4-11　使用“*”号查询

【例 4-5】在“学生信息表查询”中，增加“政治面貌”字段，并输入每个学生的政治面貌，列出政治面貌不是“群众”的学生。

操作步骤如下。

1）打开“学生信息表”，在表名上右击，在弹出的快捷菜单中选择“设计视图”命令。

2）在设计视图增加“政治面貌”字段，数据类型为文本类型，长度为 8，如图 4-12（a）所示。

3）在“学生信息表”表名上右击，在弹出的快捷菜单中选择“数据表视图”命令，输入每个学生相应的政治面貌，如图 4-12（b）所示。

4）打开“学生信息表查询”，并在查询名处右击，在弹出的快捷菜单中选择“设计视图”命令，打开设计视图。

5）在“字段”行中添加“政治面貌”字段。

6）在“政治面貌”字段的“条件”行中输入“<>群众”并按【Enter】键即可，如图 4-13（a）所示。

7）运行查询，结果如图 4-13（b）所示。

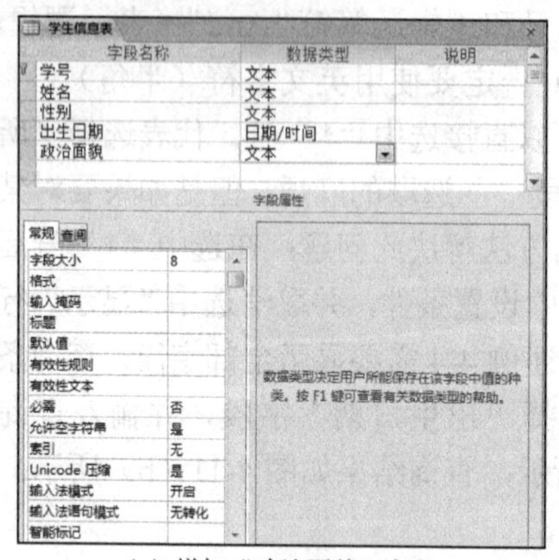

（a）增加“政治面貌”字段

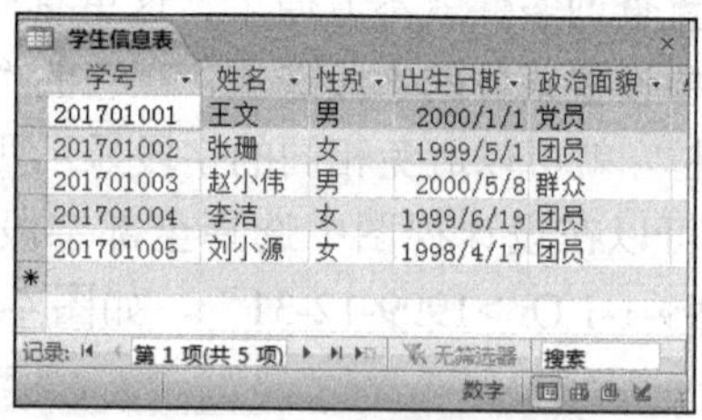

（b）数据表视图

图 4-12　在数据表中增加字段

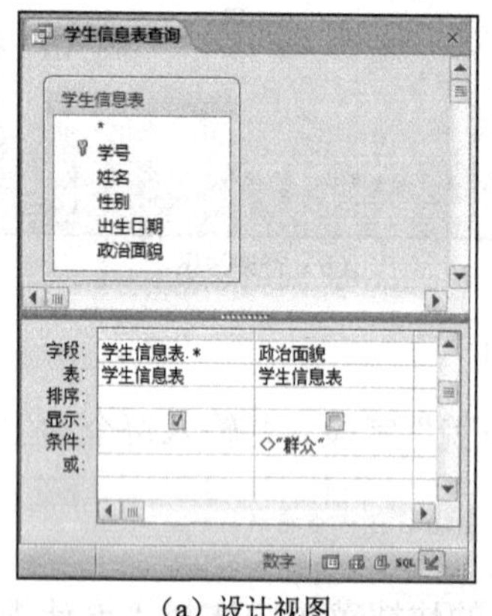

（a）设计视图

（b）查询结果

图 4-13　“不等”的表示

本例的条件也可以使用逻辑表达式表示为

```
Not 群众
```

【例 4-6】查询在 1999 年出生的学生的信息。

操作步骤如下。

1）打开数据库。

2）在“创建”选项卡的“查询”组中单击“查询设计”按钮，打开“显示表”对话框，选择“学生信息表”，单击“添加”按钮，打开查询设计器窗口并关闭“显示表”对话框。

3）在“字段”行中添加“学生信息表.*”和“出生日期”字段，在“出生日期”字段取消选中“显示”行中的复选框，在“出生日期”字段的“条件”行中添加“Between 1999-1-1 And 1999-12-31”并按【Enter】键，或输入“>= 1999-1-1 And <= 1999-12-31”，系统会在日期两端自动加上“#”。

4）保存“查询 1”，在“另存为”对话框中输入“1999 年出生学生查询”。

5）单击“运行”按钮，查看查询结果。

【例 4-7】列出学生信息表中所有姓“张”的学生。

操作步骤如下。

1）打开数据库。

2）在“创建”选项卡的“查询”组中单击“查询设计”按钮，打开“显示表”对话框，选择“学生信息表”，单击“添加”按钮，打开查询设计器窗口并关闭“显示表”对话框。

3）在“字段”行中添加“学生信息表.*”和“姓名”字段，在“姓名”字段取消选中“显示”行中的复选框，在“姓名”字段的“条件”行中添加“Like 张*”，系统会自动为“张*”带上引号，如图 4-14 所示。

提示：

此处的“Like 张*”中的“*”代表任意多个字符。

4）保存“查询 1”并重命名为“姓张学生查询”。

5）单击“运行”按钮，查看查询结果。

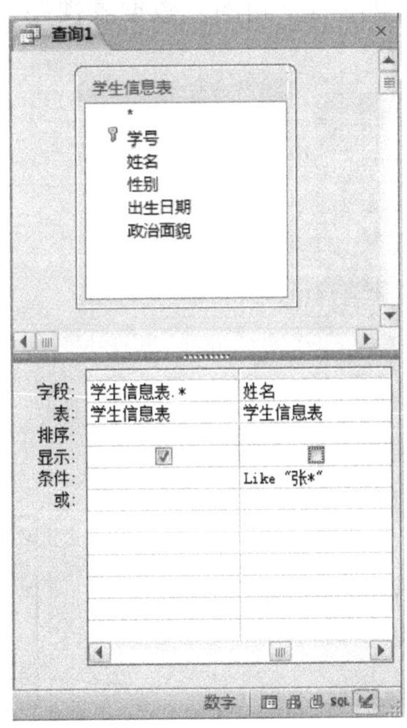

图 4-14　查询条件的表示

4.2.4 建立分组统计的查询

在 Access 查询中，除了可以从字段列表中选择所需的字段外，还可以建立新的字段，这个字段的内容是基于其他字段的表达式。Access 查询提供了利用函数建立总计查询的方式，总计查询可以对查询中的某列进行总和（Sum）、平均（Avg）、计数（Count）、最小值（Min）和最大值（Max）等计算。

1. 创建总计查询

【例 4-8】统计“学生信息表”中的学生人数。

操作步骤如下。

1）打开数据库。

2）在“创建”选项卡的“查询”组中单击“查询设计”按钮，打开“显示表”对话框，双击“学生信息表”后关闭“显示表”对话框。

3）在“字段”行中添加“学号”字段。

4）在“查询工具-设计”选项卡中的“显示/隐藏”组中单击“汇总”按钮，此时在设计网格中插入了“总计”行。

5）单击“学号”字段的“总计”行，并单击其右侧的下拉按钮，在弹出的下拉列表中选择“计数”函数，如图 4-15 所示。

6）保存“查询 1”并重命名为“统计学生数查询”。

7）单击“运行”按钮或单击右下角的“数据表视图”按钮，可以看到统计学生人数的执行结果，如图 4-16 所示。

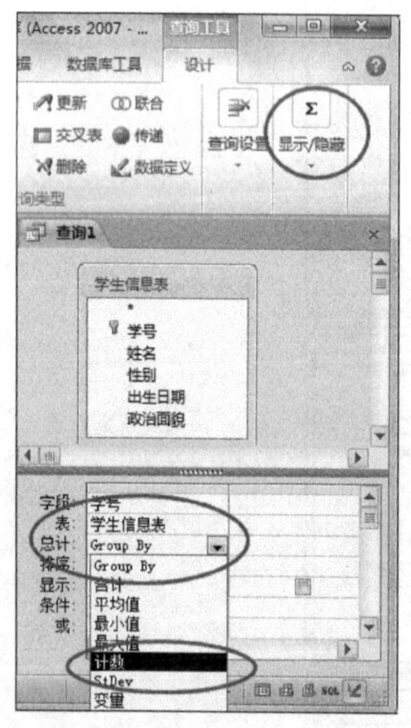

图 4-15 设置“总计”行

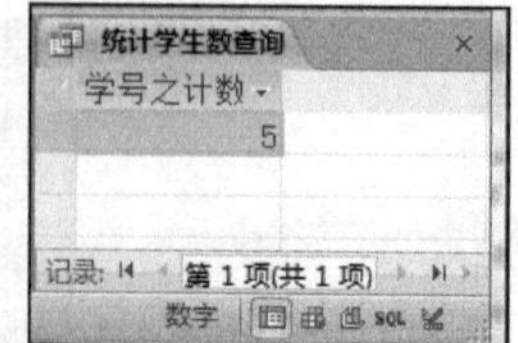

图 4-16 统计学生人数的执行结果

【例 4-9】统计每名学生的平均成绩。

操作步骤如下。

1）打开数据库。

2）在“创建”选项卡的“查询”组中单击“查询设计”按钮，打开“显示表”对话框，双击“学生信息表”和“成绩单”后关闭“显示表”对话框。

3）单击选中“学生信息表”中的“学号”字段，在“字段”行中添加“学号”“姓名”“成绩”字段。

4）在“查询工具-设计”选项卡的“显示/隐藏”组中单击“汇总”按钮，此时在设计网格中插入了“总计”行，系统自动将“学号”和“姓名”字段的“总计”行设置成“Group By”（分组）。

5）单击“成绩”字段的“总计”行，并单击其右侧的下拉按钮，在弹出的下拉列表中选择“平均值”函数。

6）保存“查询 1”并重命名为“学生平均成绩查询”，如图 4-17 所示。

7）单击“运行”按钮，可以看到学生平均成绩的执行结果，如图 4-18 所示。

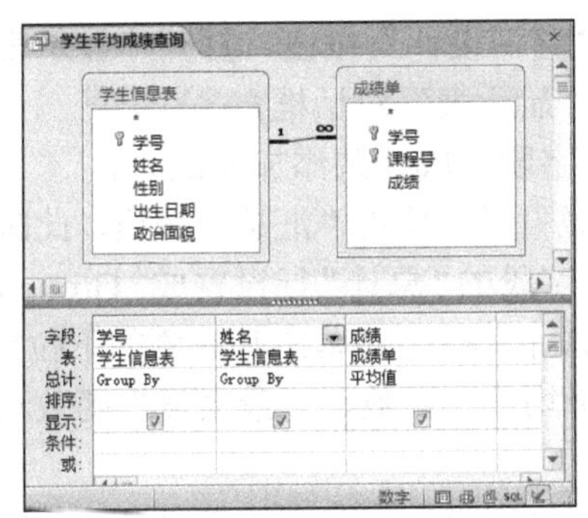

图 4-17 设置查询的“平均值”总计项

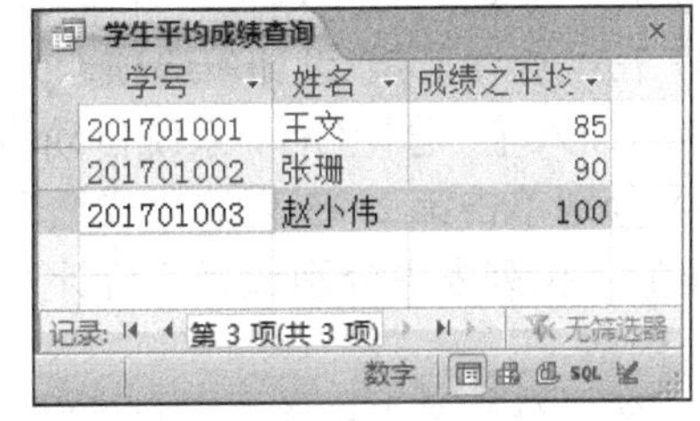

图 4-18 学生平均成绩的执行结果

【例 4-10】统计“学生信息表”中男、女学生人数。

操作步骤如下。

1）打开数据库。

2）在“创建”选项卡的“查询”组中单击“查询设计”按钮，打开“显示表”对话框，双击“学生信息表”后关闭“显示表”对话框。

3）在“字段”行中添加“学号”“性别”字段。

4）在“查询工具-设计”选项卡的“显示/隐藏”组中单击“汇总”按钮，此时在设计网格中插入了“总计”行，系统自动将“性别”字段的“总计”行设置成“Group By”。

5）单击“学号”字段的“总计”行，并单击其右侧的下拉按钮，在弹出的下拉列表中选择“计数”函数，并将“学号”字段改为“学生性别计数：学号”，则浏览时“学号”列名将被改为“学生性别计数”。

6）保存“查询 1”并重命名为“学生性别计数”，如图 4-19 所示。

7）单击“运行”按钮，可以看到统计男、女学生人数的执行结果，如图 4-20 所示。

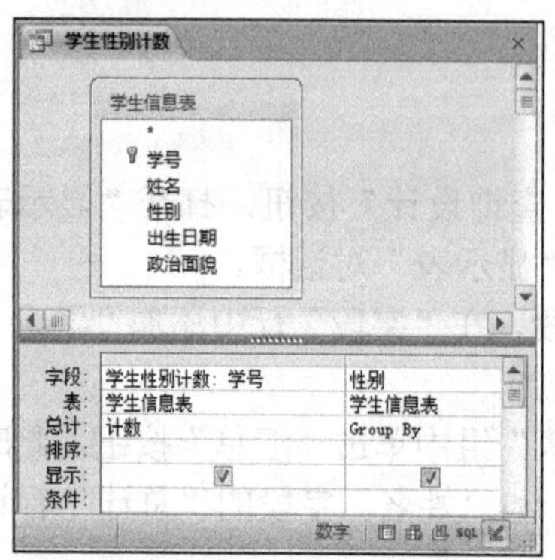

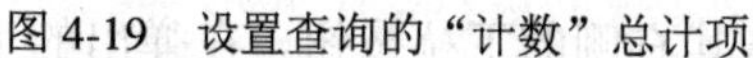

图 4-19 设置查询的“计数”总计项

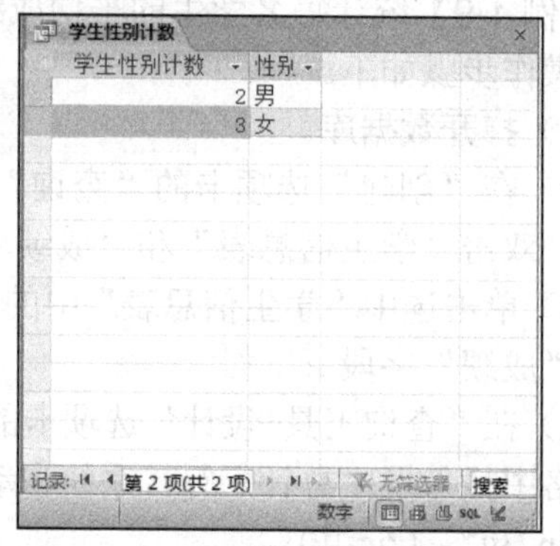

图 4-20 统计男、女学生人数的执行结果

【例 4-11】按课程名称统计每门成绩的总和、平均分、最高分和最低分。

操作步骤如下。

1）打开数据库。

2）在“创建”选项卡的“查询”组中单击“查询设计”按钮，打开“显示表”对话框，双击“课程信息表”和“成绩单”后关闭“显示表”对话框。

3）在“字段”行中添加“课程名”“成绩”字段（成绩共添加 4 次）。

4）在“查询工具-设计”选项卡的“显示/隐藏”组中单击“汇总”按钮，此时在设计网格中插入了“总计”行，系统自动将“课程名”字段的“总计”行设置成“Group By”。

5）分别单击第 2～5 列的“成绩”字段的“总计”行，并单击其右侧的下拉按钮，在弹出的下拉列表中分别选择“合计”函数、“平均值”函数、“最大值”函数和“最小值”函数。

6）然后分别单击第 2～5 列的“成绩”字段的“字段”行对应的字段名，分别改成“总和成绩:成绩”“平均成绩:成绩”“最高分:成绩”“最低分:成绩”（注意：字段名中的冒号“:”务必在半角状态下输入）。

7）保存“查询 1”并重命名为“统计各科成绩”，如图 4-21 所示。

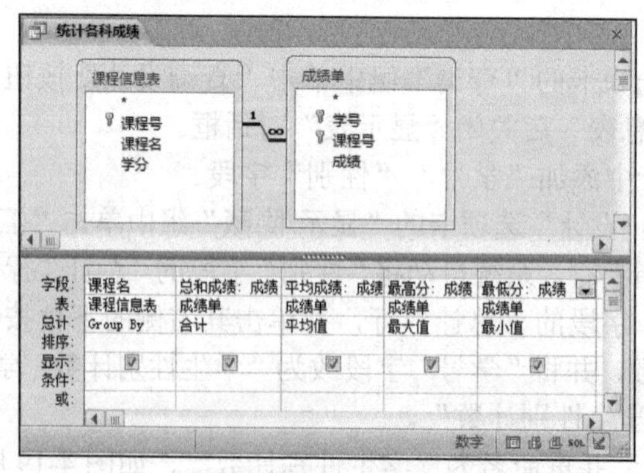

图 4-21 设置查询的总计项和新计算字段

8）单击“运行”按钮或单击右下角的“数据表视图”按钮，可以看到统计各科成绩的执行结果，如图 4-22 所示。

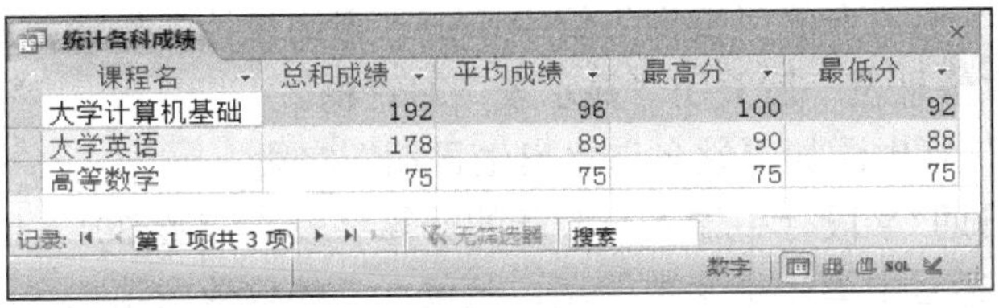

统计各科成绩

课程名	总和成绩	平均成绩	最高分	最低分
大学计算机基础	192	96	100	92
大学英语	178	89	90	88
高等数学	75	75	75	75

记录：第 1 项(共 3 项) 无筛选器 搜索

图 4-22 统计各科成绩的执行结果

提示：

回到设计视图，右击要修改字段所在行的任意处，在弹出的快捷菜单中选择“属性”命令，可以设置小数位数。

2. 总计项

创建总计查询是通过使用查询设计网格中的“总计”行上的总计项来实现的。总计项共有 12 个选项，12 个选项可分为合计函数、分组（Group By）、表达式（Expression）和限制条件（Where）4 类。下面主要介绍合计函数和分组。

（1）合计函数

合计（Sum）：计算组中该字段所有值的和。

平均值（Avg）：计算组中该字段的算术平均值。

最小值（Min）：返回组中字段的最小值。

最大值（Max）：返回组中字段的最大值。

计数（Count）：返回行的合计。

标准差（StDev）：计算组中字段所有值的统计标准差。

第一条记录（First）：返回该字段的第一个值。

最后一条记录（Last）：返回该字段的最后一个值。

（2）分组

分组（Group By）可对记录进行分组，如按性别将学生分成两组。

4.2.5 建立带计算字段的查询

计算字段是指根据一个或多个表中的一个或多个字段，使用表达式建立一个新字段。在前面的例子中可以看到，查询结果中统计函数字段为“学号计数”“成绩平均值”，这样的显示效果可读性较差，可以使用创建计算字段来调整该字段的显示效果。另外，当需要统计的数据在表中没有相应的字段，或者用于计算的数据值来源于多个字段时，也需要创建计算字段。

【例 4-12】 建立“学生年龄查询”，只显示姓名和年龄（以当前年份为 2017 年为例）。

操作步骤如下。

1）打开数据库。

2）在“创建”选项卡的“查询”组中单击“查询设计”按钮，打开“显示表”对话框，双击“学生信息表”后关闭“显示表”对话框。

3）在“字段”行中添加“姓名”“出生日期”字段。

4）在“出生日期”字段行中输入一个新的计算字段：“年龄:2017-Left([出生日期],4)”（Left 函数为取出括号中第一个参数的左边几位，具体位数由第二个参数指定），保存此查询取名为“学生年龄查询”，如图 4-23 所示。

5）单击“运行”按钮，可以看到“学生年龄查询”的执行结果，如图 4-24 所示。

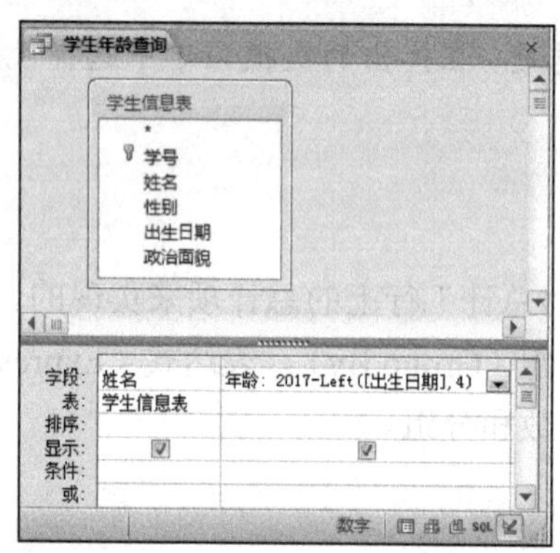

图 4-23 “学生年龄查询”设计视图

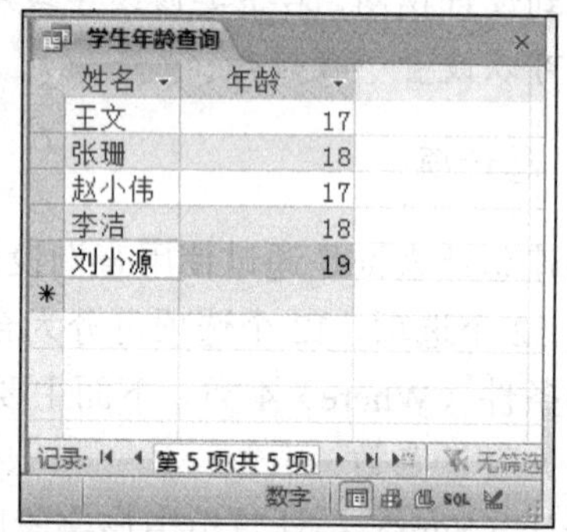

图 4-24 “学生年龄查询”的执行结果

4.3 参数查询

在 4.2 节中介绍了如何在查询中建立条件，但在实际应用中，使用更多的还是人-机交互的查询，即由用户输入指定的条件值，然后查询满足条件的信息。例如，去图书馆查书，用户可以按书名查，也可以按作者查，还可以按出版社、出版年月查等。这类查询的特点不是首先在条件中输入了某一书名，从而只能查这一本书，而是由用户输入任意书名进行查询，这就是带参数的查询。本节通过实例来学习如何在条件中建立带参数的查询。

建立带参数的查询分以下几种情况。

1. 使用一个参数

操作步骤如下。

1）在查询设计视图中将字段列表中的字段拖动到查询设计网格。

2）在参数所在的字段下的“条件”行中输入一对方括号（[ ]），在方括号内输入相应的提示。例如，在“姓名”字段中输入以下内容：[请输入姓名:]。

【例 4-13】按课程名查询课程信息。

操作步骤如下。

1）将“课程信息表”添加到设计视图中，并将“*”号拖动到设计网格中。

2）将“课程名”字段拖动到第二列，取消选中“显示”行中的复选框。

3）在“课程名”字段的“条件”行中输入“[请输入课程名]”，保存查询并命名为“按课程名查询”，如图 4-25 所示。

4）单击“运行”按钮，打开如图 4-26 所示的“输入参数值”对话框。

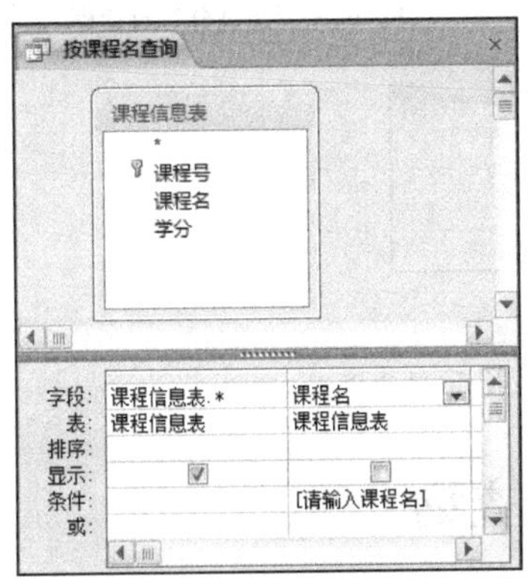

图 4-25 带参数的查询设置

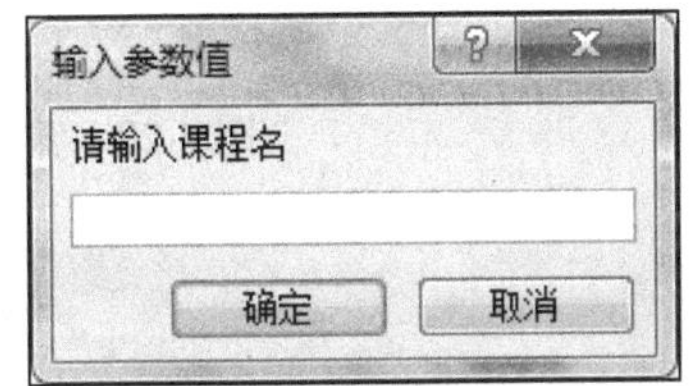

图 4-26 “输入参数值”对话框

5）输入要查询的课程名，单击“确定”按钮。

提示：

这种带参数的查询主要是通过方括号对来实现的，方括号中的内容是自定义的用来作为提示信息的文字，其内容只要能够使最终用户明白要求即可，如图 4-26 所示。系统对于“条件”中出现的方括号对，一般会弹出输入框，然后将输入的内容作为条件加以执行。

2. 使用两个或多个参数

其方法是，在要用作参数的每个字段下的“条件”行中输入条件表达式，并在方括号内输入相应的提示信息。

例如，在显示日期的字段中可以显示类似于“请输入起始日期：”和“请输入结束日期：”这样的提示，以指定输入值的范围。

【例 4-14】按指定成绩范围查询学生成绩。

操作步骤如下。

1）将“成绩单”添加到设计视图中，并将“学号”拖到设计网格中。

2）将“成绩”字段拖到第二列，取消选中“显示”行中的复选框。

3）在“成绩”字段的“条件”行中输入“Between [最低分？] And [最高分？]”，保存查询并命名为“按分数段查询”。

4）单击“运行”按钮，打开如图 4-27（a）所示的对话框，输入 85，单击“确定”按钮，又打开如图 4-27（b）所示的对话框，输入“95”，单击“确定”按钮。查询结果如图 4-27（c）所示。

（a）输入“最低分”对话框　　（b）输入“最高分”对话框

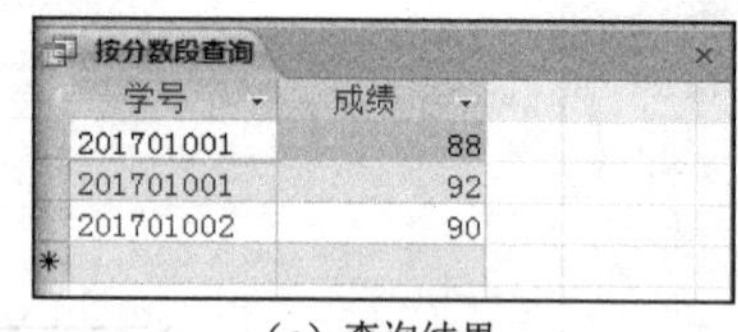
按分数段查询

学号	成绩
201701001	88
201701001	92
201701002	90

（c）查询结果

图 4-27　输入参数的查询范围及查询结果

4.4　交叉表查询

交叉表查询是一种非常独特的查询类型，不仅能用来计算数据的总和、平均值等，还可以重新组织数据的结构，更加方便地分析数据。交叉表查询将用于查询的字段分成两组，一组以行标题的方式显示在表格的左侧，一组以列标题的方式显示在表格的顶端，在行和列交叉的地方对数据进行总和、平均、计数或者其他类型的计算，并显示在交叉点上。

交叉表查询用于解决一对多关系，对“多方”实现分组求和。例如，在“成绩单”中，由于一个学生可以选修多门课程，每个学生选修的课程数目也不相同，因此，要计算每个学生选修课的总学分，使用普通的选择查询是无法实现的，若采用交叉表查询，实现起来就非常容易。

创建交叉表查询有两种方法，一种是利用交叉表查询向导，另一种是利用查询设计视图。下面两个例题分别使用上述两种方法介绍如何建立交叉表查询。

【例 4-15】利用交叉表查询向导实现按姓名列出每个学生选修课的学分总数。

先在设计视图中创建一个包含“姓名”“课程名”“学分”的“学生选课查询表”，接下来的操作步骤如下。

1）打开数据库。

2）在“创建”选项卡的“查询”组中单击“查询向导”按钮，打开“新建查询”对话框，在“新建查询”对话框中选择“交叉表查询向导”选项，如图 4-28 所示，单击“确定”按钮。

3）打开“交叉表查询向导”对话框，在“视图”选项组中选中“查询”单选按钮，然后选择查询所需的数据源“学生选课查询表”，单击“下一步”按钮。

4）打开如图 4-29 所示的对话框，选择“姓名”字段的值作为行标题。

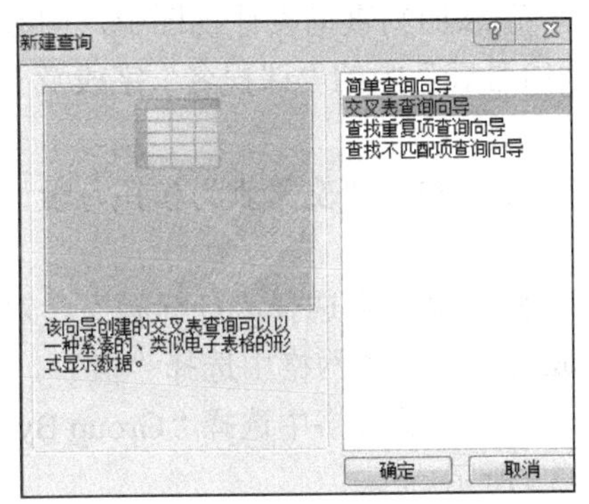

图 4-28 “新建查询”对话框

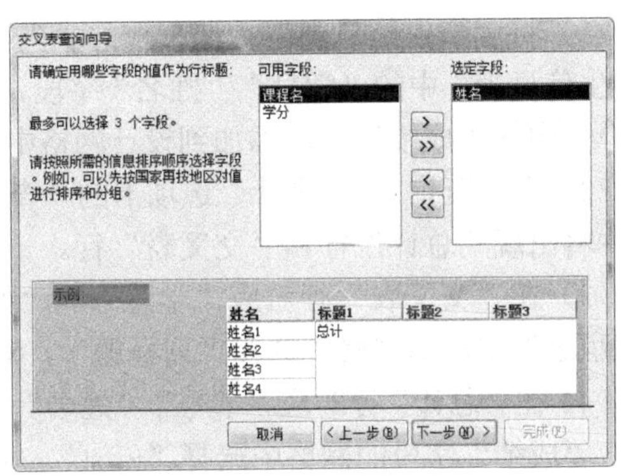

图 4-29 设置行标题

5）单击“下一步”按钮，在如图 4-30 所示的对话框中选择“课程名”字段的值作为列标题。

6）单击“下一步”按钮，在如图 4-31 所示的对话框中选择“学分”字段作为计算对象，并选择函数“Sum”，单击“下一步”按钮。

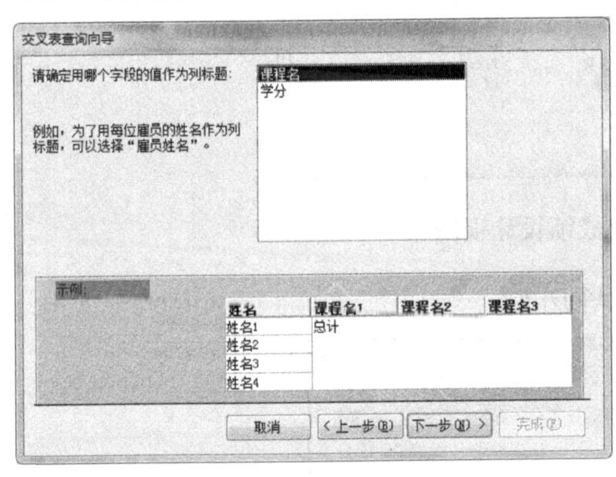

图 4-30 设置列标题

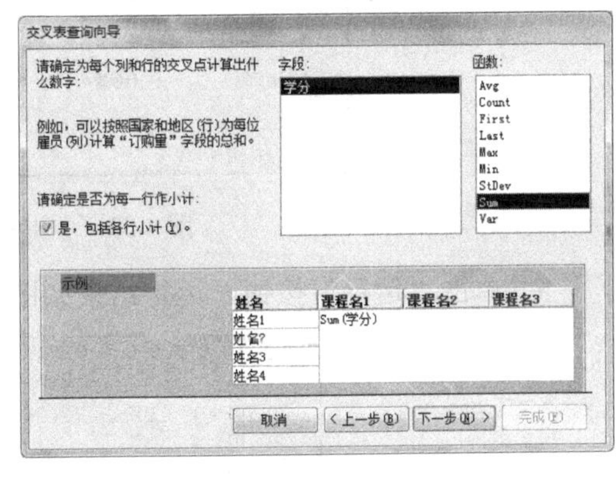

图 4-31 设置计算对象

7）指定查询名称，选中“查看查询”单选按钮，单击“完成”按钮，出现如图 4-32 所示的交叉表的数据表视图。

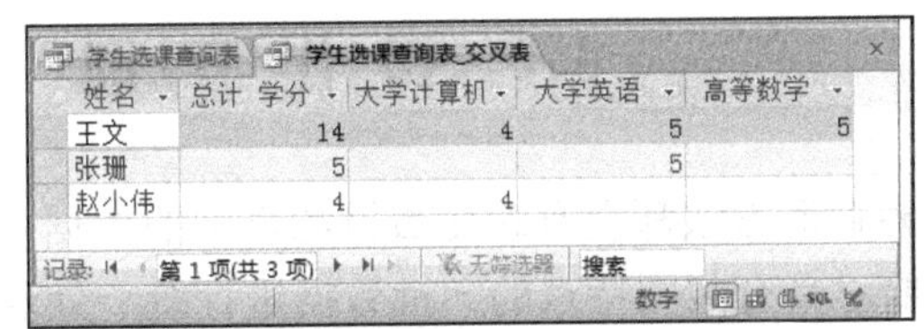

姓名	总计 学分	大学计算机	大学英语	高等数学
王文	14	4	5	5
张珊	5		5	
赵小伟	4	4		

图 4-32 交叉表的数据表视图

【例 4-16】利用查询设计视图创建交叉表来查询学生的各科成绩。

操作步骤如下。

1）将“学生信息表”“课程信息表”“成绩单”添加到查询设计视图中，同时将“学生信息表”中的“学号”“姓名”字段，“课程信息表”中的“课程名”字段及“成绩单”中的“成绩”字段添加到设计网格中。

2）在“查询工具-设计”选项卡的“查询类型”组中单击“交叉表”按钮，设计网格中将出现“总计”行和“交叉表”行。

3）在“交叉表”行对应“学号”和“姓名”字段的网格中选择“行标题”，对应“课程名”字段的网格中选择“列标题”，对应“成绩”字段的网格中选择“值”。

4）在“总计”行对应“学号”“姓名”“课程名”字段的网格中选择“Group By”，对应“成绩”字段的网格中选择“First”，如图 4-33 所示。

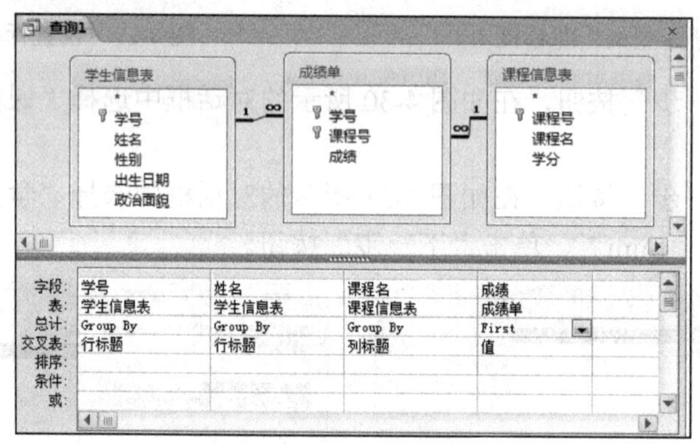

图 4-33　学生各科成绩设计视图

5）单击“运行”按钮，运行结果如图 4-34 所示。

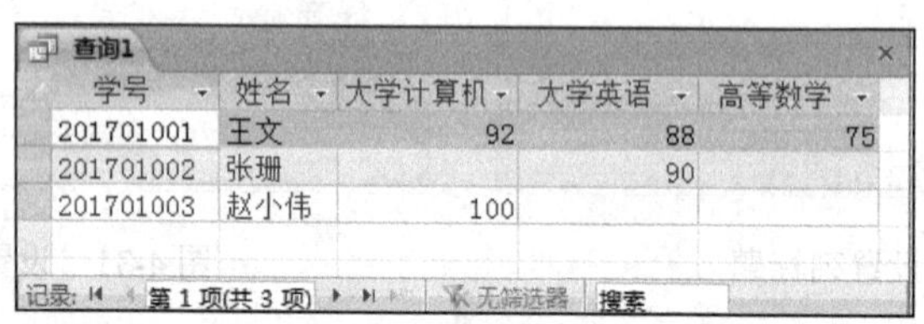

学号	姓名	大学计算机	大学英语	高等数学
201701001	王文	92	88	75
201701002	张珊		90	
201701003	赵小伟	100		

图 4-34　学生各科成绩运行结果

4.5　操作查询

前面介绍的几种查询方法都没有改变数据源表中的数据，都属于选择查询。在操作数据库时，经常需要对具有共同特点的一批数据进行统一处理。例如，将成绩单中所有成绩低于 60 分的记为 0 分，将学生信息表中所有毕业的学生信息存储到一个新表中等，如果逐条对记录进行处理，工作量会很大，也很难保证每一步操作的正确性。本节介绍的操作查询可以方便地处理上述操作。

操作查询是在选择查询的基础上创建的，可对数据源中的数据进行追加、删除、更新操作，并可在选择查询的基础上创建新表，具有选择查询、参数查询的特性。操作查询的另一个特点是，当打开操作查询进行更新、删除、追加等操作时，不直接显示操作查询结果，只有打开操作的目标表（更新、追加、删除生成的表）时才能看到操作查询的结果。

由于操作查询会改变操作目标表中的数据，因此为了避免数据丢失，在执行操作查询前应做好数据库或表的备份。

操作查询的种类有生成表查询、更新查询、追加查询和删除查询 4 种。

1）生成表查询：根据一个或多个表的全部数据或部分数据创建一个新表，运行生成表查询即可生成一个新表。

2）更新查询：可以对一个或多个表中的一组记录作全局的更改，当使用更新查询时，可以批量更改表中已有的数据。

3）追加查询：从一个或多个表中将符合条件的记录添加到一个或多个表的尾部。

4）删除查询：可以删除一个或多个表中的记录。当使用删除查询时，通常会删除整条记录，而不只是记录中所选择的字段，并且删除后的数据无法恢复。

4.5.1 生成表查询

在 Access 的许多场合中，查询可以与表一样使用。与表一样，查询虽然也有设计视图和数据表视图，但是查询毕竟不同于表。例如，查询不能导出到其他数据库中。

生成表查询是将查询结果进行复制从而生成一个新表，这个新表完全独立于数据源，用户对新表的操作不影响原始的表，使得数据的组织更灵活，使用更方便。

【例 4-17】将“成绩单”中达到或超过 85 分学生的信息生成一个“高分成绩单”。

操作步骤如下。

1）打开数据库。

2）在“创建”选项卡的“查询”组中单击“查询设计”按钮，打开“显示表”对话框，双击“成绩单”和“课程信息表”后关闭“显示表”对话框。

3）在“字段”行中添加“学号”“课程名”“成绩”字段。

4）在“成绩”字段的“条件”行中输入条件“>=85”，如图 4-35 所示。

5）在“查询工具-设计”选项卡的“查询类型”组中单击“生成表”按钮，打开“生成表”对话框，在“表名称”文本框中输入要创建的表名称“高分成绩单”，然后选中“当前数据库”单选按钮，表示新表放在当前数据库中，如图 4-36 所示，单击“确定”按钮。

6）单击“运行”按钮，系统会弹出一个消息框，如图 4-37 所示。

7）单击“是”按钮，在表对象中可以看到系统建立了一个名为“高分成绩单”的新表；单击“否”按钮，则不建立新表。

8）双击表对象中的“高分成绩单”，可以看到表中数据，如图 4-38 所示。

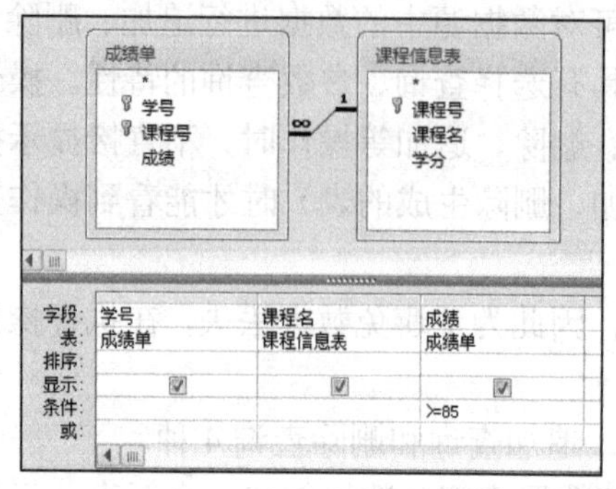

图 4-35 生成表查询设计视图

图 4-36 “生成表”对话框

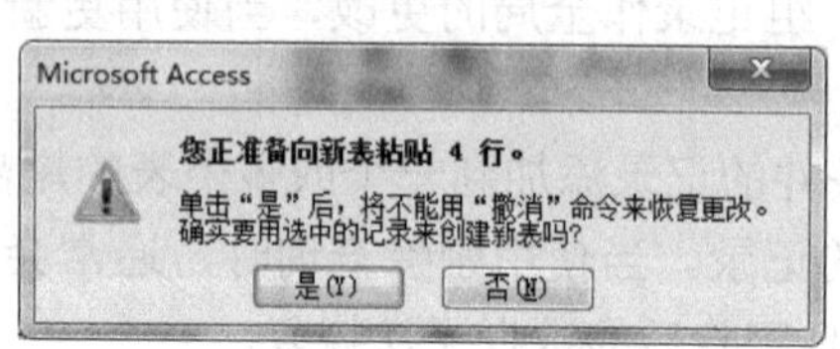

图 4-37 生成表消息框

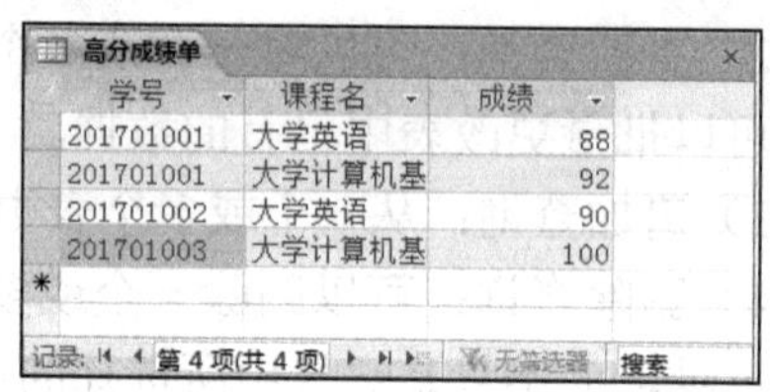

学号	课程名	成绩
201701001	大学英语	88
201701001	大学计算机基	92
201701002	大学英语	90
201701003	大学计算机基	100

图 4-38 生成表查询结果

9）保存生成表查询，在打开的“另存为”对话框中输入查询名称即可。

提示：

生成表查询在查看查询结果时只能在表对象下找到相应的表打开查看，不能直接在查询对象下查看查询结果。

4.5.2 更新查询

更新查询就是利用查询的功能，批量地修改一组记录的值。在数据库的使用过程中，当需要更新的数据记录非常多时，如果用户通过手动方法逐条修改，必然会费时费力，而且无法保证没有遗漏。此时就需要通过添加某些特定的条件来批量更新数据库中的记录，这种修改应具有一定的规律性和可操作性。

【例 4-18】创建更新查询，将“学生信息表”中“政治面貌”字段值为“团员”的改成“共青团员”。

操作步骤如下。

1）打开数据库。

2）在“创建”选项卡的“查询”组中单击“查询设计”按钮，打开“显示表”对话框，双击“学生信息表”后关闭“显示表”对话框。

3）在“字段”行中添加“政治面貌”字段。

4）在“查询工具-设计”选项卡的“查询类型”组中单击“更新”按钮，在设计网格中增加了一个“更新到”行，并在“条件”行输入原始数据“团员”，在“更新到”

行输入要修改的数据“共青团员”，系统会自动为两个字符型值增加双引号（“”）作为定界符，如图 4-39 所示。

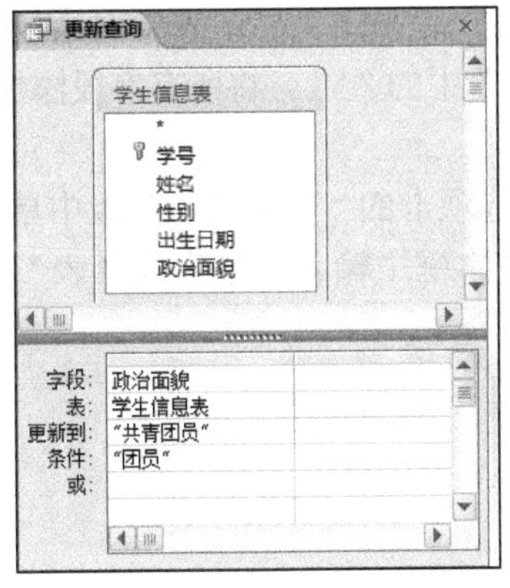

图 4-39　设置更新查询

5）单击“运行”按钮，系统会弹出准备更新消息框，如图 4-40（a）所示。

6）单击“是”按钮，系统将更新这些记录；单击“否”按钮，则不更新。

7）保存更新查询，在打开的“另存为”对话框中输入查询名称即可。

8）在表对象中双击“学生信息表”，查看更新记录后的表，如图 4-40（b）所示。

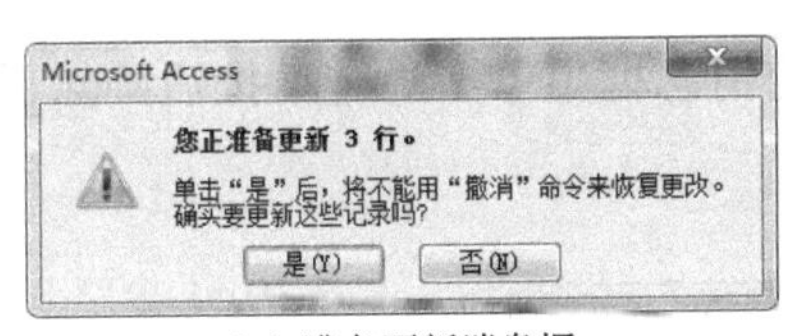

（a）准备更新消息框

学号	姓名	性别	出生日期	政治面貌
201701001	王文	男	2000/1/1	党员
201701002	张珊	女	1999/5/1	共青团员
201701003	赵小伟	男	2000/5/8	群众
201701004	李洁	女	1999/6/19	共青团员
201701005	刘小源	女	1998/4/17	共青团员

（b）修改后的学生信息表

图 4-40　更新查询结果

4.5.3　追加查询

追加查询是将一个或多个表中满足条件的一组记录追加到另一个或多个表中的操作。追加查询一般用于向数据表中增加大批量的数据，而这些数据已存在于其他数据表中。但是，追加查询要求提供数据的表（源表）和接受追加的表（目标表）两者必须具有相同的字段（顺序可以不同），同一字段具有相同的属性，字段个数可以不同，但“源表”的字段必须在“目标表”中能找到。

例如，高考招生时，在大批量招生完毕后，还有补录的工作，可以将补录表中的学生名单用追加查询追加到正式名单中。

【例 4-19】 在数据库中增加一个“降级学生信息表”，其结构与“学生信息表”相似，创建追加查询，将“降级学生信息表”中的数据追加到“学生信息表”中。

操作步骤如下。

1）打开数据库。

2）在“创建”选项卡的“查询”组中单击“查询设计”按钮，打开“显示表”对话框，双击“降级学生信息表”后关闭“显示表”对话框。

3）双击“降级学生信息表”中的“*”，将所有字段添加到设计网格中，如图 4-41（a）所示。

4）在“查询工具-设计”选项卡的“查询类型”组中单击“追加”按钮，打开“追加”对话框，在“表名称”文本框中输入“学生信息表”，如图 4-41（b）所示，单击“确定”按钮。

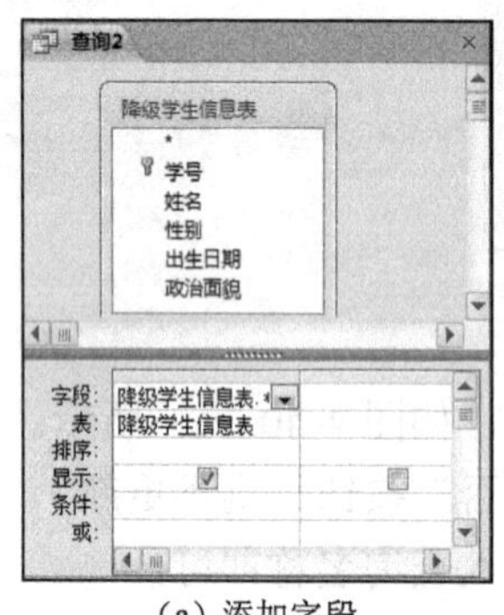

（a）添加字段

（b）“追加”对话框

图 4-41　追加记录操作

5）设置完成，单击“运行”按钮，在弹出的消息框中单击“是”按钮，然后双击“学生信息表”查看追加结果，如图 4-42 所示。

6）保存追加查询。

学生信息表

学号	姓名	性别	出生日期	政治面貌
201630001	罗厚	男	1998/4/6	群众
201640028	艾其美	女	1997/10/19	共青团员
201701001	王文	男	2000/1/1	党员
201701002	张珊	女	1999/5/1	共青团员
201701003	赵小伟	男	2000/5/8	群众
201701004	李洁	女	1999/6/19	共青团员
201701005	刘小源	女	1998/4/17	共青团员

记录: 第 8 项(共 8 项)　无筛选器　搜索

图 4-42　追加记录后的“学生信息表”

4.5.4　删除查询

删除查询主要用来处理批量数据的删除。例如，从“学生信息表”中删除毕业的学生时，就可以使用删除查询来进行操作。删除查询可以从一个表中删除记录，也可以从多个相互关联的表中删除记录。若要从多个表中删除相关记录，必须已经建立了相关表之间的关系，并且在“编辑关系”对话框中分别选中了“实施参照完整性”复选框和“级联删除相关记录”复选框，这样才能将选择窗口中关联表中的记录删除。

【例 4-20】将例 4-19 中通过追加查询添加到“学生信息表”中 2016 级的“罗厚”

和“艾其美”两个学生的信息从“学生信息表”中删除。

操作步骤如下。

1）打开数据库。

2）在“创建”选项卡的“查询”组中单击“查询设计”按钮，打开“显示表”对话框，双击“学生信息表”后关闭“显示表”对话框。

3）在“字段”行中添加“学号”字段。

4）在“查询工具-设计”选项卡的“查询类型”组中单击“删除”按钮，在设计网格中增加了一个“删除”行，在“条件”行中输入条件“Left([学号],4)=2016”，保存查询并命名为“删除查询”，如图4-43所示。

5）单击“运行”按钮，系统会弹出一个消息框，如图4-44所示。

6）单击“是”按钮，系统将删除这些记录。

7）保存删除查询，在打开的“另存为”对话框中输入查询名称即可。

8）双击“学生信息表”，查看删除记录后的表。

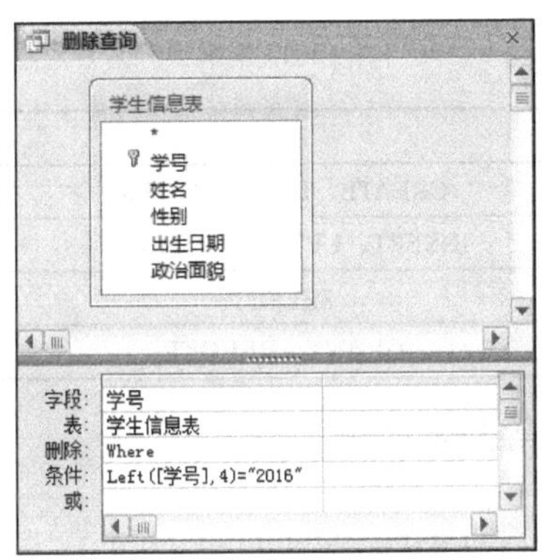

图4-43　设置删除查询

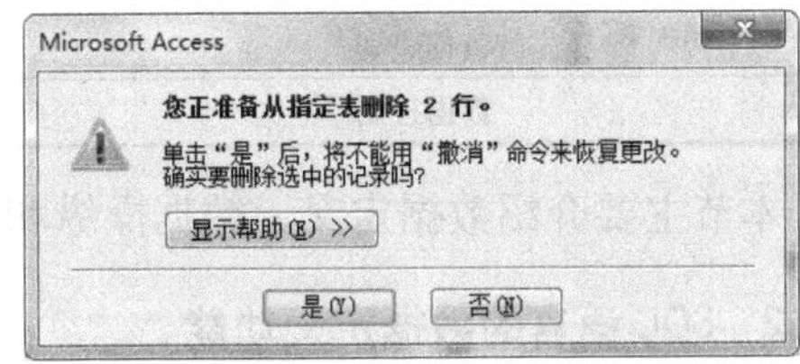

图4-44　删除查询消息框

4.6　SQL查询

Access中每个查询都对应着一个SQL查询命令，当用户使用查询向导或查询设计器创建查询时，系统会自动生成对应的SQL查询命令，可以在SQL视图中查看。除此之外，用户还可以直接通过SQL视图输入SQL命令来创建查询。

前面已经介绍了查询的几种视图，其中就包括SQL视图。单击查询设计视图或数据表视图窗口右下角的“SQL视图”按钮可以切换到SQL视图，这个视图就是SQL语言所定义、描述的过程，它是一个可编辑的文本窗口。

然而某些SQL特定查询（如传递查询、联合查询和数据定义查询）不能在查询设计视图中创建，而必须直接在SQL视图中编写SQL语句。

4.6.1 SQL 简介

SQL 是结构化查询语言（Structured Query Language）的简称。它是一种通用的关系数据库的数据处理语言，在大多数种类的数据库中都可以使用，具有较好的开放性、可移植性和可扩展性。

SQL 的主要特点如下。

1）SQL 是一种一体化语言，它具有数据定义、数据查询、数据操纵和数据控制等方面的功能，可以完成数据库活动中的全部工作。

2）SQL 是一种高度非过程化语言，它只需要描述“做什么”，而不需要说明“怎么做”。

3）SQL 是一种非常简单的语言，它使用的语句很接近于自然语言，易于学习和掌握。

4）SQL 是一种共享语言，它支持客户机/服务器（C/S）模式。

SQL 语言很简单，它完成数据定义、数据查询、数据操纵和数据控制的核心功能只需要用 9 个动词，如表 4-1 所示。

表 4-1　SQL 的动词

SQL 功能	动词
数据定义	CREATE、DROP、ALTER
数据操纵	INSERT、UPDATE、DELETE
数据查询	SELECT
数据控制	GRANT、REVOKE

本节主要介绍数据定义、数据操纵和数据查询等基本语句。

4.6.2 SQL 语言的数据定义功能

Access 中 SQL 语言的数据定义功能包括定义表和定义索引，具体是指创建、修改和删除表和索引，这里只介绍创建表、修改表结构和删除表部分。

（1）创建表

```
CREATE TABLE <表名>（[字段 1] 字段类型[<列完整性约束>],[字段 2] 字段类型[<列完整性约束>][……]）
```

（2）修改表结构

```
ALTER TABLE <表名>
ADD <字段名> <数据类型> [<列完整性约束>]……        '增加字段
ALTER <字段名> <数据类型>……                       '修改字段属性
DROP <字段名>……                                   '删除字段
```

（3）删除表

```
DROP TABLE <表名> ……
……
```

(4) 数据定义实例

① 创建student表，其中包含“学号”“姓名”“性别”“专业”字段，并且“姓名”和“学号”字段不能为空。

```
CREATE TABLE student
( 学号 char(10) NOT NULL,
姓名 char(12) NOT NULL,
性别 bit,
专业 char(15) )
```

② 在student表中增加一个“入学时间”字段，其数据类型为日期型。

```
ALTER TABLE student ADD 入学时间 DATA
```

③ 删除student表。

```
DROP TABLE student
```

4.6.3 SQL语言的数据操纵功能

(1) 更新数据

```
UPDATE <表名> SET <列名>=<表达式>[,<列名>=<表达式>……] [WHERE <条件>]
```

该语句的功能是用表达式的值更新指定表中指定列的值。

说明：

1) <列名>=<表达式>是用表达式的值更新指定列的值。

2) WHERE子句用于筛选条件，选择满足指定条件的记录进行数据更新。

(2) 插入数据

```
INSERT INTO <表名>[(列名1,列名2,……)] VALUES (常量1,常量2,……)
```

该语句的功能是将一条新记录插入指定的表中。

说明：

1) INTO子句中的[(列名1,列名2,……)]是指表中插入新值的列，如果省略该选项，则新插入记录的每一列必须在VALUES子句中有值对应。

2) VALUES子句中的(常量1,常量2,……)是指表中插入新列的值，各常量的数据类型必须与INTO子句中对应列的数据类型相同，且个数也要匹配。

(3) 删除数据

```
DELETE FROM <表名> WHERE <条件>
```

该语句的功能是删除指定表中满足条件的记录，如果省略WHERE子句，则删除表中的所有数据，但是表结构还在。

（4）数据操纵语句实例

【例 4-21】将“课程信息表”中所有学分增加 1。

```
UPDATE 课程信息表 SET 学分=学分+1
```

【例 4-22】在“学生信息表”中插入一条信息“201704030 张华 女 1999-8-9 党员”。

```
INSERT INTO 学生信息表 (学号,姓名,性别,出生日期,政治面貌)
VALUES("201704030" "张华" "女" "1999-8-9" "党员")
```

【例 4-23】删除学号为“201704030”的学生。

```
DELETE FORM 学生信息表 WHERE 学号="201704030"
```

4.6.4 SQL 语言的数据查询功能

1. 数据查询语句语法

SELECT 语法格式：

```
SELECT [*]  [<表名>].<字段名 1>   [<表名>].<字段名 2>……
    FROM <表名>
    [WHERE ……]                  '按条件查询
    [GROUP  BY ……]              '分组计算
    [ORDER  BY  ……]             '排序
    [SELECT ……]                 'SELECT 子查询
    [UNION  SELECT ……]          '联合查询
    [INNER JOIN ……]             '多表查询
……
```

该语句的功能是从指定的表或查询中找出符合条件的记录，按目标列表达式的设定选择记录中的字段值，形成查询结果。

提示：

1）其中“*”号为“所有字段”。

2）方括号对中都是子句（或短语），可以写在同一行，也可以换行。

3）在语法格式中，方括号对中的内容表示可选项，可选，也可以不选。

4）一个语句可以占用多行，但只有最后一行以分号（;）结束。

5）注意所有分隔符皆为英文标点（半角）。

【例 4-24】列出“学生信息表”中“政治面貌”为“党员”和“共青团员”的学生。

```
SELECT *
FROM 学生信息表
WHERE 政治面貌="党员" OR 政治面貌="共青团员";
```

【例 4-25】在“成绩单”中查询出成绩大于 85 分的学生，并按总分从高到低排列输出。

```
SELECT  *  FROM 成绩单  WHERE 成绩>85 ORDER BY 成绩 DESC;
```

说明：
短语“DESC”表示“降序”，如果要“升序”排列，就去掉它，默认是升序。

【例 4-26】查询“学生信息表”中 1999 年出生的学生。

```
SELECT *
FROM  学生信息表
WHERE 出生日期 Between  #1/1/1999#  And  #12/31/1999#;
```

2. 联合查询的创建

联合查询用于将多个表的信息合并，它要求用来合并的表具有相同的字段名（字段个数和顺序可以不同），相应的字段具有相同的属性。

【例 4-27】将“成绩单”和“学生信息表”两个表合并在一起，组成字段有“学号”“姓名”“课程名”“成绩”4 种，并按学号升序排序。

操作步骤如下。

1）在查询的设计视图中用选择查询将 “学号”“姓名”“课程名”“成绩”添加到下面的设计网格中，并在“学号”字段的“排序”行选择“升序”，保存为“学生成绩查询”，如图 4-45 所示。

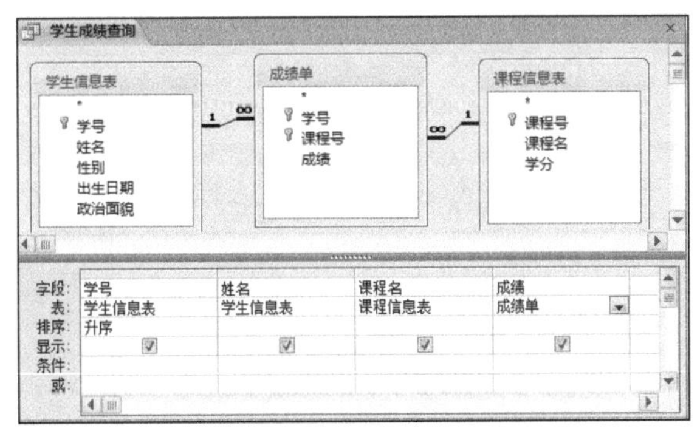

图 4-45 “学生成绩查询”的设计视图

2）单击右下角的“SQL 视图”按钮，打开 SQL 视图，如图 4-46 所示。可以看到在打开的 SQL 视图窗口有以下 SQL 语句。

```
SELECT 学生信息表.学号, 学生信息表.姓名, 课程信息表.课程名, 成绩单.成绩
FROM 课程信息表 INNER JOIN (学生信息表 INNER JOIN 成绩单 ON 学生信息表.学号 = 成绩单.学号) ON 课程信息表.课程号 = 成绩单.课程号
```

```
ORDER BY 学生信息表.学号;
```

运行“学生成绩查询”，得到的查询结果如图 4-47 所示。

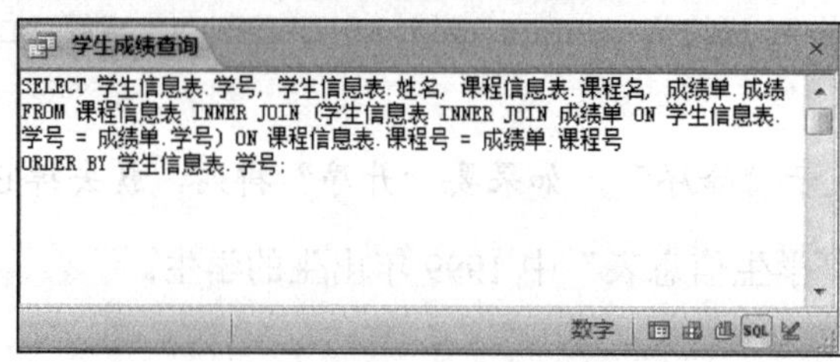

```
SELECT 学生信息表.学号, 学生信息表.姓名, 课程信息表.课程名, 成绩单.成绩
FROM 课程信息表 INNER JOIN (学生信息表 INNER JOIN 成绩单 ON 学生信息表.
学号 = 成绩单.学号) ON 课程信息表.课程号 = 成绩单.课程号
ORDER BY 学生信息表.学号;
```

图 4-46　“学生成绩查询”的 SQL 视图

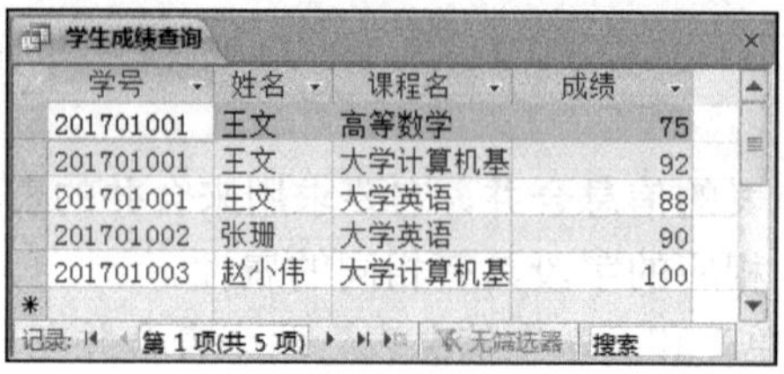

学号	姓名	课程名	成绩
201701001	王文	高等数学	75
201701001	王文	大学计算机基	92
201701001	王文	大学英语	88
201701002	张珊	大学英语	90
201701003	赵小伟	大学计算机基	100

图 4-47　“学生成绩查询”运行结果

第5章 窗 体

本章重点

- 窗体的组成及作用。
- 在设计视图中创建窗体的方法。
- 窗体中控件对象的使用。

在 Access 中，窗体是用户和 Access 应用程序之间的主要接口和界面，是用于和用户交互的数据库对象。作为输入和输出的界面，它可以完成下列功能：在数据库中输入和显示数据；用作切换面板，打开数据库中的其他窗体和报表；用作自定义对话框，接受用户的输入及根据输入执行操作。利用窗体可以将数据库中的对象组织起来，形成一个功能完整、风格统一的数据库应用系统。

5.1 窗体概述

窗体是 Access 数据库中的一个非常重要的对象，同时也是最复杂和最灵活的对象，窗体本身并不存储数据，但应用窗体可以方便地输入数据、编辑数据、显示统计和查询数据，它是人-机交互的窗口。窗体的设计最能展示设计者的能力与个性，好的窗体结构能使数据库中数据的输入、修改和查看变得直观、容易。此外，窗体中包含了各种控件，通过这些控件可以打开报表或其他窗体、执行宏或者 VBA 编写的代码程序。在一个数据库应用系统开发完成后，对数据库的所有操作都可以通过窗体来集成。

在 Access 2010 中，窗体具有可视化的设计风格，由于使用了数据库引擎机制，可将数据库表捆绑于窗体。

5.1.1 窗体的概念与作用

窗体是应用程序和用户之间的接口，是创建数据库应用系统的最基本的对象。利用 Access 开发数据库应用系统时，窗体只是应用系统的用户操作界面，它本身并不存储数据，窗体的数据源是表或查询。窗体中的信息分为两类：一是处理的表或查询的记录信息；二是设计者附加的提示信息。

窗体是在可视化程序设计中经常提及的概念，实际上窗体就是程序运行时的 Windows 窗口，在应用系统设计时称为窗体。

窗体的作用是提供给用户进行操作，是用户与 Access 2010 应用程序之间的主要操作接口，开发数据库应用系统就必须制作窗体。

对于用户而言，窗体是操作应用系统的界面，通过菜单或按钮提示用户进行业务流程操作，不论数据处理系统的业务性质如何不同，必定有一个主窗体来提供系统的各种功能，用户通过选择不同的操作进入下一步操作的界面，完成操作后返回主窗体。

1. 窗体的主要特点与作用

（1）输入与编辑数据

这是窗体最常用的功能，可以为数据库中的数据表设计相应的窗体作为输入或编辑数据的界面，实现数据的输入和编辑。

（2）显示和打印数据

可以利用窗体显示或打印来自一个或多个数据表或查询中的数据，可以显示警告或解释信息。窗体中的数据显示的格式相对于数据表或查询更加自由和灵活。

（3）控制应用程序流程

窗体通过命令按钮执行用户的请求，能够与函数、过程相结合，编写宏或 VBA 代码完成各种复杂的控制功能。

（4）显示提示信息

利用窗体可以显示提示、说明、错误、警告等信息，帮助用户进行操作。

2. 窗体的类型

窗体有多种分类方法，根据数据的显示方式，窗体可分为以下几种类型。

（1）纵栏式窗体

在窗体中每页只显示表或查询的一条记录，记录中的字段纵向排列于窗体之中，每一栏的左侧显示字段名称，右侧显示相应的字段值，一般用于浏览和输入数据。图 5-1 所示为课程信息表的纵栏式窗体。

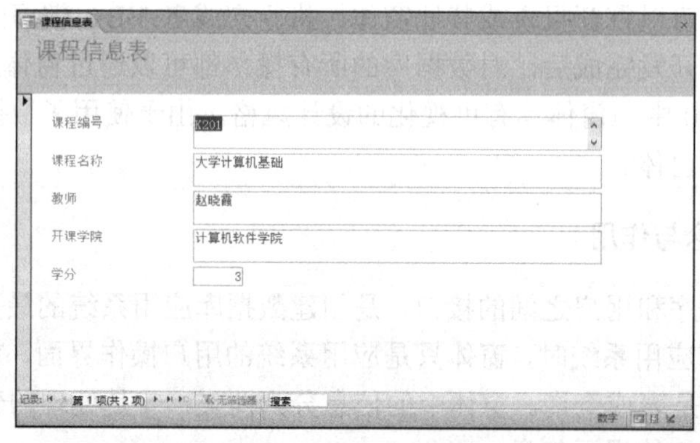

图 5-1　课程信息表的纵栏式窗体

（2）表格式窗体

一个窗体在同一时刻只显示一条记录。如果一条记录内容比较少，单独占用一个窗体空间就十分浪费。此时，可以建立一种表格式窗体，即在一个窗体中显示多条记录内容。图 5-2 所示为课程信息表的表格式窗体。

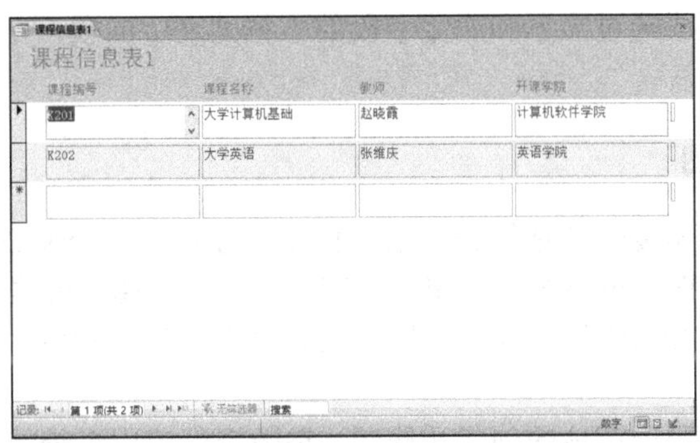

图 5-2　课程信息表的表格式窗体

（3）数据表窗体

数据表窗体从外观上看与数据表和查询显示数据的界面相同。数据表窗体的主要功能是作为一个窗体的子窗口。图 5-3 所示为课程信息表的数据表窗体。

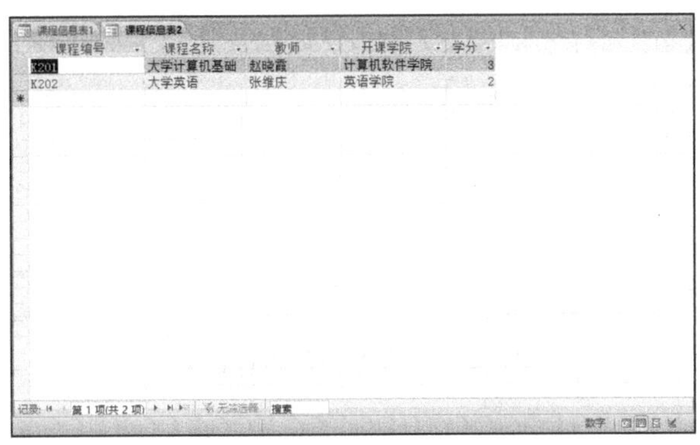

图 5-3　课程信息表的数据表窗体

（4）主/子窗体

主/子窗体主要用来显示具有一对多关系的表中的数据。主窗体显示“一”方数据表的数据，一般采用纵栏式窗体；子窗体显示“多”方数据表的数据，常采用数据表窗体或表格式窗体。主窗体和子窗体的数据表之间通过公共字段相关联，当主窗体中的记录指针发生变化时，子窗体中的记录也会随之发生变化。

（5）数据透视表窗体

数据透视表窗体是 Access 为了以制定的数据表或查询为数据源产生一个 Excel 格式的分析表而建立的一种窗体形式。数据透视表窗体允许用户对表格内的数据进行操作，用户也可以改变透视表的布局，以满足不同的数据分析方式和要求。数据透视表窗体对数据进行的处理是 Access 其他工具所无法完成的。

（6）数据透视图窗体

数据透视图窗体用于显示数据表和窗体中数据的图形分析窗体。数据透视图窗体允许通过拖动字段和项或通过显示和隐藏字段的下拉列表中的项，查看不同级别的详细信息或指定布局。

5.1.2 常见窗体视图

为了能从不同的角度查看窗体的数据源和显示方式，Access 2010 提供了 6 种窗体视图，分别是设计视图、窗体视图、布局视图、数据表视图、数据透视表视图和数据透视图视图。这里主要介绍常用的 3 种视图：设计视图、窗体视图、布局视图。

（1）设计视图

窗体的设计视图用于窗体的创建和修改，在数据库应用系统的开发期，它是用户的工作台，用户可以根据需要调整窗体的版面布局，向窗体中添加对象、设置对象的属性，窗体设计完成后可以保存并运行。图 5-4 所示为学生信息的设计视图。

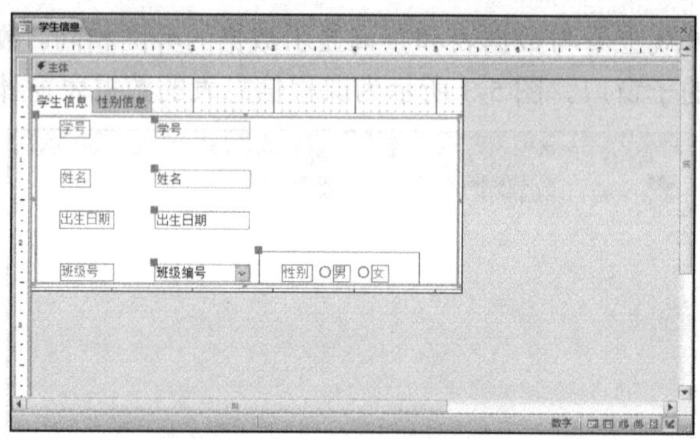

图 5-4 学生信息的设计视图

（2）窗体视图

窗体视图是窗体运行时的显示方式。在设计视图中创建窗体后，即可在窗体视图中查看。根据窗体的功能可以浏览数据库中的数据，也可以对数据库中的数据进行添加、修改、删除和统计等操作。图 5-5 所示为学生信息的窗体视图。

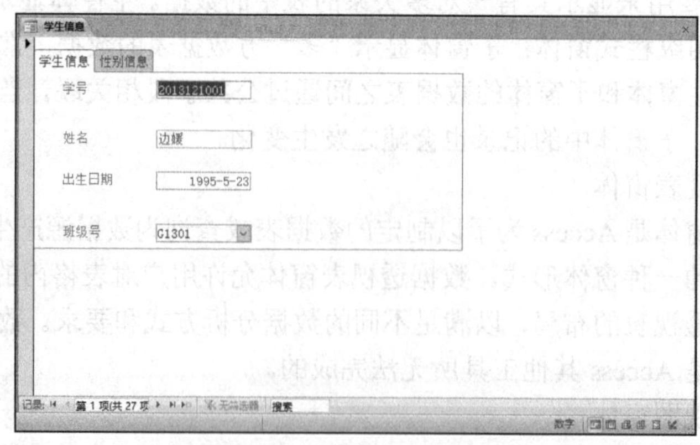

图 5-5 学生信息的窗体视图

（3）布局视图

布局视图是 Access 2010 新增的一种视图，是用于修改窗体的最直观的视图。在布局视图中可以调整窗体设计，根据实际数据调整对象的尺寸和位置，向窗体添加新对象，以及设置对象的属性。由于布局视图实际上是处于运行状态的窗体，因此用户看到的数据与窗体视图中的显示外观非常相似。

5.1.3 “窗体设计工具”选项卡

创建窗体时会自动打开“窗体设计工具”选项卡，在该选项卡中包含 3 个子选项卡，分别为“设计”“排列”“格式”选项卡。

（1）“设计”选项卡

“设计”选项卡如图 5-6 所示，主要用于设计窗体，使用其提供的控件可以向窗体中添加各种对象，设置窗体的主题、页面和页脚等。

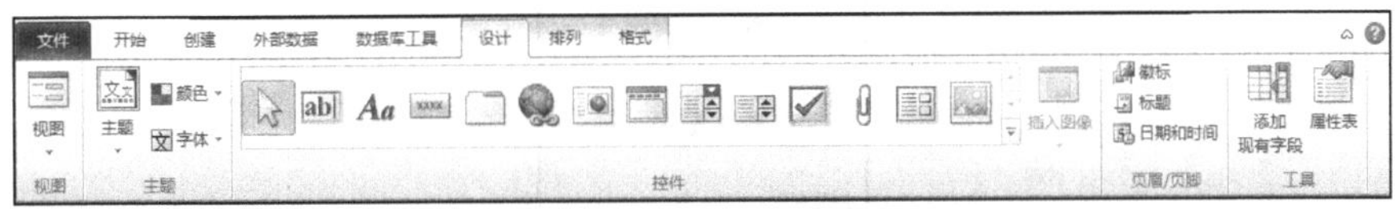

图 5-6 “设计”选项卡

（2）“排列”选项卡

“排列”选项卡如图 5-7 所示，主要用于设置窗体的布局，包括创建表的布局、插入对象、合并和拆分对象、移动对象、设置对象的位置和外观等。

图 5-7 “排列”选项卡

（3）“格式”选项卡

“格式”选项卡如图 5-8 所示，主要用于设置窗体中对象的格式，包括选定对象，设置对象的字体、背景、颜色等。

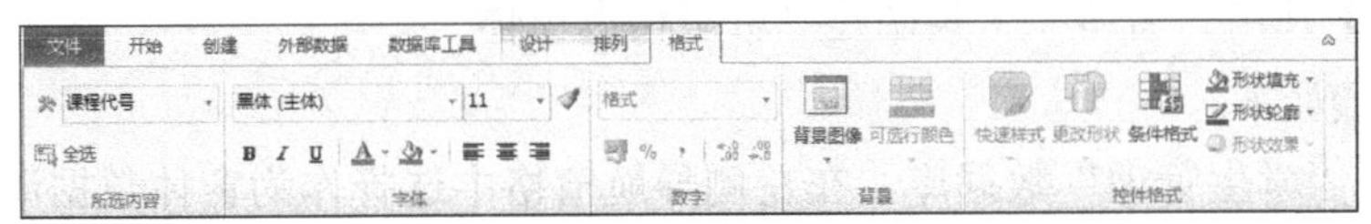

图 5-8 “格式”选项卡

5.2 创建窗体

窗体是用户与数据库系统之间进行交互的主要对象。在使用某种功能的窗体之前，必须根据需求，先创建好该窗体。

在“创建”选项卡的“窗体”组中，可以看到创建窗体的多种方法。

1）窗体。利用当前打开的数据表或查询自动创建一个窗体。这是最快的创建窗体的工具，使用这个工具创建的窗体中包含了数据源中的所有字段及所有记录。

2）窗体设计。进入窗体的设计视图，通过各种窗体设计完成一个窗体。

3）空白窗体。建立一个空白窗体，通过将所选择的数据表字段添加进该空白窗体中建立窗体。当计划只在窗体上放置很少几个字段时，使用这种方法最为适宜。

4）窗体向导。一种辅助用户创建窗体的工具。

5）导航。用于创建具有导航按钮即网页形式的窗体，又细分为 6 种不同的布局格式。导航工具更适合于创建 Web 形式的数据库窗体。

单击“其他窗体”下拉按钮还可以展开下拉列表，如图 5-9 所示。

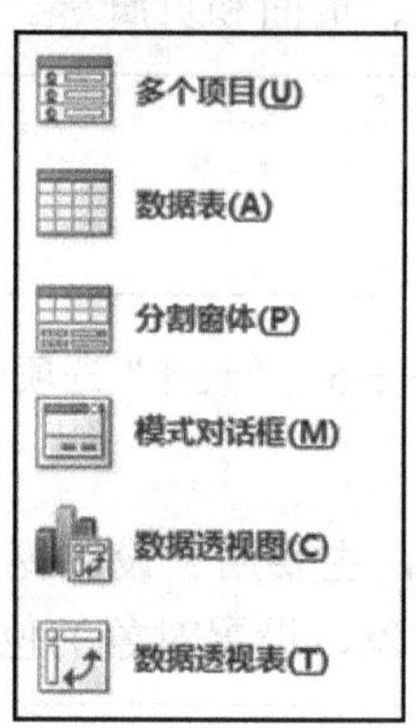

图 5-9　“其他窗体”下拉列表

5.2.1　使用“窗体”工具创建窗体

使用“窗体”工具是一种快速创建窗体的方法。若仅为了对表格中的数据进行浏览和维护操作，则可以使用“窗体”工具自动创建窗体。使用这种方法创建的窗体由系统自动设计窗体格式，其数据源为基表或查询，所创建的窗体为单页窗体。

【例 5-1】使用“窗体”工具创建“班级信息窗体”。

操作步骤如下。

1）打开“学生管理”数据库，在左侧导航窗格中选择作为窗体数据源的“班级信息表”。

2）在“创建”选项卡的“窗体”组中单击“窗体”按钮，系统将自动创建窗体，并以布局视图显示该窗体，如图 5-10 所示。

3）单击快速访问工具栏中的“保存”按钮，打开“另存为”对话框，输入窗体的名称“班级信息窗体”，单击“确定”按钮。

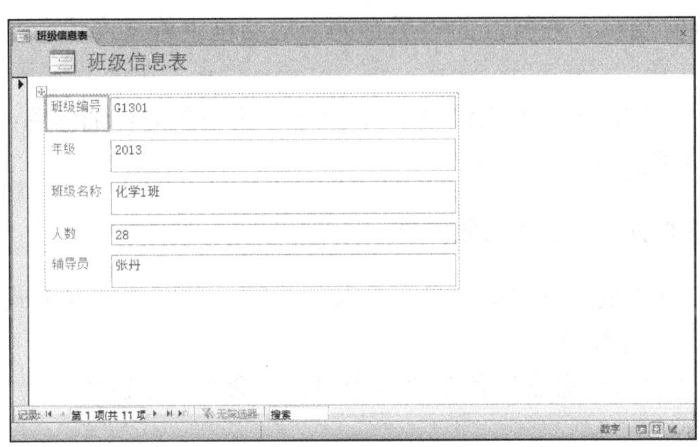

图 5-10　班级信息窗体

5.2.2　创建“分割窗体”

分割窗体是一种具有两种布局形式的窗体，窗体被分割成上、下两部分。上半区域以单一记录布局方式显示数据，用于查看和编辑记录；下半区域以多个记录的数据表布局方式显示数据，可以快速定位和浏览记录。两种视图连接到同一数据源，并且始终保持同步，可以在任何一部分对记录进行切换、编辑和修改。这种分割窗体给用户浏览记录带来了方便，既可以宏观上浏览全部记录，又可以微观上明细地浏览一条记录。

【例 5-2】 创建“班级信息分割窗体”。

操作步骤如下。

1）打开“学生管理”数据库，在左侧导航窗格中选择作为窗体数据源的“班级信息表”。

2）在“创建”选项卡的“窗体”组中单击“其他窗体”下拉按钮，并在弹出的下拉列表中选择“分割窗体”选项，系统将自动创建分割窗体，并以布局视图显示该窗体，如图 5-11 所示。

班级信息表

班级编号 G1601
年级 2016
班级名称 经济管理1班
人数 40
辅导员 乔娜

班级编号	年级	班级名称	人数	辅导员
G1301	2013	化学1班	28	张丹
G1302	2013	化学2班	25	张丹
G1303	2013	化学3班	27	张丹
G1401	2014	中文1班	30	吴强
G1402	2014	中文2班	29	吴强
G1403	2014	中文3班	31	吴强
G1501	2015	历史1班	26	李丽红
G1502	2015	历史2班	24	李丽红
G1503	2015	历史3班	23	李丽红
G1601	2016	经济管理1班	40	乔娜
G1602	2016	经济管理2班	38	乔娜

图 5-11　班级信息分割窗体

3）关闭并保存窗体，在打开的“另存为”对话框中将该窗体命名为“班级信息分割窗体”。

“分割窗体”上半部分是“窗体视图”，显示一条记录的详细信息；下半部分是“数据表视图”，显示数据表中的记录。

5.2.3 使用“多个项目”工具创建窗体

“多个项目”窗体是指在窗体中显示多条记录的一种窗体布局形式，记录以数据表的形式显示，是一种连续窗体。

【例 5-3】对“班级信息表”使用“多个项目”命令创建窗体。

操作步骤如下。

1）打开“学生管理”数据库，在左侧导航窗格中选择作为窗体数据源的“班级信息表”。

2）在“创建”选项卡的“窗体”组中单击“其他窗体”下拉按钮，并在弹出的下拉列表中选择“多个项目”选项，系统将自动创建多个项目窗体，并以布局视图显示该窗体，如图 5-12 所示。

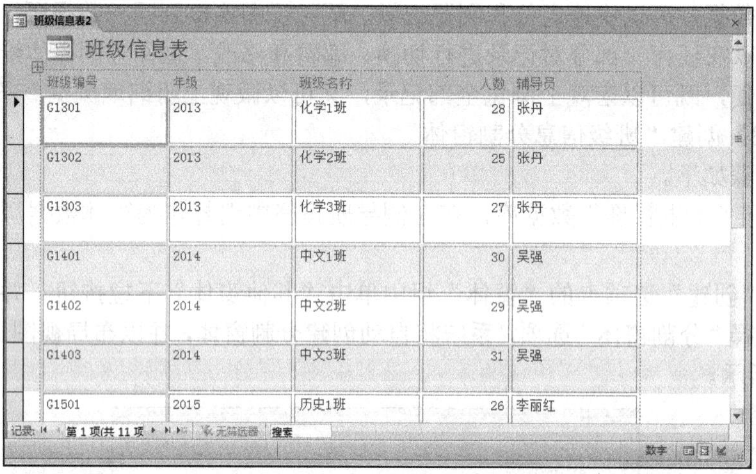
班级信息表2
班级信息表
班级编号
年级
班级名称
人数
辅导员
G1301
2013
化学1班
28
张丹
G1302
2013
化学2班
25
张丹
G1303
2013
化学3班
27
张丹
G1401
2014
中文1班
30
吴强
G1402
2014
中文2班
29
吴强
G1403
2014
中文3班
31
吴强
G1501
2015
历史1班
26
李丽红
记录: 第 1 项(共 11 项
无筛选器
搜索
数字

图 5-12　班级信息多个项目窗体

3）关闭并保存窗体，在打开的“另存为”对话框中将该窗体命名为“班级信息多个项目窗体”。

使用“多个项目”工具创建的窗体在结构上类似于数据表，但它提供了比数据表更多的自定义选项，如添加图形元素、按钮和其他控件的功能。

5.2.4 使用“窗体向导”工具创建窗体

使用“窗体向导”工具创建窗体时，可按照向导的提示，输入窗体的相关信息，一步一步地完成窗体的设计工作。

使用“窗体向导”工具创建窗体时，数据源可以来自一个表或查询，也可以来自多个表或查询，而且可以对数据源中的字段进行选择，当有多个数据源时，可以创建主/子窗体。

【例 5-4】 使用向导创建主/子窗体，浏览与编辑学生各科成绩。

操作步骤如下。

1）打开“学生管理”数据库，在“创建”选项卡的“窗体”组中单击“窗体向导”按钮，打开“窗体向导”对话框，如图 5-13 所示。

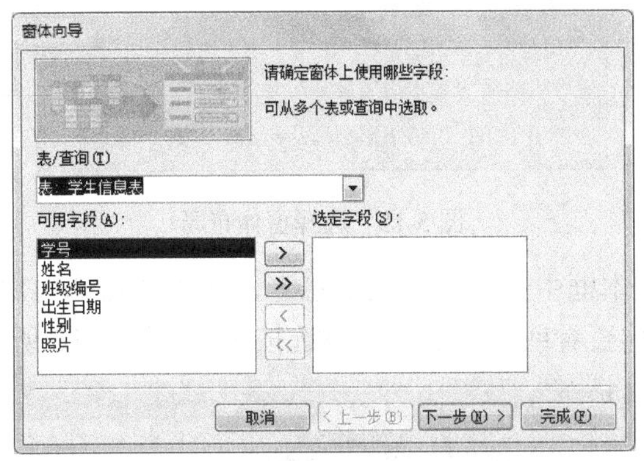

图 5-13　“窗体向导”对话框

2）在“窗体向导”对话框中的“表/查询”下拉列表中选择“表：学生信息表”选项，并双击“可用字段”列表框中的“学号”“姓名”“班级编号”字段，将其添加到“选定字段”列表框中，然后单击“下一步”按钮。

3）按相同的方法，在“表/查询”下拉列表中选择“表：成绩表”，将其中的可用字段“课程编号”“成绩”也添加到“选定字段”列表框中，单击“下一步”按钮。

4）系统已默认选择“学生信息表”为主表，其他表中的记录为子窗体的值。在对话框下方有两个单选按钮，如果选中“带有子窗体的窗体”单选按钮，则子窗体固定在窗体中；如果选中“链接窗体”单选按钮，则将子窗体设置成弹出式的窗体。这里默认选中“带有子窗体的窗体”单选按钮，如图 5-14 所示，然后单击“下一步”按钮。

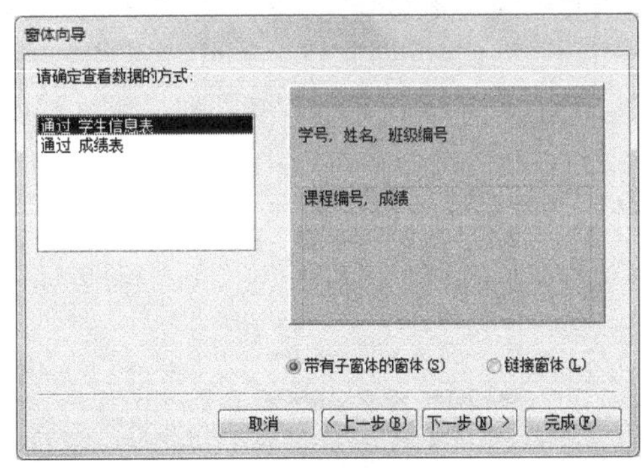

图 5-14　确定查看数据的方式

5）在图 5-15 所示的对话框中列出了窗体的不同布局，系统默认窗体的格式为“数据表”，单击“下一步”按钮。

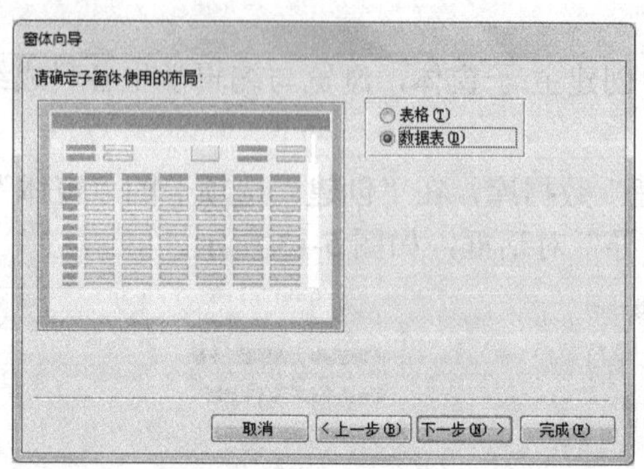

图 5-15　选择窗体布局

6）在“窗体”文本框中输入“学生信息”，在“子窗体”文本框中输入“学生成绩”，选中“打开窗体查看或输入信息”单选按钮，如图 5-16 所示。

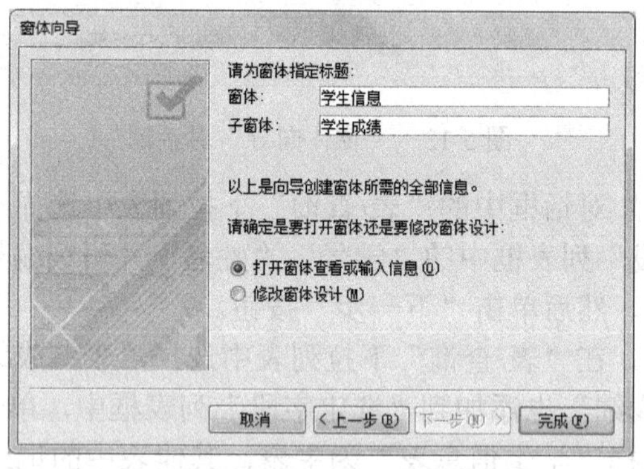

图 5-16　输入标题并选择打开查询

7）单击“完成”按钮，打开窗体浏览窗口，如图 5-17 所示。

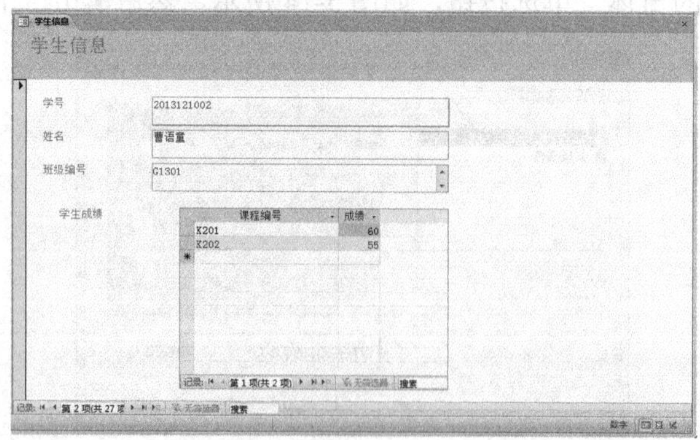

图 5-17　“学生信息”主窗体和“学生成绩”子窗体

在主窗体中，当前记录的学号为“2013121002”，子窗体中显示的记录正是主窗体中学号为“2013121002”的记录。在主窗体中单击记录选择器，分别选择其他的记录，可以看到，随着主窗体当前记录的变化，子窗体中的记录也随之变化。

使用“窗体向导”工具创建主/子窗体，要求数据源之间要先建立一对多的关系，否则会显示出错信息，如图 5-18 所示。

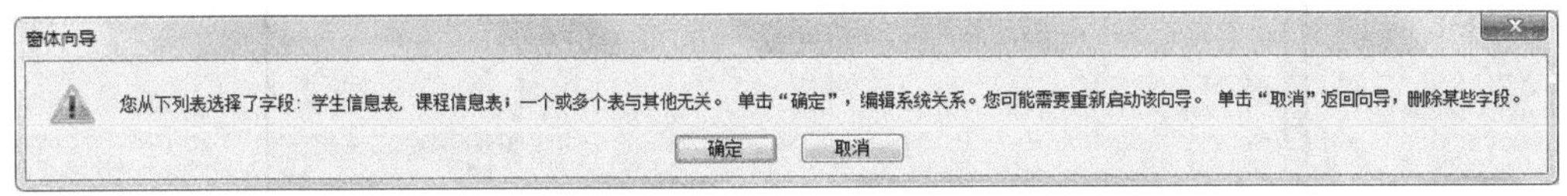

图 5-18　未建立关联方式的警告信息

5.2.5　使用“空白窗体”工具创建窗体

使用“空白窗体”工具创建窗体是在布局视图中创建数据表式窗体，首先打开一个不带任何控件的窗体，通过拖拽数据源表中的字段或者双击字段，在“布局视图”上添加需要显示字段的相应控件，从而完成窗体创建工作。

【例 5-5】使用“空白窗体”工具创建“学生管理”数据库中的“学生信息”窗体。

操作步骤如下。

1）打开“学生管理”数据库，在“创建”选项卡的“窗体”组中单击“空白窗体”按钮。此时打开了“空白窗体”视图，同时打开了“字段列表”窗格，显示数据库中所有的表。

2）单击“学生信息表”前面的“+”，展开“学生信息表”所包含的字段（图 5-19），依次双击“学生信息表”中的“学号”等字段，将这些字段添加到空白窗体中，这时立即显示出“学生信息表”中的第 1 条记录。同时，“字段列表”布局从 1 个窗格变为 3 个窗格，分别是“可用于此视图的字段”“相关表中的可用字段”“其他表中的可用字段，如图 5-20 所示。

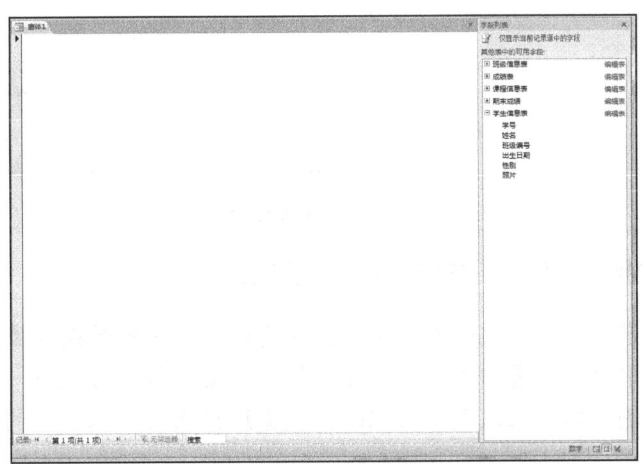

图 5-19　“空白窗体”视图和“字段列表”窗格

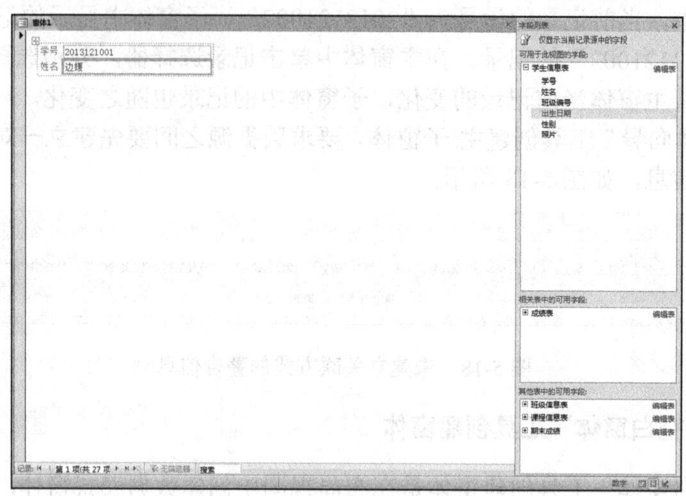

图 5-20　添加字段

3）由于“学生信息表”与“成绩表”之间已经建立了关系，因此将自动创建主/子结构的窗体。展开“成绩表”，双击其中的“成绩编号”“课程编号”“成绩”，将这些字段添加到空白窗体中，显示出当前学号学生的成绩信息，如图 5-21 所示。

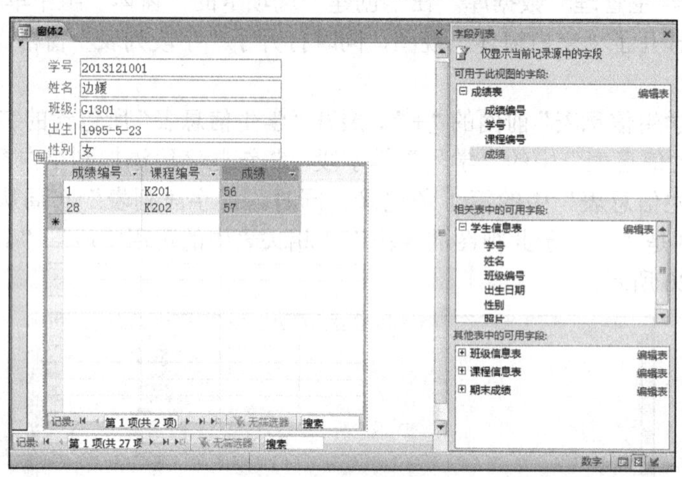

图 5-21　添加成绩信息

5.2.6　使用“数据透视表”工具创建数据透视表窗体

数据透视表是一种交互式的表，用于按特定的方式进行数据计算和分析。通过数据透视表可以水平显示或者垂直显示字段的值，然后对每一行或每一列进行合计；也可以动态更改表的布局，每次改变布局时，数据透视表都会基于新的排列并立即重新计算数据。

【例 5-6】以“学生总成绩”查询为数据源创建数据透视表窗体。

操作步骤如下。

1）打开“学生成绩”数据库，在导航窗格中选择“学生总成绩”查询。

2）在“创建”选项卡的“窗体”组中单击“其他窗体”下拉按钮，在弹出的下拉列表中选择“数据透视表”选项，打开数据透视表视图，如图5-22所示。

图5-22 数据透视表视图

3）在“数据透视表工具-设计”选项卡的“显示/隐藏”组中单击“字段列表”按钮，打开“数据透视表字段列表”窗格。

4）选择要作为透视表行、列的字段。在透视表的左侧列中显示学生学号，在上方行中显示课程名称，中间显示各门课程的总成绩信息。直接将“学号”字段拖动到“行”区域，将“课程名称”字段拖动到“列”区域，将“总成绩”字段拖动到明细区域，如图5-23所示。

学生总成绩 查询

将筛选字段拖至此处

	课程名称				
	大学体育	大学英语	高等数学	计算机图形学	总计
学号	总成绩	总成绩	总成绩	总成绩	无汇总信息
2013000045	85.7	95.8	86	90.5	
2013010056	86.5	97.8	88	75.8	
2013014420	87.3	97.7	90	64.7	
2013030248	88.1	96.9	92	86.9	
2014000005	88.9	95.2	94	66.2	
2014010001	89.7	93.2	96	78.9	
2014030229	90.5	84.9	93.8	78.6	
总计					

图5-23 已添加字段的数据透视表

5）选择数据透视表中的“总成绩”字段，在“数据透视表工具-设计”选项卡的“工具”组中单击“自动计算”下拉按钮Σ，在弹出的下拉列表中选择“平均值”选项，结果如图5-24所示。

学生总成绩 查询

将筛选字段拖至此处

课程名称		大学体育	大学英语	高等数学	计算机图形学	总计
学号		总成绩	总成绩	总成绩	总成绩	总成绩 的平均值
2013000045		85.7	95.8	86	90.5	89.5
		85.7	95.8	86	90.5	
2013010056		86.5	97.8	88	75.8	87.025
		86.5	97.8	88	75.8	
2013014420		87.3	97.7	90	64.7	84.925
		87.3	97.7	90	64.7	
2013030248		88.1	96.9	92	86.9	90.975
		88.1	96.9	92	86.9	
2014000005		88.9	95.2	94	66.2	86.075
		88.9	95.2	94	66.2	
2014010001		89.7	93.2	96	78.9	89.45
		89.7	93.2	96	78.9	
2014030229		90.5	84.9	93.8	78.6	86.95
		90.5	84.9	93.8	78.6	
总计		88.1	94.5	91.4	77.37142857	87.84285714

图 5-24　已添加平均值计算的数据透视表

6）单击快速访问工具栏中的“保存”按钮，在打开的“另存为”对话框中输入窗体名称“总成绩数据透视表”，再单击“确定”按钮，即创建完毕。

5.2.7　使用“数据透视图”工具创建数据透视图窗体

数据透视图是一种交互式的图表，功能与数据透视表类似，只是以图形化的形式来表现数据。数据透视图能较为直观地反映数据之间的关系。

【例 5-7】 以“学生信息表 1”为数据源，创建计算各班级男、女学生人数的数据透视图窗体。

操作步骤如下。

1）打开“学生信息”数据库，在导航窗格中选中表对象中的“学生信息表 1”，即选定“学生信息表 1”为窗体的数据源。

2）在“创建”选项卡的“窗体”组中单击“其他窗体”下拉按钮，在弹出的下拉列表中选择“数据透视图”选项，Access 自动创建窗体，显示该窗体的“数据透视图视图”，同时显示“图表字段列表”窗格，如图 5-25 所示。

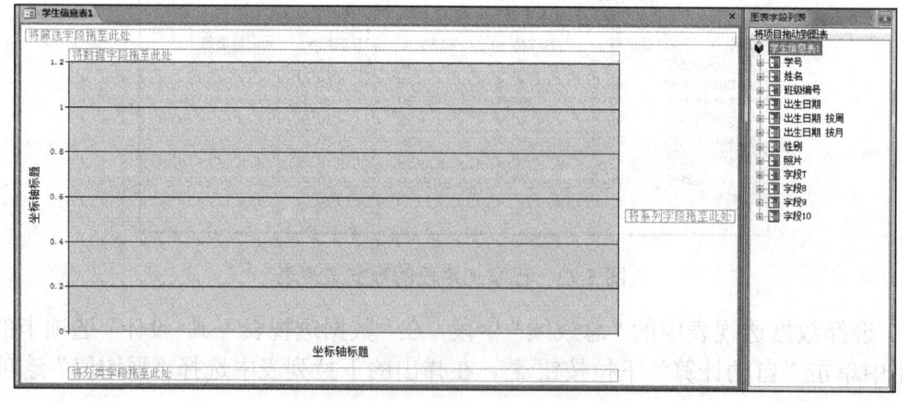

图 5-25　数据透视图视图

3）将“图表字段列表”窗格中的“性别”字段拖动到系列字段处，将“图表字段列表”窗格中的“班级编号”字段拖到分类字段处，将“图表字段列表”窗格中的“姓名”字段拖动到数据字段处。在“数据透视图工具-设计”选项卡的“显示/隐藏”组中单击“字段列表”按钮，关闭“图表字段列表”窗格。此时，数据透视图视图如图 5-26 所示。

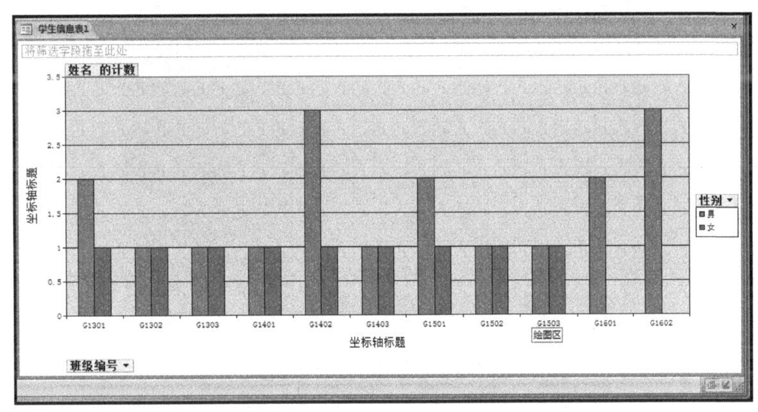

图 5-26 添加字段后的数据透视图视图

4）在“数据透视图工具-设计”选项卡的“类型”组中单击“更改图表类型”按钮，打开“属性”对话框。在“类型”选项卡中，显示出各种类型图形，用户单击选择其中的任一图形类型，则被选中的图形类型立即显示在该窗体的数据透视图视图中。

5.3 使用设计视图创建窗体

使用窗体向导或者其他方法可以快速创建窗体，但只能创建一个简单窗体，其版面布局、内容显示都是系统定义好的，在实际应用中不能满足用户需求，而且有些类型的窗体无法用向导创建。例如，在窗体中添加各种按钮、实现数据检索等，这些功能只能通过自定义窗体来实现。

在创建窗体的各种方法中，通常使用窗体设计视图来创建窗体，这种方法直观、灵活。在设计视图下创建窗体，用户可以完全控制窗体的布局和外观，准确地把控件放在合适的位置，设置出满意的效果格式。

使用设计视图进行窗体设计的一般步骤如下。

1）规划窗体。了解窗体的功能，规划窗体应该包含的控件对象，选择适合系统的色彩和布局。

2）选择适当的数据源。

3）添加控件。

4）设置属性。

5）保存、运行并修改。

5.3.1 设计视图的启动

在“创建”选项卡的“窗体”组中单击“窗体设计”按钮，即可打开窗体的设计视图，如图 5-27 所示。

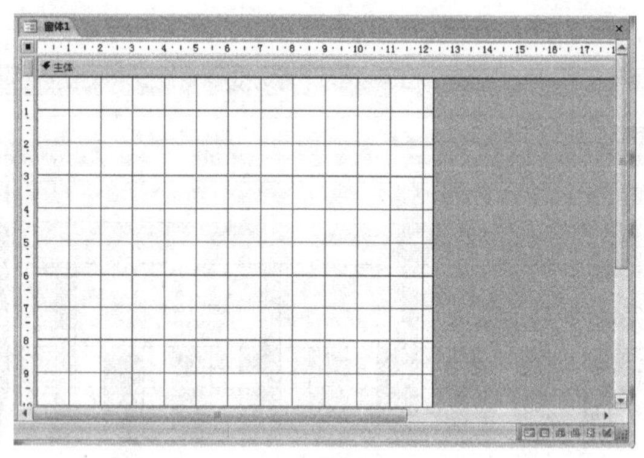

图 5-27 窗体的设计视图

5.3.2 认识窗体设计视图

窗体设计视图是设计窗体的窗口，它主要由设计工作区、工具组、控件组、添加现有字段窗口及属性窗口 5 部分组成。

1. 设计工作区

设计工作区是添加窗体元素（控件）、设计窗体布局的区域，是设计视图的核心。窗体设计视图由多个部分组成，每个部分称为一个“节”，默认情况下，窗体设计视图只显示主体节，如图 5-27 所示。在工作区空白处右击，在弹出的快捷菜单中选择“页面页眉/页脚”命令和“窗体页眉/页脚”命令，可以在工作区添加“窗体页眉”“页面页眉”“页面页脚”“窗体页脚”，单击主体节选择器，此时窗体的设计视图如图 5-28 所示。

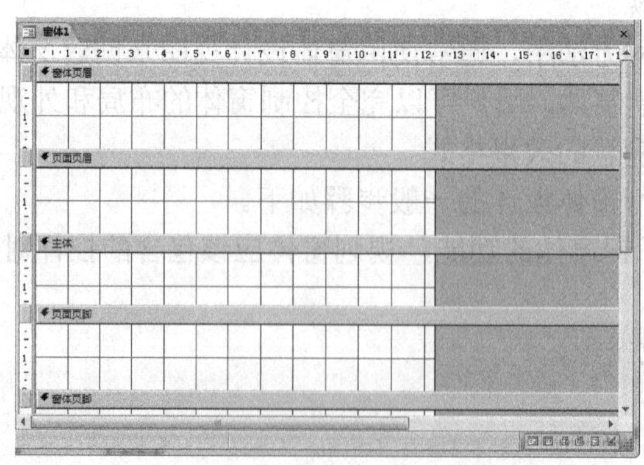

图 5-28 选定了主体节的窗体设计视图

工作区的大小可以通过拖动鼠标进行调整，工作区的网格线和标尺是控件对齐的辅助工具，通过在工作区的空白处右击，在弹出的快捷菜单中选择“网格”命令和“标尺”命令决定其显示或隐藏。工作区中各节的功能如下。

1）窗体页眉：位于窗体的顶部，一般用于显示窗体标题、窗体使用说明或放置窗体任务按钮等。

2）页面页眉：只显示在应用于打印的窗体上，用于设置窗体在打印时的页头信息，如标题、图像、列标题、用户要在每一打印页上方显示的内容。

3）主体：是窗体的主要部分，绝大部分的控件及信息都出现在主体节中，通常用来显示记录数据，是数据库系统数据处理的主要工作界面。

4）页面页脚：用于设置窗体在打印时的页脚信息，如日期、页码、用户要在每一打印页下方显示的内容。由于窗体设计主要应用于系统与用户的交互接口，因此在窗体设计时很少考虑页面页眉和页面页脚的设计。

5）窗体页脚：功能与窗体页眉基本相同，位于窗体底部，一般用于显示对记录的操作说明、设置命令按钮。

2. 工具组

窗体设计工具组集成了窗体设计中的一些常用工具，如图5-29所示。

图5-29 窗体设计工具组

3. 控件组

控件是放置在窗体中的图形对象，主要用于输入数据、显示数据、执行操作等。当打开窗体设计视图时，系统会自动显示“窗体设计工具”选项卡，控件组位于其“设计”子选项卡中，如图5-6所示。控件组是设计窗体最重要的工具。

一般情况下，打开窗体设计视图后，控件组将被自动打开，如图5-30所示。

图5-30 窗体设计视图控件组

（1）控件的功能

控件中各按钮的功能如表 5-1 所示。

表 5-1　窗体中的控件及功能

控件按钮名称	图标	控件按钮的功能
选择		用于选定控件、节或窗体
使用控件向导		用于打开或关闭控件向导；使用该控件可以创建列表框、组合框、选项组、命令按钮、图表、子报表或子窗体
标签	Aa	用于显示说明文本的控件，如窗体或报表上的标题或指示文字
文本框	ab|	用于显示、输入或编辑窗体或报表的基础记录源数据，显示计算结果，或接收用户输入数据的控件
选项组		与复选框、选项按钮或切换按钮搭配使用，可以显示一组可选值
切换按钮		具有弹起和按下两种状态，可用作“是/否”型字段的绑定控件
选项按钮		具有选中和不选中两种状态，作为互相排斥的一组选项中的一项
复选框		具有选中和不选中两种状态，作为可同时选中的一组选项中的一项
组合框		该控件组合了文本框和列表框的特性，即可以在文本框中输入文字或在列表框中选择输入项，然后将值添加到基础字段中
列表框		显示可滚动的数据列表；在窗体视图中，可以从列表框中选择值输入新记录中，或者更改现有记录中的值
按钮	XXXX	用于在窗体或报表上创建命令按钮
图像		用于在窗体或报表上显示静态图片
未绑定对象框		用于在窗体或报表上显示非结合型 OLE 对象
绑定对象框		用于在窗体或报表上显示结合型 OLE 对象
插入分页符		在窗体中开始一个新的屏幕，或在打印窗体或报表时开始一个新页
选项卡控件		用于创建一个多页的选项卡窗体或选项卡对话框
子窗体/子报表		用于在窗体或报表中显示来自多个表的数据
直线		用于在窗体或报表中画直线
矩形		用于在窗体或报表中画矩形框

（2）控件类型

根据控件的用途及其与数据源的关系，可以将控件分为绑定型、未绑定型和计算型 3 种类型。

1）绑定型控件。控件与数据源的字段列表结合在一起，使用绑定控件可以显示、输入或更新数据库中的字段值，如前面创建窗体的控件都是绑定型控件。

2）未绑定型控件。控件与表中字段无关，当使用未绑定型控件输入数据时，不会更新表中字段值，使用未绑定型控件可以显示信息、线条、矩形和图片。

3）计算型控件。计算型控件含有表达式，表达式由运算符、常量、字段名、控件名和函数组成。当需要在窗体中显示由计算得到的数据时，可以使用计算型文本框。由于表达式的值不存储到数据表中，因此每次打开窗体时都要重新计算表达式。

4. 添加现有字段窗口

通常，窗体都是基于某一个表或查询建立起来的，因此窗体内的控件显示的是表或查询中的字段值。在创建窗体过程中，当需要某一字段时，单击工具组中的“添加现有字段”按钮，即可打开“字段列表”窗格。

5. 属性窗口

在 Access 中，属性决定表、查询、字段、窗体及报表的特性。窗体及窗体中的每一个控件都具有各自的属性，这些属性决定了窗体及控件的外观、包含的数据，以及对鼠标或键盘事件的响应。

设置对象的属性是在对象的属性表中进行的。在设计视图中选择不同的位置，如窗体、节或不同的控件，然后在“设计”选项卡的“工具”组中单击“属性表”按钮，就可以打开相应的属性表，如图 5-31 所示。

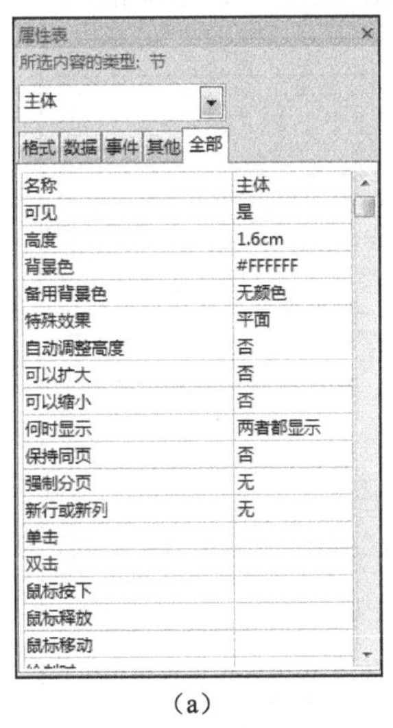

（a）

（b）

图 5-31　节和窗体控件的属性表

属性窗体包含 5 个选项卡，分别是格式、数据、事件、其他和全部。其中，“格式”选项卡包含了窗体或控件的外观属性，“数据”选项卡包含了与数据源、数据操作相关的属性，“事件”选项卡包含了窗体或当前控件能够响应的时间，“其他”选项卡包含了“名称”“制表位”等其他属性。选项卡左侧是属性名称，右侧是属性值。

5.3.3 常用控件的使用

在窗体设计视图中设计窗体时，需要用到各种各样的控件。下面结合实例介绍部分控件的使用方法。

1. 标签

需要在窗体上显示一些说明性文字时，通常使用标签控件。标签没有数据源，在创建标签以外的其他控件时，都将同时创建一个标签控件到该控件上，用以说明该控件的作用，而且标签上显示与之相关联的字段标题的文字。

【例 5-8】在图 5-28 所示的设计视图中，为窗体添加标题“学生信息一览表”。

操作步骤如下。

1）打开“学生信息”数据库，在“创建”选项卡的“窗体”组中单击“窗体设计”按钮，打开窗体设计视图。在主体的空白处右击，在弹出的快捷菜单中选择“页面页眉/页脚”命令和“窗体页眉/页脚”命令，即出现了窗体的结构示意，如图 5-32 所示。因为页面页眉/页脚只有在打印时才能显示出来，所以一般在设计时隐藏页面页眉/页脚。

2）在“设计”选项卡的“控件”组中单击“标签”按钮，光标变成“+A”形式，将光标移入窗体页眉区，选择要放置标签的位置，单击拖出一个标签框。

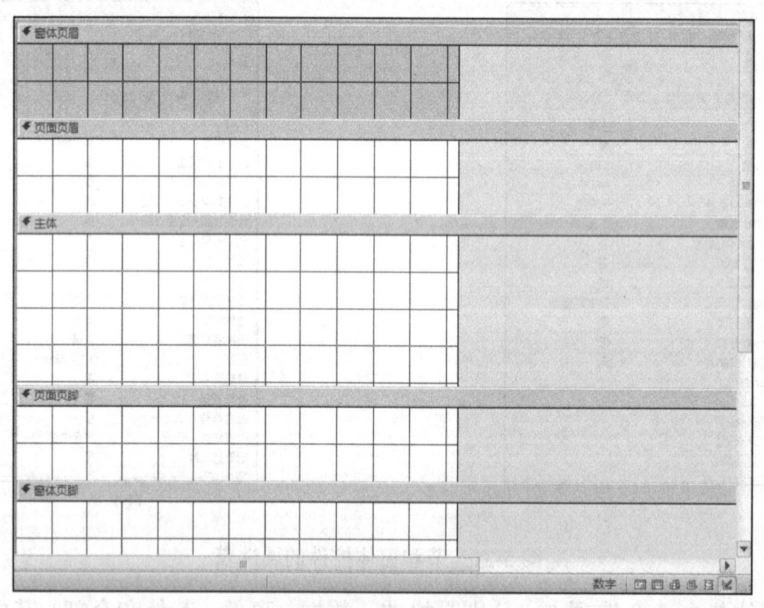

图 5-32　窗体的结构示意

3）在标签框中输入标题“学生信息一览表”，如图 5-33 所示。

4）单击选定该标签，在“设计”选项卡的“工具”组中单击“属性表”按钮，可以对标签的格式属性进行设置，如图 5-34 所示。

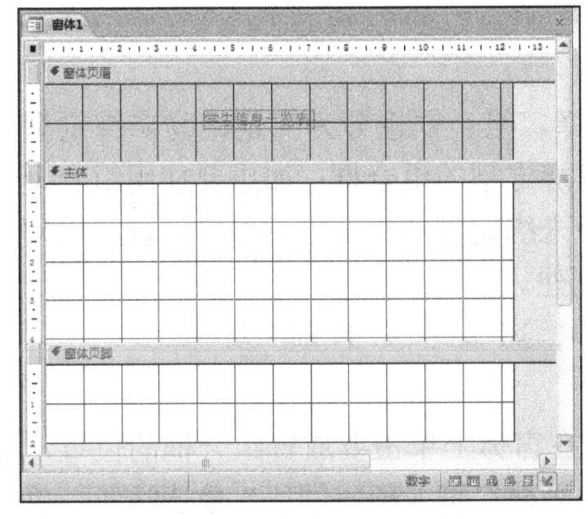

图 5-33 添加“标签”的窗体设计视图

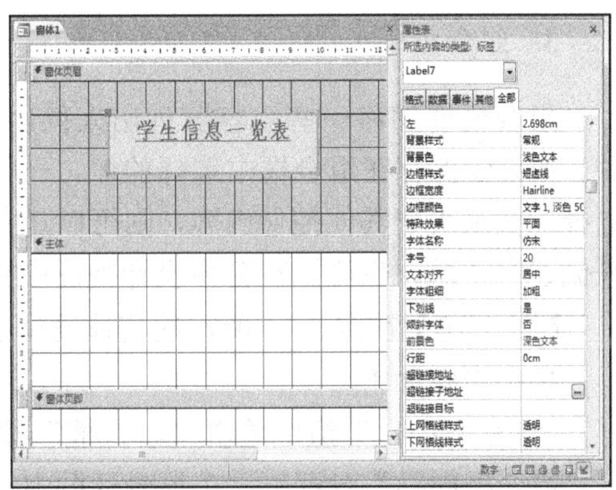

图 5-34 标签属性表

2. 文本框

文本框是最常用的控件，既可以用于显示指定的数据，也可以用来输入和编辑字段数据。从字段列表中拖动字段，可以直接创建绑定型文本框。

【例 5-9】在例 5-8 的基础上，以“学生信息表”为数据源创建窗体，要求窗体包含“学号”“姓名”“系”“联系电话”4 个字段。

操作步骤如下。

1）单击“工具”组中的“添加现有字段”按钮，打开“字段列表”窗格。

2）将“学号”“姓名”“系”“联系电话”字段依次拖到窗体内适当的位置，即可在该窗体中创建绑定型文本框。Access 根据字段的数据类型和默认的属性设置，为字段创建相应的控件并设置特定的属性，如图 5-35 所示。

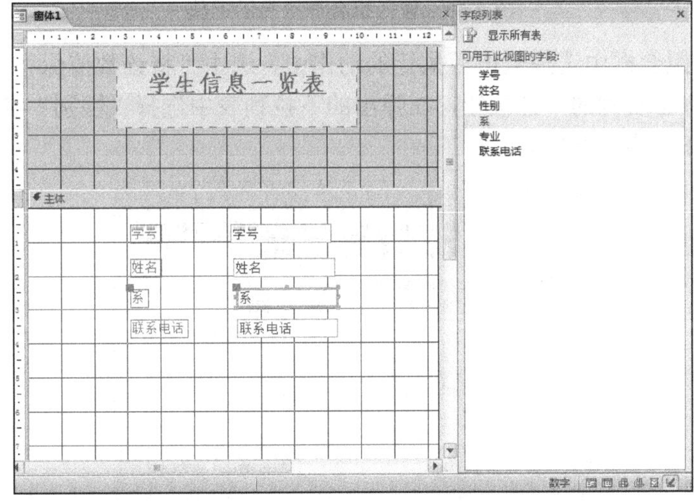

图 5-35 创建绑定型文本框控件

3. 组合框

组合框能够将一些内容罗列出来供用户选择。组合框也分为绑定型与未绑定型两种。如果要保存在组合框中选择的值，一般创建绑定型的组合框；如果要使用组合框中选择的值来决定其他控件内容，则可以建立一个未绑定型的组合框。用户可以利用向导来创建组合框，也可以在窗体设计视图中直接创建。

【例 5-10】在图 5-35 所示的窗体设计视图中，添加一个“性别”组合框。

操作步骤如下。

1）在“控件”组中单击“组合框”按钮，在窗体上单击要放置组合框的位置，打开“组合框向导”对话框，在该对话框中，选中“自行键入所需的值”单选按钮。单击“下一步”按钮。

2）在该对话框中输入每一个单元格中需要输入的值“男”“女”，每输入一个值，按【Tab】键。设置的结果如图 5-36 所示。单击“下一步”按钮。

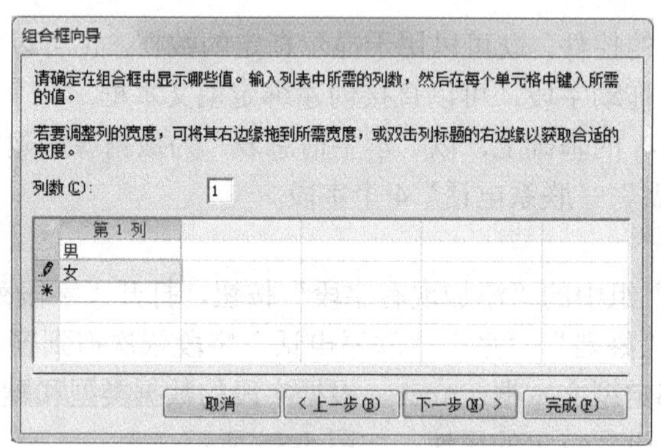

图 5-36　输入组合框中显示的值

3）在确定组合框中选择数值后执行的动作中，选中“将该数值保存在这个字段中”单选按钮，并单击右侧的下拉按钮，在弹出的下拉列表中选择“性别”字段，如图 5-37 所示。单击“下一步”按钮。

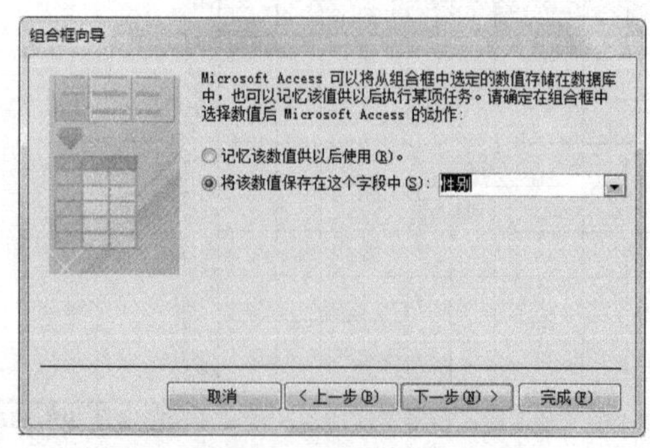

图 5-37　选择保存的字段

4）在打开的对话框的“请为组合框指定标签”文本框中输入“性别”，作为组合框的标签，单击“完成”按钮，如图5-38所示。

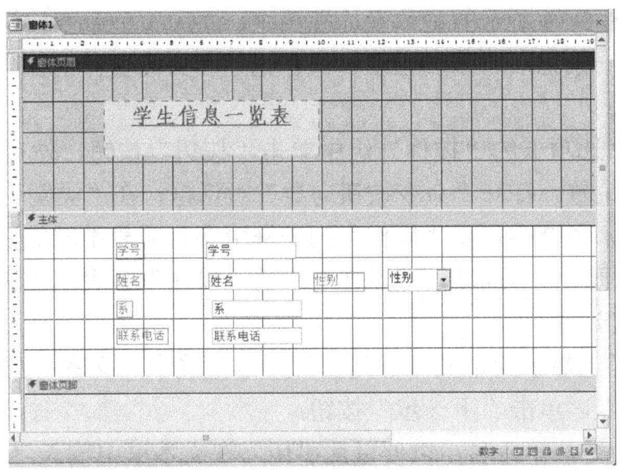

图5-38　添加“组合框”的窗体设计视图

4. 列表框

列表框是一种将所需要的信息以列表的形式显示出来的控件，单击列表框中的选项值，可以将其值存储到变量或字段中，这样既能保证输入数据的正确性，又能提高数据的输入效率。

【例5-11】 在图5-38所示的窗体设计视图中，添加一个“专业”列表框。

列表框控件和组合框控件的添加过程基本一致，但窗体中的外观和功能有所不同，如图5-39所示，“性别”是组合框，“专业”是列表框。

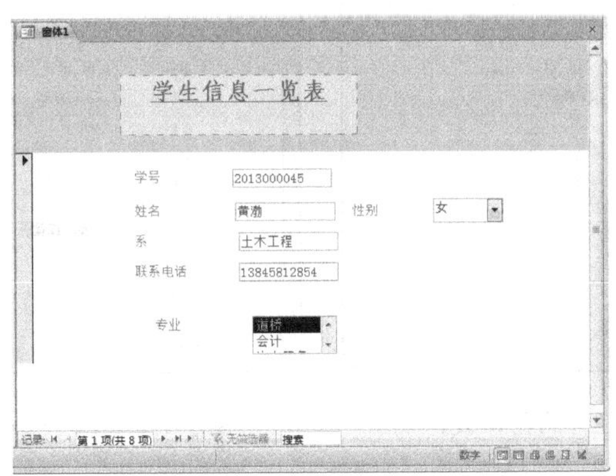

图5-39　添加“专业”列表框的窗体视图

5. 命令按钮

将窗体中的命令按钮和某个操作联系起来，在窗体中单击该按钮时，可以执行相应的操作。窗体中的命令按钮完成的操作分别为“记录导航”“记录操作”“窗体操作”等6类，每一类包含多种不同的操作。

【例 5-12】 在图 5-39 所示的窗体设计视图中，添加 5 个命令按钮，分别用来执行显示上一条记录、下一条记录、添加记录、保存记录和关闭窗体的操作。

操作步骤如下。

1）在“设计”选项卡的“控件”组中单击“按钮”按钮，然后在窗体页脚处单击要放置命令按钮的位置，打开“命令按钮向导”对话框，在“类别”列表框中列出了可供选择的操作类别，每个类别在“操作”列表框中都对应着不同的操作。先在“类别”列表框中选择“记录操作”选项，然后在对应的“操作”列表框中选择“添加新记录”选项，单击“下一步”按钮。

2）指定在按钮上显示的是文本还是图片，这里选中“文本”单选按钮，在文本框中输入“添加记录”，单击“下一步”按钮。

3）为创建的命令按钮命名，以便以后引用，在文本框中输入“添加记录”。

4）单击“完成”按钮，完成“添加记录”命令按钮的创建。

5）重复上述步骤，分别创建其他 4 个命令按钮，其中第 1 个命令按钮和第 2 个命令按钮的“类别”为“记录导航”，选择的“操作”分别是“转至前一项记录”和“转至下一项记录”，显示的文本为“上一条”和“下一条”；第 4 个命令按钮的“类别”为“记录操作”，选择的“操作”是“保存记录”，显示的文本是“保存记录”；第 5 个命令按钮的“类别”是“窗体操作”，选择的“操作”是“关闭窗体”，显示的文本是“退出”，如图 5-40 所示。

6）切换到窗体视图中检查所建窗体，如图 5-41 所示，然后保存。

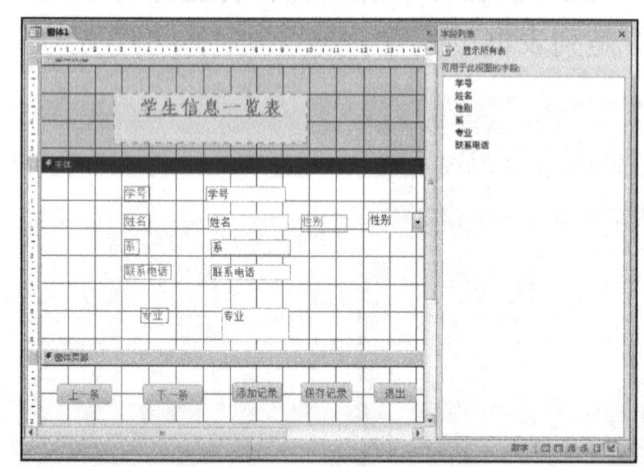

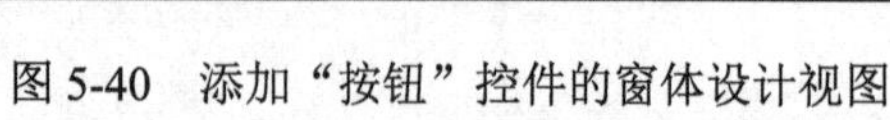

图 5-40　添加“按钮”控件的窗体设计视图

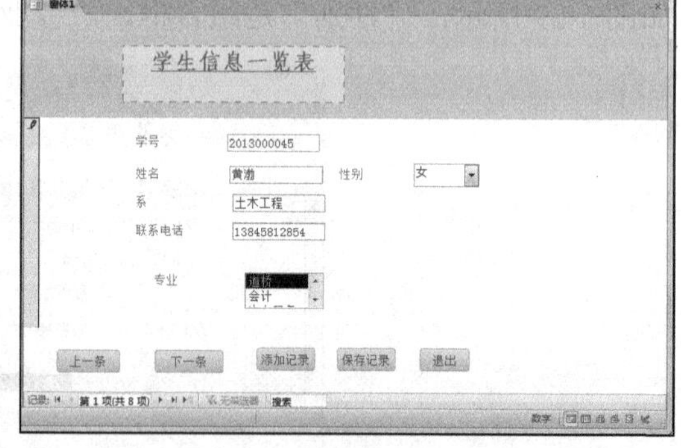

图 5-41　“学生信息一览表”窗体视图

5.3.4　控件的基本操作

窗体的布局主要取决于窗体中的控件。Access 将窗体中的每个控件都看作一个独立的对象，用户可以对控件进行一系列的操作，以达到美化控件和美化窗体的效果。

1. 选择控件

要调整控件，首先要选择控件，然后进行操作。在选择控件后，控件的四周会出现 8 个方块，称为控制柄。其中，左上角的控制柄由于作用特殊，因此比较大。使用控制柄可以调整控件的大小和位置。选择控件的操作如下。

1）选择一个控件：单击该控件。

2）选择多个不相邻控件：先按住【Shift】键，然后分别单击每个控件。

3）选择多个相邻控件：从空白处按住鼠标左键拖动拉出一个虚线框，所包围的控件全部被选中。

4）选择一组控件：在水平标尺上某个位置单击，则该点垂直延伸到窗体的线条所经过的所有控件都被选中。同样，在垂直标尺上的某个位置单击，则该点水平延伸到窗体的线条所经过的所用控件都被选中。

5）选择所有控件：按【Ctrl+A】组合键。

2. 删除控件

选择一个或多个控件后，按【Delete】键就可以删除所选择的控件。

3. 移动控件

当鼠标指针放在已选择的一个或多个控件左上角之外的其他地方时，会出现垂直的十字箭头，这时拖动鼠标，可以将控件拖动到所需的位置。如果所选择的控件为文本框，则表示可以同时移动与它相关的附件标签。当只移动其中的一个时，应将鼠标指针移动到标签或文本框左上角的控制柄上再拖动。

4. 更改类型

若要改变控件的类型，则要先选择该控件，然后右击，在弹出的快捷菜单中选择“更改为”级联菜单中所需要的新控件类型。

5.3.5 常用的“数据”属性

“数据”属性决定了一个控件或窗体中的数据来自于何处，以及操作数据的规则，而这些数据均为绑定在控件上的数据。

1. 控件的“数据”属性

控件的“数据”属性包括控件来源、输入掩码、默认值、有效性规则、有效性文本、是否锁定、可用等。

1）“控件来源”属性提醒系统如何检索或保存在窗体中要显示的数据，如果控件来源中包含一个字段名，则在控件中显示的就是数据表中该字段的值，对窗体中的数据所进行的任何修改都将被写入字段中；如果设置该属性值为空，除非编写了一个程序，否则在窗体控件中显示的数据将不会写入数据库表的字段中。如果该属性含有一个计算表达式，则这个控件会显示计算的结果。

2）“输入掩码”属性用于设定控件的输入格式，仅对文本型和日期型数据有效。

3）“默认值”属性用于设定一个计算型控件或未绑定型控件的初始值，可以使用“表达式生成器”向导来确定默认值。

4）“有效性规则”属性用于设定在控件中输入数据的合法性检查表达式，可以使用“表达式生成器”向导来建立合法性检查表达式。在窗体运行时，当在该控件中输入的数据违背了有效性规则时，为了明确给出提示，可以显示“有效性文本”中填写的文本信息，所以“有效性文本”用于指定在违背有效性规则时显示提示信息。

5）“是否锁定”属性用于指定该控件是否允许在“窗体视图”中接收编辑控件中显示数据的操作。

6）“可用”属性用于决定鼠标是否能够单击该控件。如果该属性设置为“否”，则此控件虽然一直在窗体视图中显示，但不能用【Tab】键选中它或使用鼠标单击它，同时在窗体中控件显示为灰色。

2. 窗体的“数据”属性

窗体的“数据”属性包括记录源、排序依据、允许编辑、数据输入等。

1）“记录源”属性一般是本数据库中的一个数据表对象名或查询对象名，它指明了该窗体的数据源。

2）“排序依据”属性值是一个字符串表达式，由字段名或字段名表达式组成，指定排序的规则。

3）“允许编辑”“允许添加”“允许删除”属性值需在“是”“否”中进行选择，它决定了窗体运行时是否允许对数据进行编辑修改、添加或删除等操作。

4）“数据输入”属性值需在“是”“否”两个选项中选择，如果选择“是”，则在窗体打开时只显示一条空记录；否则，显示已有记录。

5.3.6 常用的“其他”属性

1. 控件的“其他”属性

控件的“其他”属性包括名称、允许自动更正、控件提示文本等。

1）名称。窗体中的每一个对象都有一个名称，若在程序中指定或使用某一对象，则可以使用这个名称。这个名称是由“名称”属性来定义的，空间的名称必须是唯一的。

2）允许自动更正。如果在组合框和文本框的控件中允许自动更正，则“允许自动更正”属性将会更正控件中的拼写错误。

3）控件提示文本。“控件提示文本”属性适用于运行窗体时，将鼠标指针放置在一个对象上后，显示提示信息。

2. 窗体的“其他”属性

窗体的“其他”属性主要包括弹出方式、模式、循环等。

1）弹出方式。如果将“弹出方式”属性设置为“是”，则可实现打开它后，它停留在其他所有窗口的上面。如果有两个弹出方式为“是”的窗体同时打开，则这两个窗体会相互覆盖。注：此属性在窗体运行状态下不可更改（可读不可写）。

2）模式。如果将“模式”属性设置为“是”，则可以保证在窗口中仅有该窗体处于打开状态，即该窗体打开后，将无法打开其他窗体或其他对象。

3）循环。“循环”的属性值可以选择“所有记录”“当前记录”“当前页”，表示当移动控制点时按照何种归路移动。其中，“所有记录”表示从某条记录的最后一个字段移动到下一条记录；“当前记录”表示从某条记录的最后一个字段移动到该记录的第一个字段；“当前页”表示从某条记录的最后一个字段移动到当前页的第一条记录。

5.3.7 设置背景色

在窗体设计视图中可设置直线、矩形、文本框、列表框等控件的颜色和页眉、页脚等区域的背景色。设置控件的背景色的操作步骤如下。

1）在设计视图中选择控件，并右击。

2）在弹出的快捷菜单中选择“填充/背景色”命令。

3）在“填充/背景色”的级联菜单中选择颜色即可。

5.3.8 设置背景位图

为窗体加上一个背景位图的操作步骤如下。

1）双击窗体选择器（视图中横向标尺和纵向标尺在左上角相交处的小方框），启动窗体属性对话框。

2）选择“格式”选项卡，在其属性列表中选择“图片”选项。

3）单击“图片”属性值设置框右侧的“生成器”或向导按钮，或直接输入图片文件的地址及名称，选择图片文件。

4）设置“图片类型”“图片缩放模式”等属性，如图 5-42 所示。

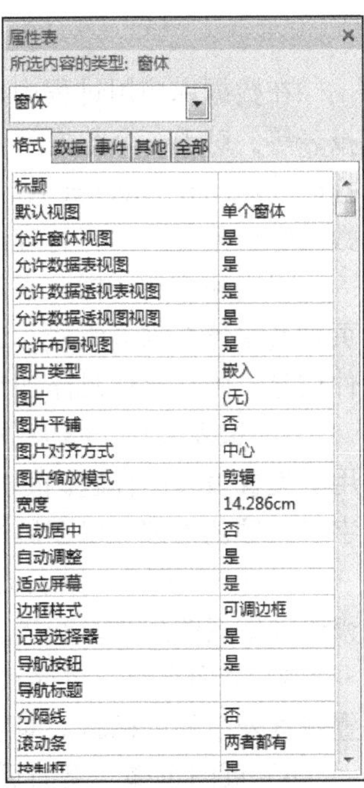

图 5-42　设置窗体的图片背景

第6章 报 表

本章重点

- 利用 Access 创建自动报表。
- 利用 Access 向导创建报表。
- 利用 Access 设计器创建报表。

在 Access 系统中使用报表对象来实现将数据综合整理，并将整理结果按指定的格式打印输出。窗体和报表在许多方面是类似的，建立的过程也基本相同，但窗体和报表的使用目的存在着很大的差别：窗体主要用来进行数据输入、操作和实现交互，而报表主要用来对数据进行分析、计算、统计、汇总，最后打印。窗体上的数据既可以浏览又可以进行修改，而报表中的数据只能浏览不能修改。

使用 Access 2010 数据库中的数据报表，可以将数据库中的数据信息和文档信息以多种形式打印或通过屏幕显示出来。用户可以利用报表，有选择地将数据输出，从中检索有用信息。

6.1 报表概述

在数据库应用过程中，经常需要对数据进行打印输出，如打印学生成绩、上报财务报表等。对于一个数据库系统来说，除了应具备数据存储和查询功能外，还应具备输出打印功能。在 Access 中，数据库的打印工作通过报表对象可以实现，使用报表可以将数据综合整理，并将整理结果按一定的格式打印输出。

报表和窗体一样，通常由报表页眉、报表页脚、页面页眉、页面页脚、组页眉、组页脚及主体 7 部分组成，这些部分称为报表的“节”，每节中都可以放置字段信息和控件信息，同一个信息添加在不同的节中，效果是不同的，各节的作用如下。

1）报表页眉。报表页眉位于报表的开始，仅在报表第一页的顶端打印一次，一般用于设置报表的标题。报表标题通常是用标签控件实现的，要显示的文字及文字的字体、字号、颜色等都可以在属性对话框中进行设置。

2）报表页脚。报表页脚只出现在报表的结尾处，常用来设置报表的汇总说明、结束语及报表的生成时间等。

3）页面页眉。页面页眉节中的内容在报表的每一页顶端都显示一次，一般用来设置数据表中的列标题，即字段名。

4）页面页脚。页面页脚出现在每页的底部，每页中有一个页面页脚，用来设置本业的汇总说明、插入日期或页码等。

5）组页眉。组页眉节中是输出分组的有关信息，一般用来设置分组的标题或提示信息。在该节中设置的内容，将在报表每个分组的开始显示一次。

6）组页脚。组页脚节中也是输出分组的有关信息，一般用来设置每组需要输出的信息，如一些小计、平均值等。在该节中设置的内容，将显示在每个分组的结束位置。

7）主体。主体节是报表中显示数据的主要区域，用来显示每条记录的数据。根据字段类型不同，字段的数据使用文本框、复选框或绑定对象框进行显示，也可以包含对字段的计算结果。

综上所述，可以得到这样的结论：在每个节中设置的内容，在报表的输出中显示的次数是不同的，在报表页眉/页脚中设置的内容，在整个报表中只显示一次；在页面页眉/页脚中设置的内容在报表的每个输出页中显示一次；在组页眉/页脚中设置的内容在每个分组中显示一次；在主体节中设置的内容在每处理一条记录时显示一次。

报表具有以下功能。

1）可以对数据进行分组、汇总。

2）可以包含子窗体、子报表。

3）可以按特殊格式设计版面。

4）可以输出图形、图表。

5）可以打印所需数据。

6.2 创建报表

报表的类型有纵栏式报表、表格式报表、图表报表和标签报表。

1）纵栏式报表：当显示记录时，每一行显示一个字段，字段标题显示在字段的左侧，字段的值显示在字段的右侧。

2）表格式报表：以行、列形式显示记录，一条记录占一行，一页显示多条记录。字段标题显示在每一列的上方。

3）图表报表：以图表形式显示、输出记录，可以更直观地表示数据之间的关系。图表报表可以单独使用，也可以放在子报表中。

4）标签报表：一种特殊类型的报表，可以打印在标签上，如商品标签、客户的邮件标签、学生登记卡等。

Access 提供了 4 种创建报表的方法：自动创建报表、创建空报表、使用报表向导创建报表和使用设计视图创建报表。本节主要介绍前 3 种创建报表的方法。使用设计视图创建报表将在 6.3 节介绍。

6.2.1 自动创建报表

自动创建报表是基于一个表或查询创建的报表，该报表能够显示记录源中的所有字段和记录。这种方法最简单，但是报表中的信息占用空间多，信息显示不紧凑。

【**例 6-1**】以“学生信息表”为数据源，使用“报表”按钮创建报表。

操作步骤如下。

1）打开“学生管理”数据库，在左侧的导航窗格中选择“学生信息表”。

2）在“创建”选项卡的“报表”组中单击“报表”按钮，系统将自动创建报表，并以布局视图显示此报表，如图 6-1 所示。

学生信息表　学生信息表

学生信息表　2016年11月14日 15:28:21

学号	姓名	性别	系	专业	联系电话
2013000045	黄渤	女	土木工程	道桥	13845812854
2013010056	江涛	男	经济管理	会计	1583724012
2013014420	韩爱国	男	数学	计算科学	13739482145
2013030248	马兴江	男	汽车工程	汽车服务	13084932456
2014000005	刘强	男	土木工程	道桥	564158548458
2014010001	李艳	女	经济管理	会计	13152585852
2014030229	张向飞	男	汽车工程	汽车服务	13688974585
2014041568	李丽浩	女	数学	计算科学	13548528875

8

共 1 页，第 1 页

数字

图 6-1　“学生信息”报表

3）保存报表。将这个报表切换到设计视图，可以看出系统对这个报表所做的设置，如图 6-2 所示。

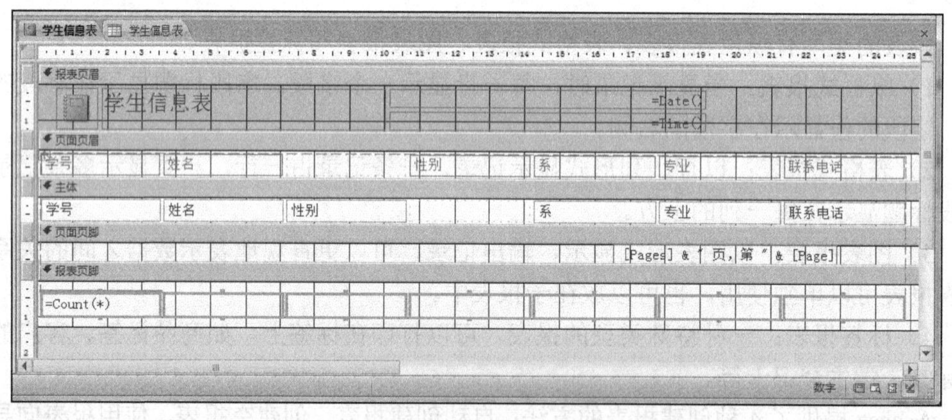

图 6-2　“学生信息”报表的设计视图

从图 6-2 中可以看到以下内容。

1）在报表页眉节，系统自动设置的内容有两部分：左侧是标题“学生信息表”，与数据源的名称相同；右侧显示的是系统日期和时间，通过文本框中的系统函数“Date( )”和“Time( )”来实现。

2）在页面页眉节中，用标签来显示字段的名称。

3）在主体节中用文本框来显示字段的内容。

4）在页面页脚节中，系统自动设置的内容为显示页码信息，可以通过向文本框中输入下面的内容来实现：

=“共”&[Pages]&“页，第”&[Page]&“页”

其中，Pages 和 Page 是系统保留的变量，分别表示报表的总页数和当前页码。

5）在报表页脚区中设置的内容为显示记录数，可通过文本框中的系统函数“Count(*)”来实现。

6）由于该报表中没有设置分组字段，因此没有组页眉和组页脚。

用这种方法只能创建基于一个数据源的报表，不能对数据源进行字段的选择。

6.2.2　创建空报表

创建空报表是指首先创建一个空白报表，然后将选定的数据字段添加到报表中。使用这种方法创建报表，其数据源只能是表。

【例 6-2】以“学生信息”表为数据源，使用“空报表”按钮创建“学生信息报表”。

操作步骤如下。

1）打开“学生信息”数据库。在“创建”选项卡的“报表”组中单击“空报表”按钮，系统将自动创建一个空报表并以布局视图显示，同时打开“字段列表”窗格。

2）在右侧“字段列表”窗格中选择“学生信息”并单击“+”展开“学生信息”表，将“学号”“姓名”“性别”“系”“专业”等字段拖到报表空白区域，如图 6-3 所示。

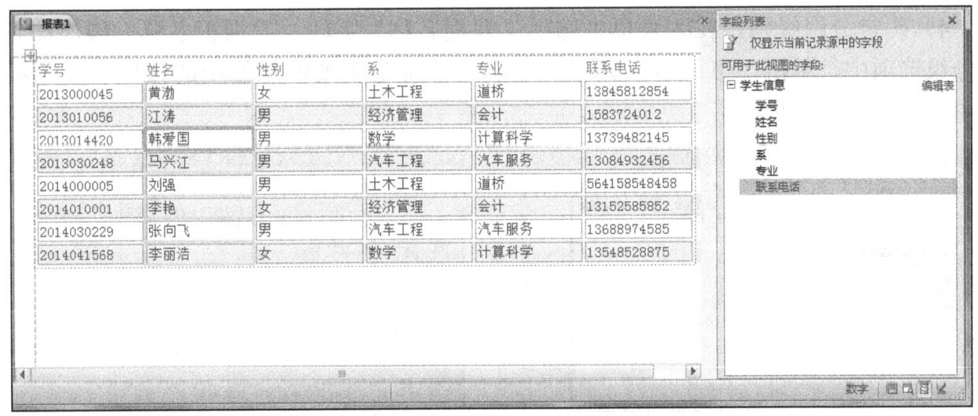

图 6-3　创建“学生信息报表”

3）保存报表，完成“学生信息报表”的创建。

6.2.3　使用报表向导创建报表

使用报表向导可以基于一个或多个表或查询创建报表，可以在创建报表时，对报表包含的字段个数进行选择，也可以对字段进行排序和汇总运算。另外，还可以定义报表布局及样式。

【例 6-3】以“期末成绩”表为数据源，使用报表向导创建“期末成绩报表”。

操作步骤如下。

1）打开“学生管理”数据库。

2）在“创建”选项卡的“报表”组中单击“报表向导”按钮，打开“报表向导”对话框，如图 6-4 所示。

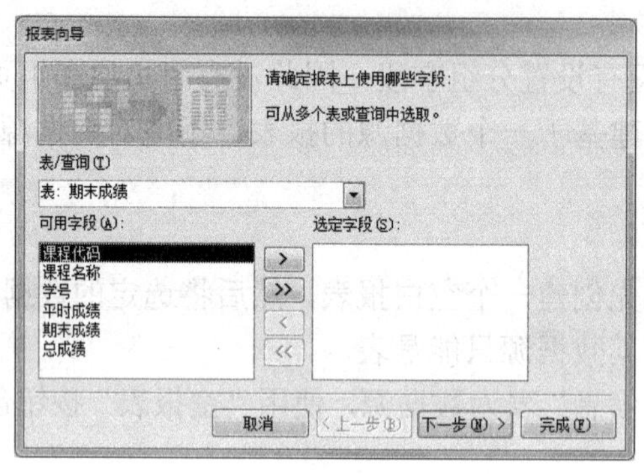

图 6-4 “报表向导”对话框

3）在“表/查询”下拉列表中选择“期末成绩”选项，在“可用字段”列表框中选择字段添加到“选定字段”列表框中，然后单击“下一步”按钮，显示“是否添加分组级别”，如图 6-5 所示。

4）确定分组级别，在列表框中选择“课程名称”字段，“课程名称”被添加到右侧分组选项中，单击“下一步”按钮，显示“请确定明细信息使用的排序次序和汇总信息”，如图 6-6 所示。

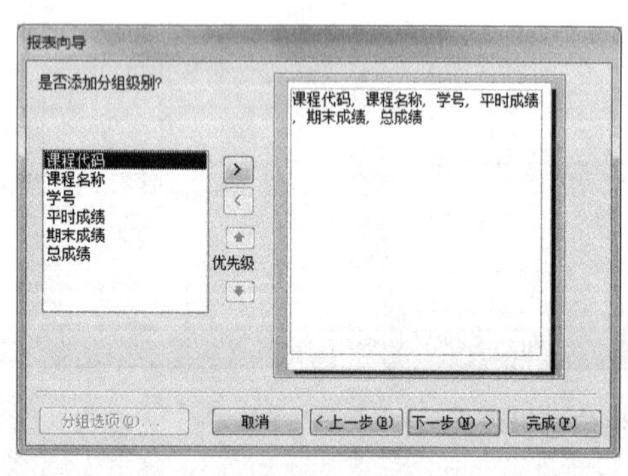

图 6-5 添加分组级别

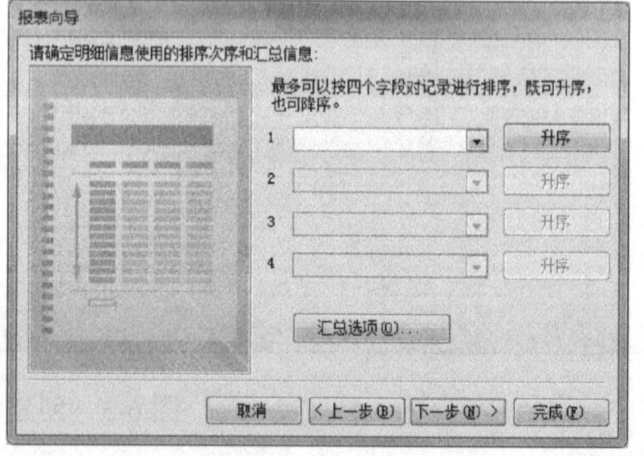

图 6-6 排序和汇总

5）明确明细信息使用的排序次序和汇总信息，可以选择对记录排序的字段，最多可以选 4 个字段，如果数据源中含有数字型字段，还可以进行汇总。可以跳过该步骤，单击“下一步”按钮，显示“请确定报表的布局方式”，如图 6-7 所示。

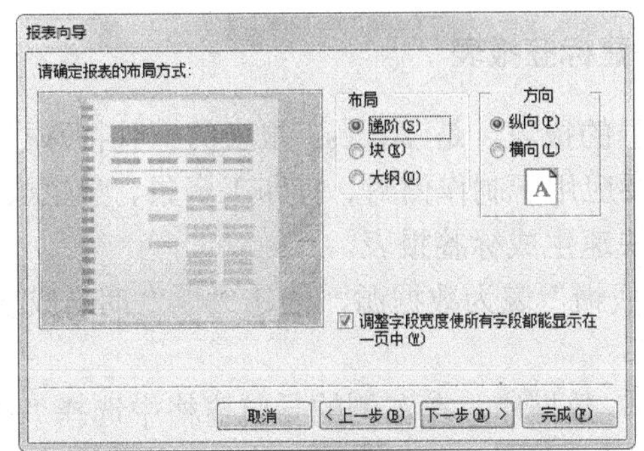

图 6-7　确定报表布局方式

6）确定报表布局方式，使用单选按钮选择报表布局和报表方向，这里选中“递阶”单选按钮和“纵向”单选按钮，还可以选中“调整字段宽度使所有字段都能显示在一页中”复选框，单击“下一步”按钮，显示“请为报表指定标题”，如图 6-8 所示。

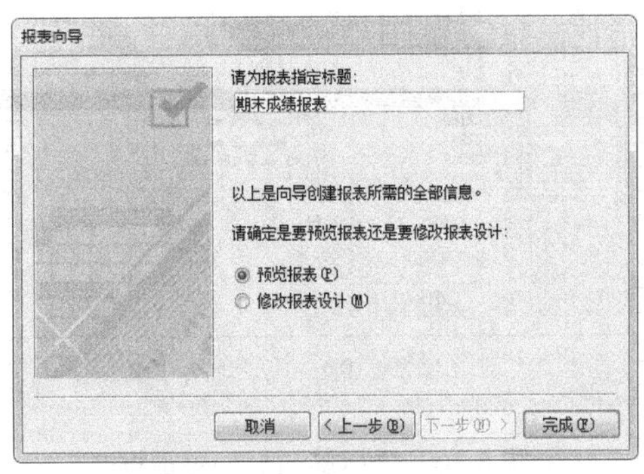

图 6 8　确定报表标题

7）为报表指定标题，输入标题“期末成绩报表”，单击“完成”按钮，报表创建完成，系统自动保存报表，并打开报表预览窗口，如图 6-9 所示。

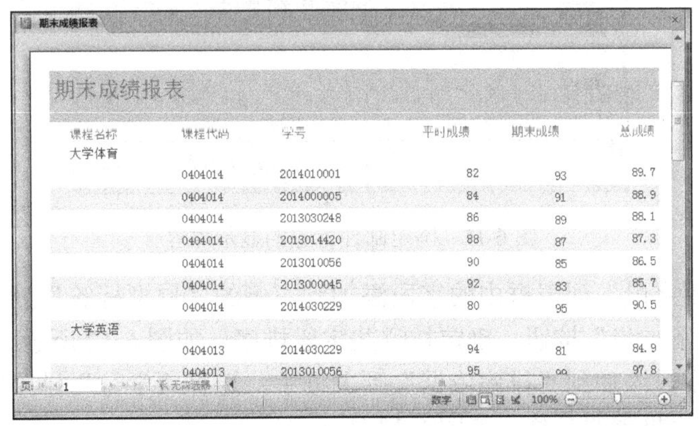

图 6-9　“期末成绩报表”预览

6.2.4 使用标签向导创建标签报表

标签报表是多列布局的报表，是 Access 报表的一种特殊类型，它完全是为适应标签纸而设置的报表，主要应用于制作信封、打印工资条、学生成绩通知单等。在 Access 中，使用标签向导可以快速生成标签报表。

【例 6-4】以“期末成绩”表为数据源，创建“学生期末成绩”标签。

操作步骤如下。

1）打开“学生管理”数据库，在左侧的导航窗格中选择“期末成绩”，在“创建”选项卡的“报表”组中单击“标签”按钮，打开“标签向导”对话框，如图 6-10 所示。

2）可以通过对话框中提供的标签型号和尺寸为标签指定尺寸，也可以自定义尺寸，这里使用默认尺寸，单击“下一步”按钮，选择文本字体和颜色，可以跳过该步骤，单击“下一步”按钮，确定邮件标签的显示内容，如图 6-11 所示。

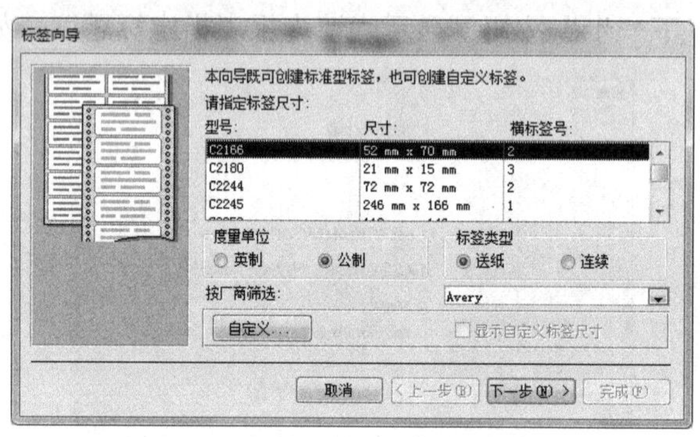

图 6-10 “标签向导”对话框

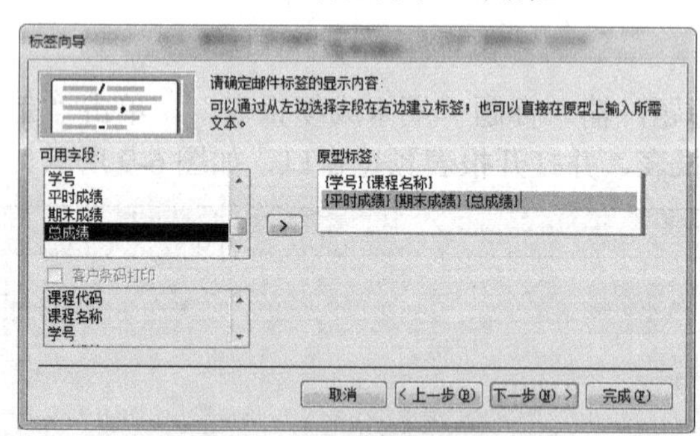

图 6-11 确定邮件标签的显示内容

3）将“可用字段”列表框中的字段添加到右侧的“原型标签”列表框中，这里注意换行，单击“下一步”按钮，确定按哪些字段排序，如图 6-12 所示。

4）将排序字段添加到“排序依据”列表框中，选择“学号”排序字段，单击“下一步”按钮，指定报表的名称，如图 6-13 所示。

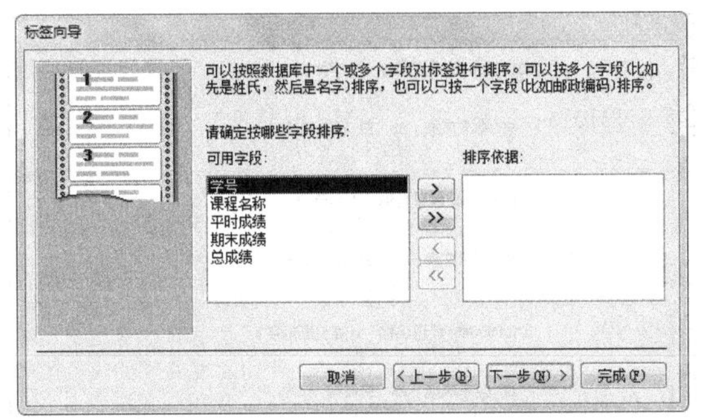

图 6-12 确定排序字段

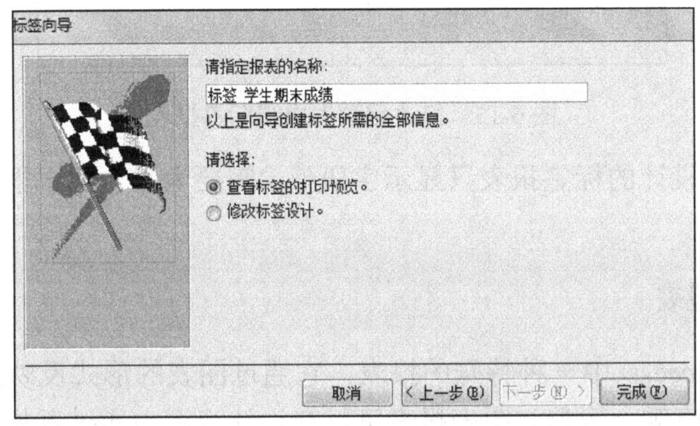

图 6-13 指定报表名称

5）给标签报表输入名称“标签学生期末成绩”，单击“完成”按钮，报表创建完成，系统自动保存报表并打开报表预览窗口，如图 6-14 所示。

图 6-14 标签报表预览窗口

6）切换到报表的设计视图，调整文本框的位置并给每个文本框左边添加说明标签，完成后如图 6-15 所示。

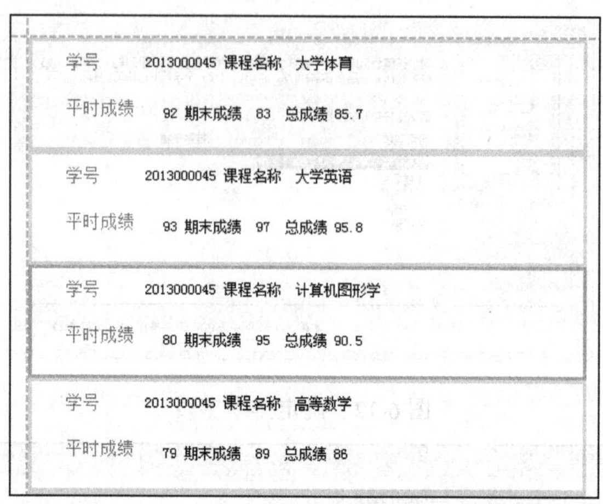

图 6-15　修改后学生成绩标签报表

利用标签向导设计的标签报表只显示字段值，需要为每个文本框添加说明标签，以显示完整的信息。

6.2.5　创建图表报表

图表报表是 Access 中一种特殊的报表，它通过图表的形式反映数据源与数据的关系，使数据浏览更直观、形象。图表报表可以在设计视图中通过添加“图表”控件，运行生成“图表向导”来完成。

【例 6-5】使用图表创建报表统计各班级学生人数。

操作步骤如下。

1）打开“学生管理”数据库。

2）选择“学生信息表”为数据源创建查询，查询名称为“班级人数统计”，如图 6-16 所示。

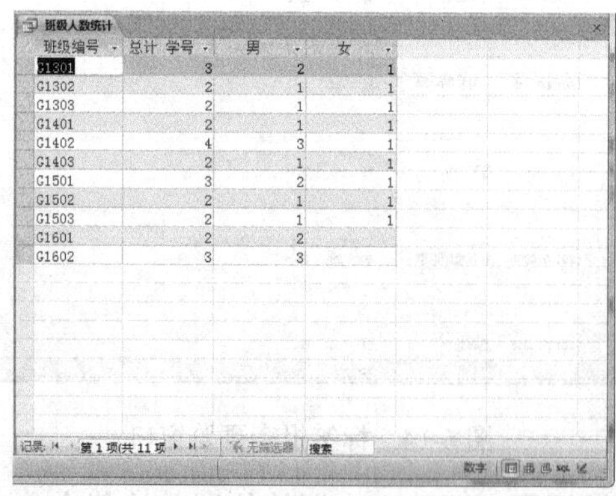
班级人数统计

班级编号	总计 学号	男	女
G1301	3	2	1
G1302	2	1	1
G1303	2	1	1
G1401	2	1	1
G1402	4	3	1
G1403	2	1	1
G1501	3	2	1
G1502	2	1	1
G1503	2	1	1
G1601	2	2	
G1602	3	3	

记录：第 1 项(共 11 项)　无筛选器　搜索

图 6-16　“班级人数统计”的设计视图

3）在“创建”选项卡的“报表”组中单击“报表设计”按钮，系统自动创建一个空报表，并进入设计视图，在“控件”组中选择“图表”控件，并在主体区域中拖动添加一个图表对象，同时系统将自动启动控件向导，打开“图表向导”对话框，如图6-17所示。

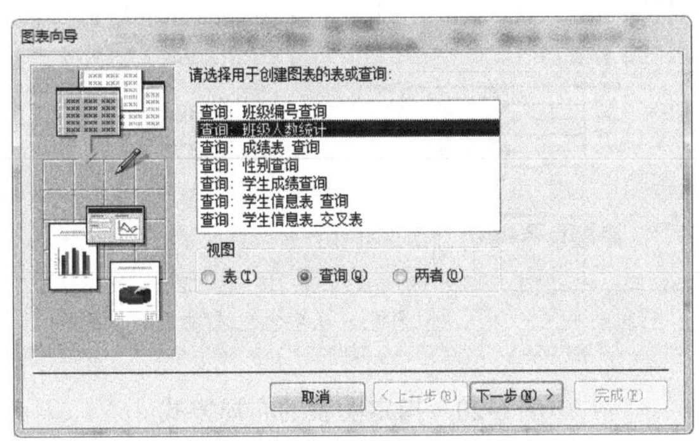

图6-17 “图表向导”对话框

4）在数据源列表框中选择“查询：班级人数统计”，单击“下一步”按钮，在如图6-18所示的对话框中选择图表数据所在的字段，将“可用字段”列表框中的“班级编号”“总计 学号”添加到右边“用于图表的字段”列表框中。

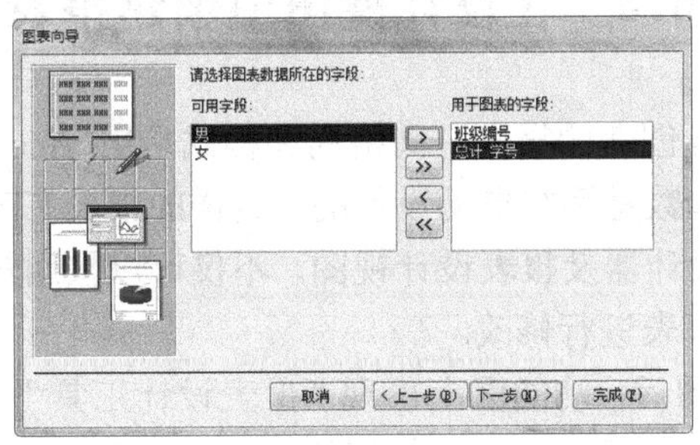

图6-18 选择图表数据所在的字段

5）单击“下一步”按钮，在如图6-19所示的对话框中选择图表类型。

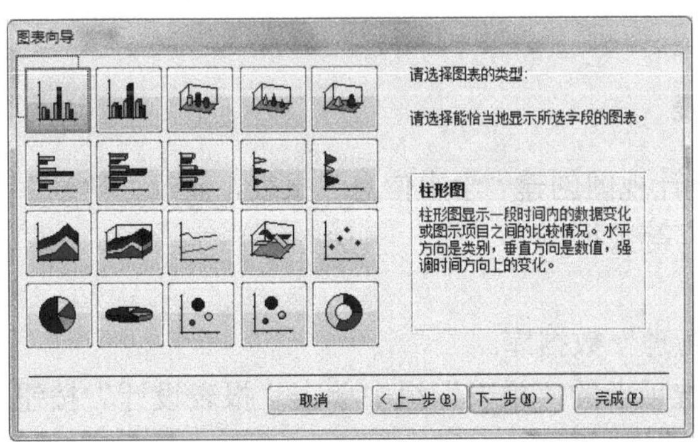

图6-19 选择图表类型

6）选择图表类型“柱形图”，单击“下一步”按钮，在如图 6-20 所示的对话框中指定数据在图表中的布局方式。

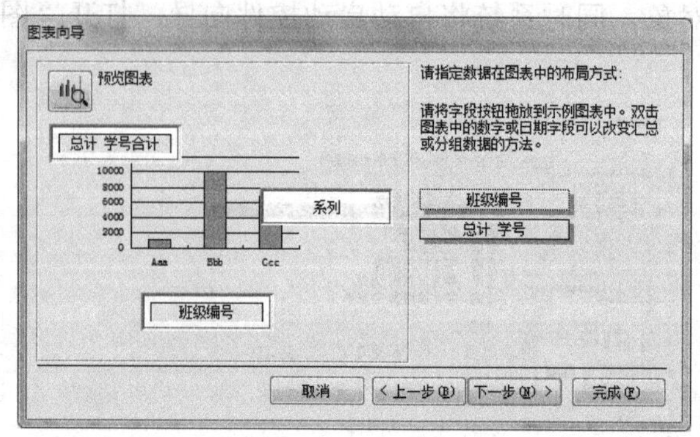

图 6-20　指定图表的布局方式

7）单击“下一步”按钮，指定图表的标题为“班级人数统计图表”，单击“完成”按钮，完成图表报表的创建。在报表视图或打印预览视图中可以预览设计好的图表报表效果。

6.3　在设计视图中创建报表

使用报表按钮和向导创建的报表，其格局和样式是用 Access 系统提供的报表设计工具完成的，它的许多参数是系统自动设置的，这样的报表有时在某种程度上并不能满足用户需求。使用报表设计器及报表设计视图，不仅可以按用户的需求设计所需要的报表，而且可以对已有的报表进行修改。

当打开报表设计视图后，功能区上出现“报表设计工具”选项卡及其“设计”“排列”“格式”“页面设置”子选项卡。与窗体的“设计”选项卡相比，报表的“设计”选项卡中多了一个“分组和汇总”组。“页面设置”选项卡是报表独有的选项卡，包括“页面大小”和“页面布局”两个组，用来对报表页面的纸张大小、边距、方向进行设置。

6.3.1　创建简单报表

【例 6-6】通过设计视图创建“学生信息”报表，显示“学号”“姓名”“出生日期”“性别”“班级编号”等数据。

操作步骤如下。

1）打开“学生管理”数据库。

2）在“创建”选项卡的“报表”组中单击“报表设计”按钮，系统自动创建一个空白报表，并进入设计视图。

3）为报表添加数据源，在“设计”选项卡的“工具”组中单击“添加现有字段”按钮，在“字段列表”窗格中显示创建报表可用的表，展开所需要的字段所在的“学生信息表”。

4）将“学号”“姓名”“出生日期”“性别”“班级编号”字段拖动到报表设计视图的主体节中，在主体节中即出现绑定文本框及附加标签，然后利用“剪切”和“粘贴”方法将附加标签放置于页面页眉节中，并与所属文本框对齐。

5）给报表添加标题，在报表页眉节中添加一个标签“学生信息一览表”作为报表标题，同时在“格式”组中设置字体、字号。

6）在页面页脚节中利用“设计”组中的“控件”添加一个文本框，其“控件来源”设置为“=Date( )”，再添加一个标签，标题为“制表人：韩梅梅”，如图 6-21 所示。

图 6-21　“学生信息一览表”设计视图

7）保存报表，切换到报表视图，如图 6-22 所示。

学生信息设计视图制作报表1

学生信息一览表

学号	姓名	出生日期	性别	班级编号
2013121001	边媛	1995-5-23	女	G1301
2013121002	曹语童	1996-2-18	男	G1301
2013121003	陈继展	1994-2-6	男	G1301
2013121004	陈思睿	1995-8-14	女	G1302
2013121005	崔宏哲	1996-12-6	男	G1302

图 6-22　“学生信息一览表”报表视图

6.3.2 报表的排序、分组和计算

当设计报表时，常常需要排序与分组，这在 Access 中很容易实现。数据表中记录的排列顺序是按照输入的先后排列的，用户在输出报表时，需要把同类属性的记录排列在一起，这就是分组。

1. 排序记录

排序记录是指将报表中的记录按照升序或降序进行排列。设置记录排序，可以在报表向导中进行，也可以在设计视图中进行。所不同的是，当使用报表向导设置排序时，最多只能设置 4 个排序字段，而且只能是字段，不能是表达式。而在设计视图中，最多可以设置 10 个排序字段或排序表达式。

【例 6-7】将“期末成绩报表”中的记录按学生的“学号”及各科“总成绩”的升序排序。

操作步骤如下。

1）打开“期末成绩报表”的报表设计视图，并切换到设计视图。

2）在“设计”选项卡的“分组和汇总”组中单击“分组和排序”按钮，打开“分组、排序和汇总”面板，如图 6-23 所示。

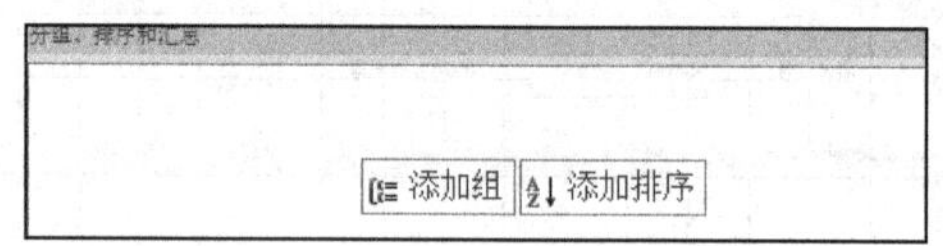

图 6-23 “分组、排序和汇总”面板

3）单击“添加排序”按钮，在“选择字段”下拉列表中选择“学号”字段，在“排序”下拉列表中选择“升序”选项，在下一级单击“添加排序”按钮，在“选择字段”下拉列表中选择“总成绩”字段，在“排序”下拉列表中选择“升序”选项，如图 6-24 所示。

图 6-24 选择升序排序

4）切换到报表视图，报表将按“学号”及“总成绩”字段升序排序显示，如图 6-25 所示。

2. 分组记录

分组可以将记录按某个或某几个字段的值是否相等进行分类，提高报表的可读性。

组由组页眉和组页脚组成，其中组页眉用于放置每组记录开始处的信息，如组标题等。当该属性的值为“是”时，创建组页眉；属性值为“否”，则不创建组页眉。组页脚用于放置每组记录结尾处的信息，如每组的汇总信息。和组页眉相同，属性值为“是”，则创建组页脚；属性值为“否”，则不创建组页脚。

期末成绩报表

期末成绩

学号	课程名称	平时成绩	期末成绩	总成绩
2013000045				
	大学体育	92	83	85.7
	高等数学	79	89	86
	计算机图形学	80	95	90.5
	大学英语	93	97	95.8
2013010056				
	计算机图形学	80	74	75.8
	大学体育	90	85	86.5
	高等数学	81	91	88
	大学英语	95	99	97.8
2013014420				
	计算机图形学	85	56	64.7
	大学体育	88	87	87.3
	高等数学	83	93	90

图 6-25　期末成绩排序后的报表视图

【例 6-8】将学生信息表中的信息按照班级编号分组。

操作步骤如下。

1）打开“学生信息表”的报表设计视图，并切换到设计视图。

2）在“设计”选项卡的“分组和汇总”组中单击“分组和排序”按钮，打开“分组、排序和汇总”面板。单击“添加组”按钮，在“选择字段”下拉列表中选择“班级编号”字段，在报表设计视图中出现组页眉“班级编号页眉”节，如图 6-26 所示。

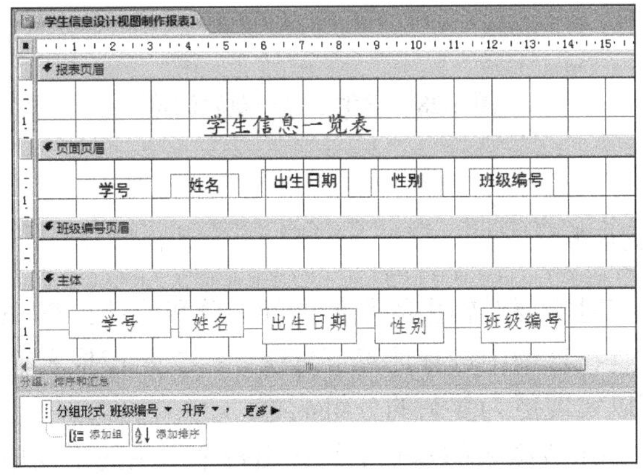

图 6-26　报表中添加“班级编号”分组

3）将主体节中的“班级编号”文本框移动到组页眉节中，如图 6-27 所示。

报表页眉
学生信息一览表
页面页眉
学号
姓名
出生日期
性别
班级编号
班级编号页眉
班级编号
主体
学号
姓名
出生日期
性别

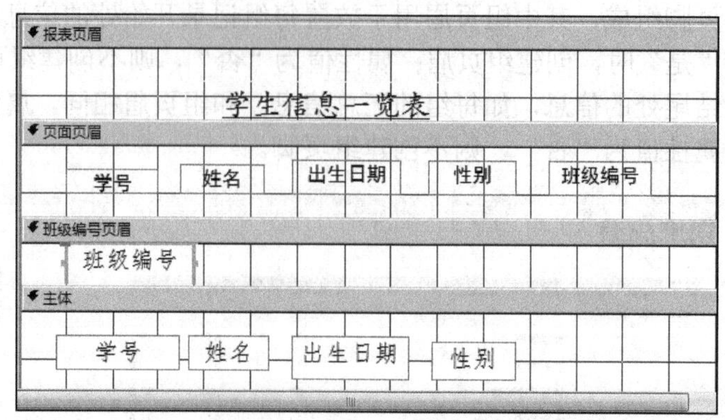

图 6-27　设置班级编号页眉

4）分别选中每个字段对象，设置格式，切换到打印预览视图，报表按照班级编号分组显示学生信息，如图 6-28 所示。

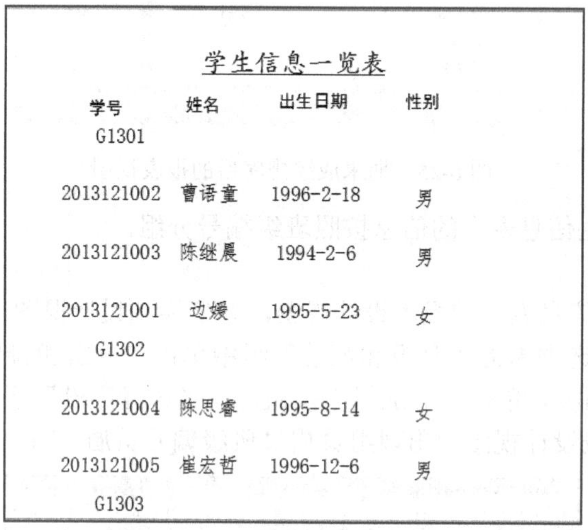

学生信息一览表
学号　姓名　出生日期　性别
G1301
2013121002　曹语童　1996-2-18　男
2013121003　陈继晨　1994-2-6　男
2013121001　边媛　1995-5-23　女
G1302
2013121004　陈思睿　1995-8-14　女
2013121005　崔宏哲　1996-12-6　男
G1303

图 6-28　学生信息一览表浏览

5）保存报表。

3. 在报表中实现计算

在打印报表时，有时需要对输出的数据进行汇总和统计。在 Access 中有两种方法实现汇总和计算：一是在查询中进行计算汇总统计；二是在报表输出时进行汇总统计。与查询相比，报表可以实现更为复杂的分组汇总。

【例 6-9】在学生期末成绩表的基础上统计出每个学生的平均成绩和总成绩。

操作步骤如下。

1）打开“期末成绩”的报表设计视图，并切换到设计视图。

2）在“分组、排序和汇总”面板中，单击“添加组”按钮，在“选择字段”下拉列表中选择“学号”字段，单击“更多”按钮，将“组页眉”属性设置为“无页眉节”，在设置无页眉之前应将“学号”字段从学号组页眉中拖到主体节中，再将“组页脚”设置为“有页脚节”。

3）在设计视图中设置组页脚，在组页脚中添加两个文本框，分别在文本框内输入“=Sum([总成绩])”和“=Avg([总成绩])”，并同时为文本框添加标签，标题为“总成绩”和“平均成绩”，如图 6-29 所示。

4）切换到报表视图，效果如图 6-30 所示。

5）保存报表。

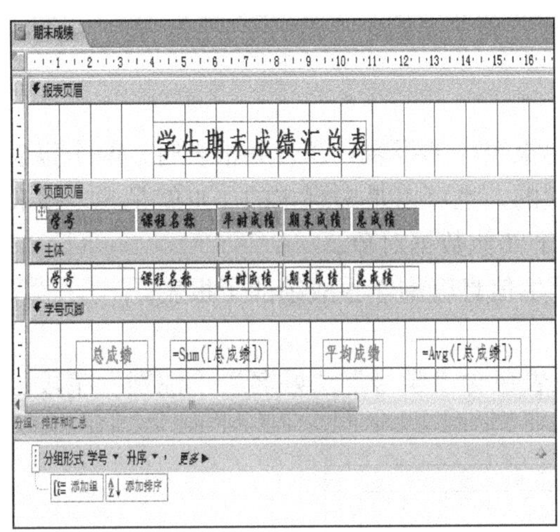

图 6-29　汇总设计视图

图 6-30　学生总成绩、平均成绩汇总报表视图

提示：

不同节统计函数，其统计的范围不同，在组页脚节中使用“=Avg([成绩])”，Avg 计算函数作用于一个组；而在页面页脚节中使用“=Avg([成绩])”，Avg 计算函数作用于整个班级数据。

4. 报表常用函数

报表设计中，常用的函数包括统计计算类函数、日期类函数，主要函数的功能如表 6-1 所示。

表 6-1　报表中的常用函数

函数	功能
Avg( )	在指定的范围内，计算指定字段的平均值
Count( )	计算指定范围内记录的个数

续表

函数	功能
First( )	返回指定范围内多条记录中的第一条记录指定的字段值
Last( )	返回指定范围内多条记录中的最后一条记录指定的字段值
Max( )	返回指定范围内多条记录中的最大值
Min( )	返回指定范围内多条记录中的最小值
Sum( )	返回指定范围内多条记录指定字段值的和
Date( )	当前系统日期
Now( )	当前系统日期和时间
Time( )	当前系统时间
Year( )	当前系统年

6.3.3 创建主/子报表

与子窗体的概念类似，子报表是插在其他报表中的报表。在合并报表时，两个报表中必须有一个作为主报表，主报表可以是绑定的，也可以是未绑定的。也就是说，报表可以基于表、查询或 SQL 语句，也可以不基于其他数据对象。

【例 6-10】创建学生信息主报表，根据学生信息查询学生成绩的子报表。

操作步骤如下。

1）创建学生信息主报表。学生信息主报表包含“学号”“姓名”“性别”字段，设计视图如图 6-31 所示。

图 6-31　学生信息主报表设计视图

2）在“设计”选项卡的“控件”组中单击“子窗体/子报表”控件，在报表主体区域添加“子窗体/子报表”对象，则系统自动打开“子报表向导”对话框，在为子报表选择数据源向导对话框中选中“使用现有的表和查询”单选按钮，单击“下一步”按钮。

3）选择字段。在“表/查询”下拉列表中选择查询“学生信息表”，同时选择子报表所有字段“学号”“课程名称”“成绩”，单击“下一步”按钮。

4）确定主报表与子报表连接字段。选中“自行定义”单选按钮，在“窗体/报表字段”和“子窗体/子报表字段”列表框中分别选择“学号”，单击“下一步”按钮，最后给子报表输入名称“学生成绩报表”，单击“完成”按钮，系统自动进入设计视图，在设计视图中稍做排版后最终效果如图 6-32 所示。

5）切换到报表视图，如图 6-33 所示。

页面页眉
学生成绩单
学号
姓名
性别
主体
学号
姓名
性别
学生成绩报表
报表页眉
学号
课程名称
成绩
页面页眉
主体
学号
课程名称
成绩

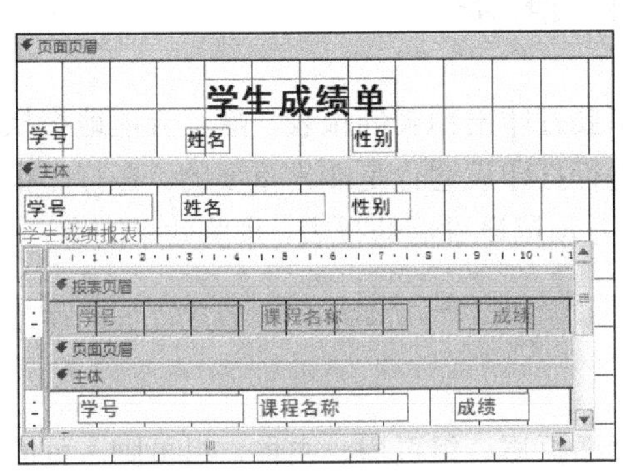

图 6-32 “学生信息”主/子报表设计视图

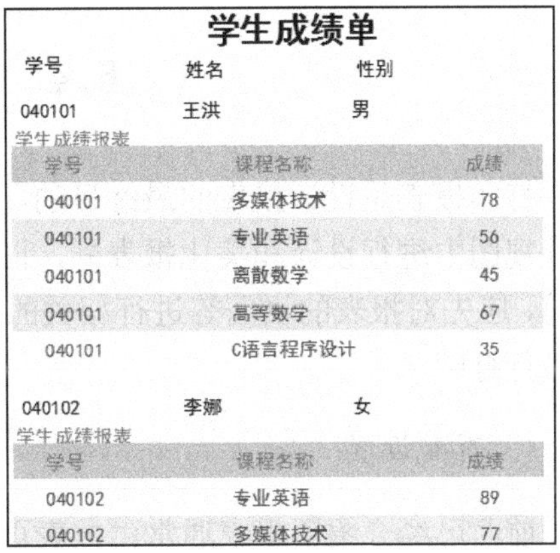

学生成绩单
学号 姓名 性别
040101 王洪 男
学生成绩报表
学号 课程名称 成绩
040101 多媒体技术 78
040101 专业英语 56
040101 离散数学 45
040101 高等数学 67
040101 C语言程序设计 35
040102 李娜 女
学生成绩报表
学号 课程名称 成绩
040102 专业英语 89
040102 多媒体技术 77

图 6-33 “学生信息”主/子报表报表视图

6.3.4 创建多列报表

前面已经介绍过使用标签向导创建标签报表的方法。实际上，Access 数据库也可以创建多列报表。多列报表最常用的是标签报表形式。此外，还可以将一个设计好的普通报表设置成多列报表。

设置多列报表的操作步骤如下。

1）创建一个普通报表或打开一个已存在的普通报表。

2）在“页面设置”选项卡的“页面布局”组中单击“列”按钮，打开“页面设置”对话框。

3）选择“列”选项卡，并在“网格设置”选项组中设置每一页显示的列数、行间距和列间距。在“列尺寸”选项组的“宽度”文本框中设置单个标签的列宽，在“高度”文本框中设置单个标签的高度，如图 6-34 所示。

4）单击“确定”按钮，完成报表设计。

页面设置
打印选项
页
列
网格设置
列数(C): 4
行间距(W): 0cm
列间距(U): 0.635cm
列尺寸
宽度(I): 15.42cm
高度(E): 4.714cm
与主体相同(A)
列布局
先列后行(O)
先行后列(N)
确定
取消

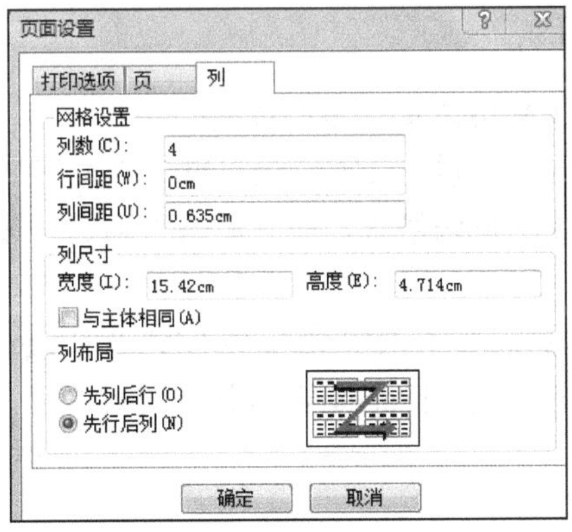

图 6-34 “页面设置”对话框

6.4 打印报表

打印报表是设计报表的最终目的，用户想要打印出精美的报表，除了合理地在报表设计视图中进行设计和美化报表外，正确地进行打印设置也是非常重要的。在打印报表之前，应先对报表的页面等进行相关的设置，并预览设置后的报表，预览效果满意之后，再进行打印。

1. 页面设置

前面已经介绍了报表通常由报表页眉、页面页眉、组页眉、主体、组页脚、页面页脚和报表页脚 7 部分组成。设置报表的页面，主要是设置页面的大小，打印的方向，页眉、页脚的样式等。其操作步骤如下。

1）选择要进行页面设置的报表，打开其设计视图。

2）在“页面设置”选项卡的“页面布局”组中单击“页面设置”按钮，打开“页面设置”对话框。

3）设置相应的参数。

2. 在报表中添加日期和时间

在报表中执行以下操作都可以实现添加日期和时间。

1）在“设计”选项卡的“页眉/页脚”组中单击“日期和时间”按钮，打开“日期和时间”对话框，在对话框中选择所需要的日期和时间格式，最后单击“确定”按钮，系统将自动在报表页眉中插入显示日期和时间的文本框。

2）如果有报表页眉节，则在报表页眉节中添加日期和时间文本框，也可以在主体节中添加，在文本框中输入“=Date( )”或“=Time( )”。

3. 在报表中添加页码

在报表中执行以下操作都可以实现添加页码。

1）在“设计”选项卡的“页眉/页脚”组中单击“页码”按钮，打开“页码”对话框，在对话框中选择所需要的页码格式，最后单击“确定”按钮，系统将自动在报表页脚中插入页码。

2）在页面页脚节添加页码文本框中输入“="共" & [Pages] & "页，第" & [Page] & "页"”，其中[Page]表示当前页码，[Pages]表示总页码数。

4. 打印报表

打印报表的具体步骤如下。

1）选择要打印的报表对象。

2）右击，在弹出的快捷菜单中选择“打印”命令，或者选择“文件”选项卡，再选择“打印”命令，打开“打印”对话框。

3）设置相应参数后，单击“确定”按钮。

第7章 宏

本章重点

- 宏的概念及分类。
- 创建宏和宏组。
- 宏的几种运行方式。
- 宏的编辑和调试。
- 宏的运用。

宏是 Access 数据库中的一个对象，是一种功能强大且容易使用的工具，它允许用户自动执行任务，以及向窗体、报表和控件添加功能。在 Access 中执行特定任务的操作或者操作集合就需要用到宏，每个操作宏实现特定的功能，这些宏操作是 Access 自带的。通过宏可以轻松实现在其他软件中必须编写大量程序代码才能完成的操作。

前面已经介绍了 Access 数据库对象中的表、查询、窗体、报表。它们各自都具有强大的数据处理功能，都能独立完成数据库应用系统中的特定任务，但它们之间无法相互调用。在数据库应用系统中，要提高效率、简化操作、实现数据库强大的管理功能，就必须将数据库中所有对象有机地组合起来，统一协调地进行管理，使大量繁杂重复的操作能够自动执行。利用宏或后面要介绍到的模块就能完成这项重要的任务。而由于宏简单易学、功能强大，却又不必掌握程序设计的思想和方法，也不需记住各种语法，只要将所要执行的操作、参数和条件直接输入宏窗口中即可，因此宏深受 Access 数据库用户的喜爱。充分利用 Access 系统提供的大量宏操作，可以设计出一个功能基本完善的数据库管理应用系统。

7.1 宏 概 述

在处理 Access 数据库对象的过程中，往往需要重复执行某些任务和操作。例如，向表中添加记录时，需要打开同一个窗体，为了简化同一个操作步骤，可以将这些重复执行的任务或操作组织在同一个宏中，在应用时直接调试和应用宏，自动地执行集成在宏中的各项操作。

在 Access 中，通过直接执行宏或者使用包含宏的用户界面，可以完成许多繁杂的需要人工的操作，但是在其他一些数据库中，要想完成同样的操作，需要采用编程的方法才能实现。当编写宏时，用户不需要记住各种语法，在宏的设计环境中，每个宏的操作参数都会显示出来。保存宏及宏组都需要命名，命名的方法与其他数据库对象相同。

宏并不直接处理数据库中的数据，它是组织 Access 数据库对象的工具。在 Access 数据库中，表、查询、窗体和报表 4 个对象各自具有强大的数据处理功能，能独立地完成数据库中的特定任务，但是它们各自独立工作，不能相互协调、相互调用，使用宏可以将这些对象有机地整合在一起，完成特定的任务。

7.1.1 宏的概念

宏是 Access 本身提供的执行特定任务的操作和操作集合，其中的每个操作实现特定的功能。宏是以动作为单位执行用户设定操作的，每个动作在运行时由前到后按顺序执行。宏可以是包含操作序列的一个宏，也可以是多个宏组成的宏组。使用条件表达式可以决定在某些条件下运行宏时，某个操作是否执行。通过执行宏，Access 能够有次序地自动执行一连串的操作。

例如，打开和关闭窗体、显示和隐藏工具栏、预览或打印报表等。

创建宏的目的是自动处理某一项或者某一系列任务，可以将任务当作一个或多个基本操作的集合，其中每个操作都能单独实现某一特定的功能，如打开窗体、关闭窗体等。图 7-1 显示了一个含有 3 个操作的宏。宏的功能如下。

1）打开窗体。

2）显示一个消息框。

3）关闭数据库。

当执行这个宏时，将自动执行这 3 个操作。

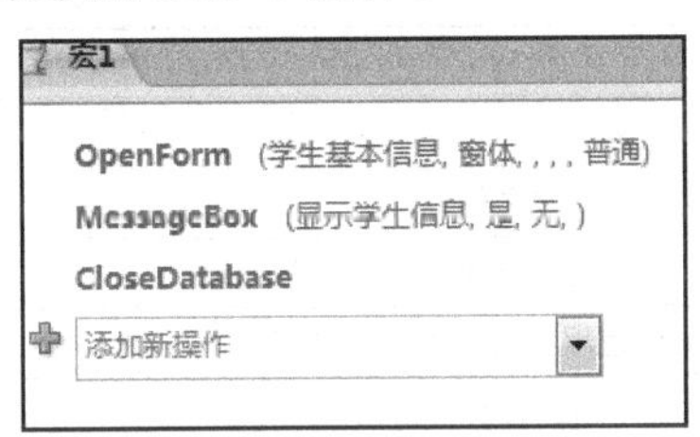

图 7-1 宏的设计

通过宏的自动重复执行操作的功能，无须编写程序就可以设计出具有一定功能的数据库应用系统。

在实际操作过程中，很少单独使用一个宏命令，往往将这些命令组合在一起按照顺序依次执行，以完成一项特定的任务。这些命令的执行可以通过窗体或表中控件的某个事件来触发，也可以在数据库的运行过程中自动实现。

用户可以将 Access 宏看作一种简化的编程语言，利用这种语言生成要执行的操作（操作是宏的基本组成部分，这是一种自含式指令，可以通过与其他操作相结合来自动执行任务。在其他宏语言中有时称为命令）列表来创建代码。生成宏时，用户从下拉列表中选择每个操作，然后为每个操作填写必需的信息。

7.1.2 常用的宏操作

Access 2010 提供了 80 多个宏操作命令，根据宏的用途将它们分成以下 8 类。

1）窗口管理命令。

2）宏命令。

3）筛选/查询/搜索命令。

4）数据导入/导出命令。

5）数据库对象命令。

6）数据输入操作命令。

7）系统命令。

8）用户界面命令。

由于宏操作的种类繁多，在表 7-1 中列出了 Access 中较为常见的宏操作及其功能。

表 7-1 常用宏操作及其功能

宏操作	主要功能
AddMenu	创建菜单栏或快捷菜单
AddlyFilter	在表、窗体或报表中应用筛选、查询或 SQL 语句的 Where 子句来选择来源于表、窗体或报表中的记录
Beep	使计算机的扬声器发出嘟嘟声
CancelEvent	取消引起宏操作的事件
CloseDatabase	关闭数据库
CloseWindow	关闭指定的窗口
DeleteObject	删除数据库对象
Echo	运行宏时，显示或不显示状态信息
FindRecord	在表、查询或窗体中查找指定条件的第一条记录
FindNext	依据 FindRecord 操作使用的查找准则查找下一条记录
GotoControl	将光标移动到窗体中特定的控件上
GotoPage	将光标移动到窗体中特定页的第一个控件上
GotoRecord	在表、查询或窗体中，添加新记录或将光标移动到指定的记录
Hourglass	当运行宏时，鼠标指针显示为沙漏状
Maximize	最大化活动窗口
Minimize	最小化活动窗口
MoveSize	移动或调整活动窗口的尺寸
MessageBox	显示消息框
OpenDiagram	在设计视图打开数据库图表
OpenForm	打开窗体
OpenModule	打开指定的模块
OpenQuery	在表、窗体中打开查询
OpenReport	在设计视图或预览视图中打开报表

续表

宏操作	主要功能
OpenTable	在表、设计视图或预览视图中打开查询表
OutputTo	将数据导出为 XLS、TXT、RFT、HTML 或 ASP 等文件格式
PrintOut	打印活动的数据库对象，如表、窗体、报表或模块
QuitAccess	退出 Access
Rename	将数据库对象更名
Requery	让指定控件重新从数据源中读取数据
Sendkeys	发送键盘消息给当前活动的模板
SetMenuItem	设置自定义菜单中的命令的状态：有效、无效、可选或不可选
SetValue	为窗体、报表中的字段指定一个新值
ShowToolbar	显示或隐藏工具栏
StopMacro	取消所有的宏
TransferDatabase	导入、导出或连接表
Transfer	导入、导出文本文件

7.1.3 宏的功能

在 Access 中，宏几乎可以实现数据库的所有操作。归纳起来，包括以下几点。

1）打开/关闭数据表、窗体，打印报表和执行查询。

2）实现数据库的输入和输出。

3）筛选、查找数据记录。

4）数据库启动时执行操作。

5）显示消息框，显示警告。

6）显示和隐藏工具栏。

由此可见，宏的功能几乎涉及了所有的数据库操作细节，灵活地运用宏，能让用户的 Access 数据库系统变得更强大。

7.2 创建宏和宏组

Access 中的宏可以是包含操作序列的一个宏，也可以是某个宏组。宏组由若干个宏组成，如果有许多宏执行不同的操作，那么可以将宏建立为不同的宏组，以方便数据库的管理和维护。用户也可以使用条件表达式来决定在什么情况下运行宏，以及在运行宏时是否进行某项操作。

宏的创建方法与其他 Access 数据库对象一样，都可以在设计视图窗口中进行。在创建宏的过程中，主要工作是设置宏所包含的操作和相应的参数。

创建宏的过程主要是在宏生成器中完成的。不管是创建单个宏还是宏组，各种宏操作都是从 Access 提供的宏操作中选取，并不是用户自己定义的。

7.2.1 宏的设计视图

宏的创建需要在宏的设计窗口进行，打开宏的设计窗口的操作步骤如下。

1）打开数据库。

2）在“创建”选项卡的“宏与代码”组中单击“宏”按钮，打开宏设计窗口，同时打开“操作目录”窗格，如图 7-2 所示。

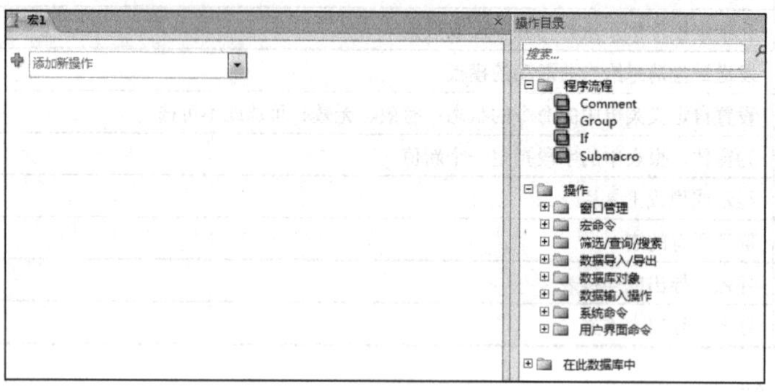

图 7-2　宏设计窗口

宏设计窗口供用户设计宏使用，用户设计的宏所包含的所有操作都会显示在宏设计窗口中。“操作目录”窗格中分类列出了所有的宏操作命令，设计宏时可以直接选择所需要的命令。

宏通常由宏操作名称和参数组成，当选择或直接输入宏操作命令后，系统会自动展开宏并显示该命令的相关参数。选择 OpenForm 命令后显示的相关参数如图 7-3 所示。

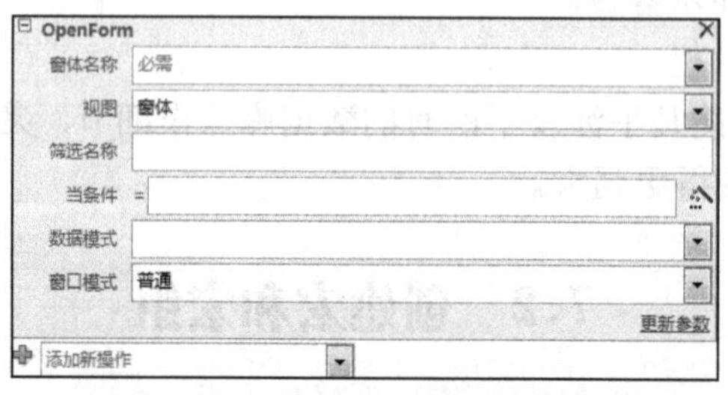

图 7-3　显示宏名和条件的宏设计窗口

操作参数控制操作执行的方式，不同的宏操作具有不同的操作参数。用户根据所要执行的操作对这些参数进行设置。

在使用宏命令时，除了正确使用宏操作的名称，还应根据需要设置相应的参数，用户在使用时要详细了解操作参数的含义。

7.2.2 创建独立宏

一个独立宏可以完成一个宏操作，用于可以创建独立宏来完成所需的操作。宏的创建在宏设计器窗口进行，每个宏需要添加宏操作和设置相关参数。下面通过一个简单的实例介绍独立宏的创建与设计过程。

【例 7-1】 创建一个触发消息框的独立宏。

操作步骤如下。

1）在“创建”选项卡的“宏与代码”组中单击“宏”按钮，如图 7-4 所示，进入宏生成器界面。

2）单击“新添加操作”中的▾按钮，在弹出的下拉列表中选择“MessageBox”宏操作，如图 7-5 所示。

图 7-4　单击“宏”按钮

图 7-5　选择“MessageBox”宏操作

3）在“消息”文本框中输入“第一个宏操作”，其他选项为默认选项，如图 7-6 所示。

图 7-6　设置“MessageBox”宏操作

4）右击宏标题，在弹出的快捷菜单中选择“保存”命令，在打开的“另存为”对话框中的“宏名称”文本框中输入“消息宏”，如图 7-7 所示。

5）在“宏工具-设计”选项卡中，单击“工具”组中的“运行”按钮，运行结果如图 7-8 所示。

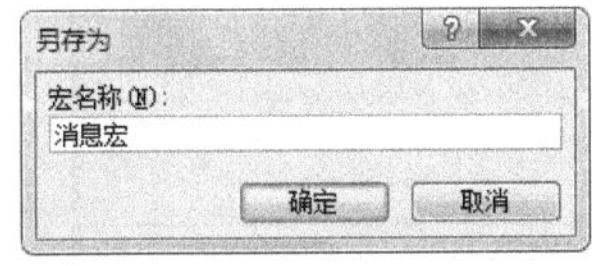

图 7-7　保存宏

图 7-8　独立的消息宏

这样就完成了一个简单的独立宏。如果在一个宏中有多个宏操作，则按照上面的方法逐个添加宏名称及设置相应的参数。

7.2.3 创建宏组

宏组是指一个宏文件中包含一个或多个宏，这些宏称为子宏。在宏组中，每个子宏都是独立的，互不相关。将功能相近或操作相关的宏组织在一起构成宏组，可以为设计数据库应用程序带来方便。宏组也是 Access 数据库中的对象。

在宏组中，每个子宏都必须定义一个唯一的名称，以方便调用。

创建宏组与创建宏的方法基本相同，需要打开宏设计窗口，所不同的是在创建过程中为每个子宏命名，为每个宏指定宏的名称。用户要创建宏组只需添加 Submacro 宏操作，就可以在此宏操作中创建子宏，在子宏中用户可以创建除 Submacro 宏操作以外的其他宏操作。

【例 7-2】创建一个运行消息框和表的宏组。

操作步骤如下。

1）打开“图书管理系统”数据库，在“创建”选项卡的“宏与代码”组中单击“宏”按钮，就可以进入宏生成器界面。

2）单击“新添加操作”中的▾按钮，在弹出的下拉列表中选择“Submacro”宏操作，如图 7-9 所示。

3）重复步骤 2），创建两个子宏，如图 7-10 所示。

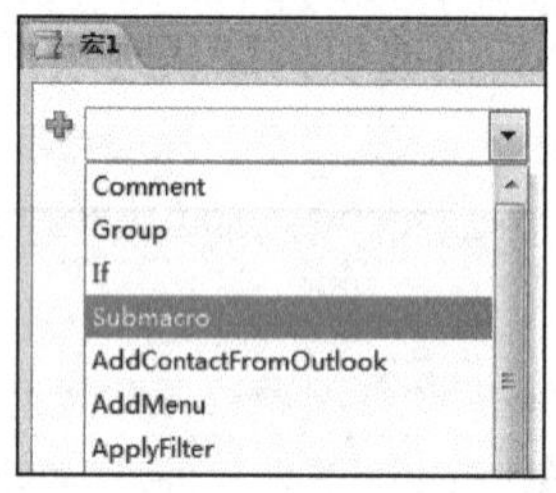

图 7-9　选择“Submacro”宏操作

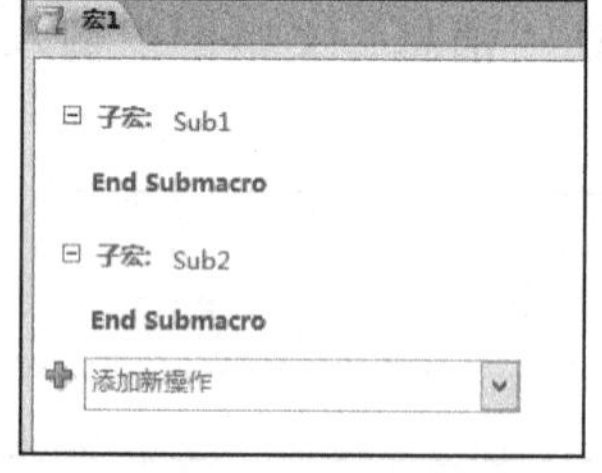

图 7-10　创建两个子宏

4）在第 2 个子宏中添加“MessageBox”宏操作，在“消息”文本框中输入“打开学生信息”，其他选项为默认设置，如图 7-11 所示。

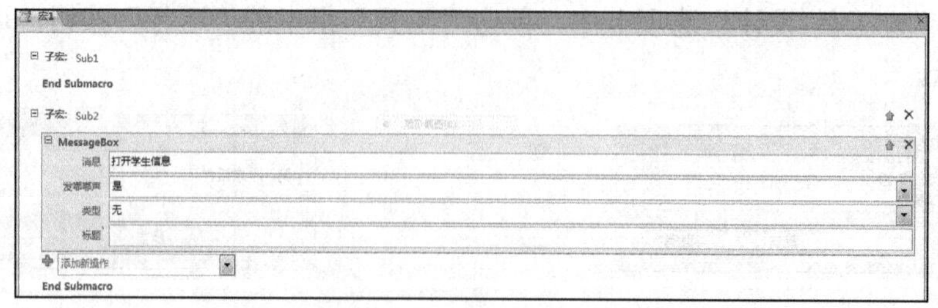

图 7-11　编辑“MessageBox”宏操作

5）编辑子宏 Sub1，添加“RunMacro”宏操作，在“宏名称”的下拉列表中选择“宏1.Sub2”，其他选项为默认设置，如图 7-12 所示。

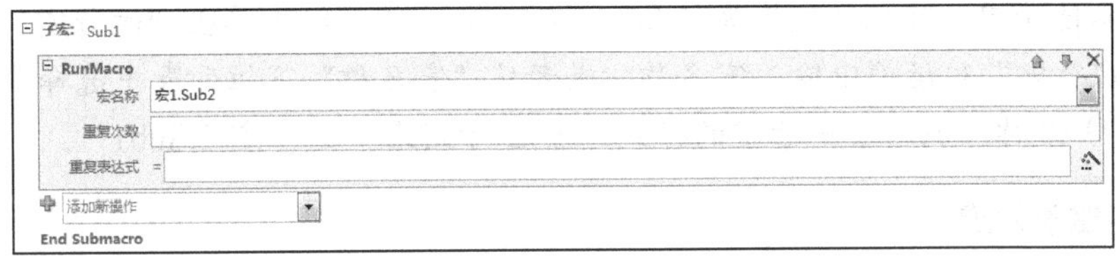

图 7-12　编辑“RunMacro”宏操作

6）在子宏 Sub1 中，再添加“OpenTable”宏操作，在“表名称”的下拉列表中选择“学生信息”，其他选项为默认设置，如图 7-13 所示。

图 7-13　编辑“Open Table”宏操作

7）右击宏标题，在弹出的快捷菜单中选择“保存”命令，在打开的“另存为”对话框中的“宏名称”文本框中输入“宏 1”，如图 7-14 所示。

8）运行宏，系统会弹出一个消息框，单击“确定”按钮，如图 7-15 所示。

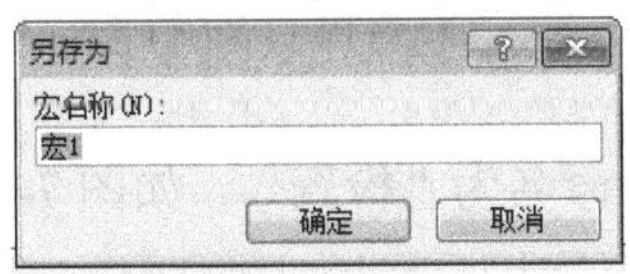

图 7-14　保存宏

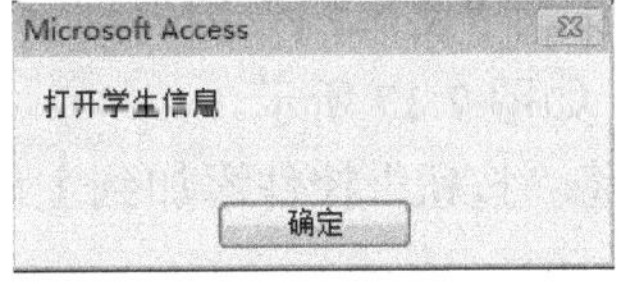

图 7-15　单击“确定”按钮

9）系统会自动打开“学生信息”表，如图 7-16 所示。

学号	姓氏	名字	性别	年龄	班级	专业	院系
0808139	蔡	欣	女	20	09级3班	应用化学	现代科学
0808206	宋	建芳	女	21	09级8班	计算机	信息技术
0808306	赵	雪娟	女	22	08级9班	应用化学	现代科学
0808312	王	金萍	女	20	09级5班	计算机	信息技术
0808333	金	大林	男	21	09级5班	对外汉语	外语
0808447	李	洋	男	22	08级5班	计算机	信息技术
0808609	宋	兴亮	男	23	08级7班	建筑工程	机械工程
0808774	赵	何洋	男	21	09级1班	电气自动化	机械工程
0808812	王	婷	女	20	08级7班	建筑工程	机械工程

图 7-16　打开“学生信息”表

提示：

当用户单击“运行”按钮时，会发现只运行了宏 1 中的一个子宏“Sub1”。若想运行宏中的其他子宏，可在“数据库工具”选项卡的“宏”组中单击“运行宏”按钮。在打开的“执行宏”对话框中输入宏名称，或者从“宏名称”下拉列表中选择要运行的宏（包括子宏）名称。调用宏中子宏的格式：宏名.子宏名，如“宏 1.Sub1”。

7.2.4 创建条件宏

宏执行的顺序是从第一个宏操作依次往下执行，直到最后一个宏操作。但有时，用户可能要求宏按照一定的条件去执行某些操作。这时就需要在宏中设置条件来控制宏的执行流程。

条件宏是指宏中的某些操作带有条件，当执行宏时，这些操作只有在满足条件时才自动执行。

条件宏可以通过 If 和 Else 语句来设置条件，系统根据条件表达式的判断，执行宏操作。如果没有条件的限制，那么系统将直接执行该行的宏操作。如果有条件的限制，那么系统将先计算条件表达式的逻辑值。当逻辑值为真时，系统执行该条件块中所有的宏操作，直到下一个条件表达式、宏名或停止宏为止。当逻辑值为假时，系统将忽略该条件块中所有的宏操作，并自动转到下一个条件表达式或空条件进行相应的操作。

【例 7-3】创建一个检测年龄的窗体，如果用户输入年龄为 8，则弹出“未成年”消息框；如果输入年龄为 18，则弹出“成年人”消息框。

操作步骤如下。

1）在“创建”选项卡的“窗体”组中单击“窗体设计”按钮，创建一个窗体。

2）添加“文本框”控件到主体节中的适当位置，将“文本框”命名为“请输入年龄：”，如图 7-17 所示。

3）将“按钮”控件添加到主体节中，将“按钮”命名为“检查”，如图 7-18 所示。

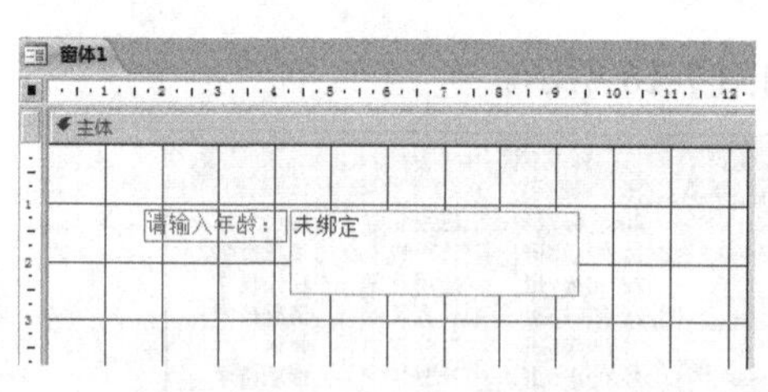

图 7-17　添加“文本框”控件

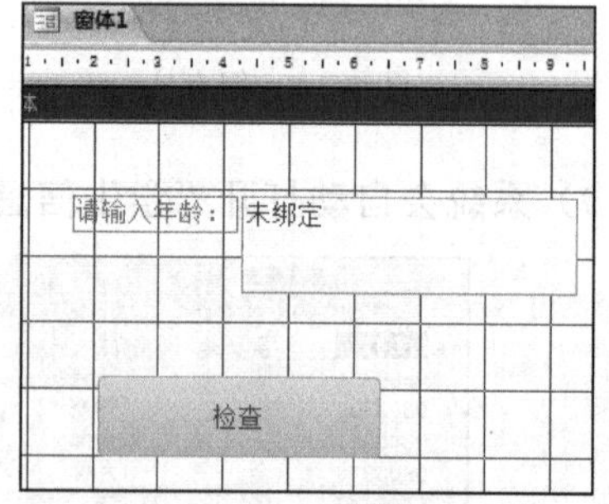

图 7-18　创建“检查”按钮

4）右击“检查”按钮，在弹出的快捷菜单中选择“事件生成器”命令，在打开的“选择生成器”对话框中选择“宏生成器”选项，然后单击“确定”按钮，进入宏生成器界面。分别添加 If 和 Else 块，如图 7-19 所示。

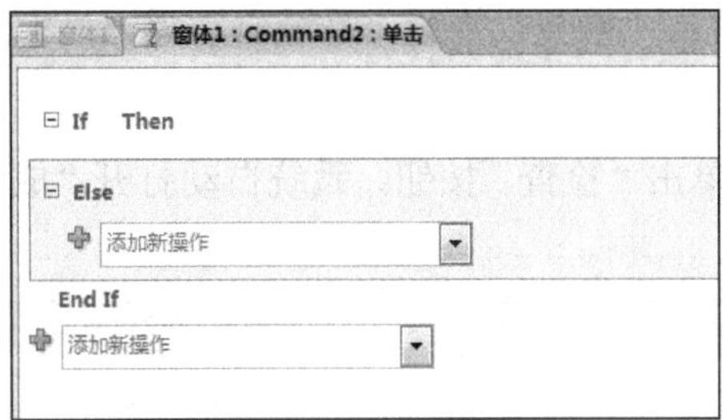

图 7-19 添加 If 和 Else 块

5）在 If 块中添加条件表达式[Text0]<18，并添加“MessageBox”宏操作，在“消息”文本框中输入“未成年”，在“类型”下拉列表中选择“警告！”选项，其他选项为默认设置，如图 7-20 所示。

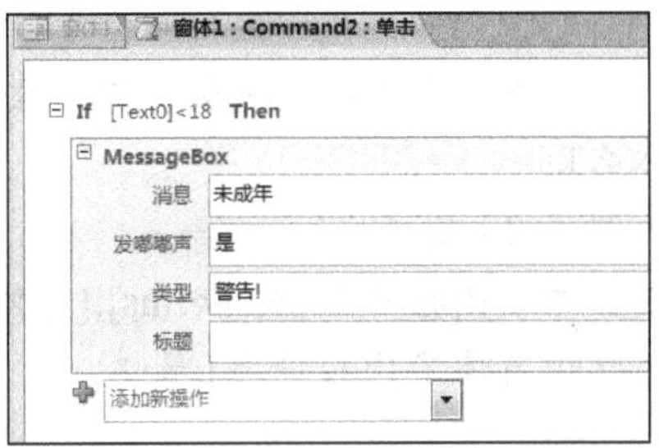

图 7-20 设置 If 块的操作

6）在 Else 块中添加“MessageBox”宏操作，在“消息”文本框中输入“成年人”，在“类型”下拉列表中选择“信息”选项，其他选项为默认设置，如图 7-21 所示。

7）保存并关闭宏，进入窗体视图，如图 7-22 所示。

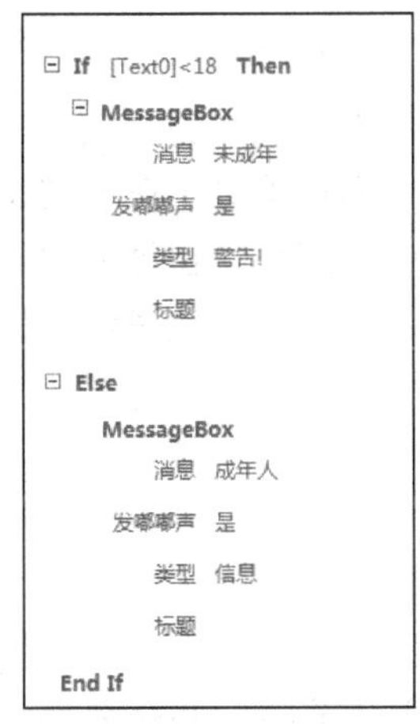

图 7-21 设置 Else 块的操作

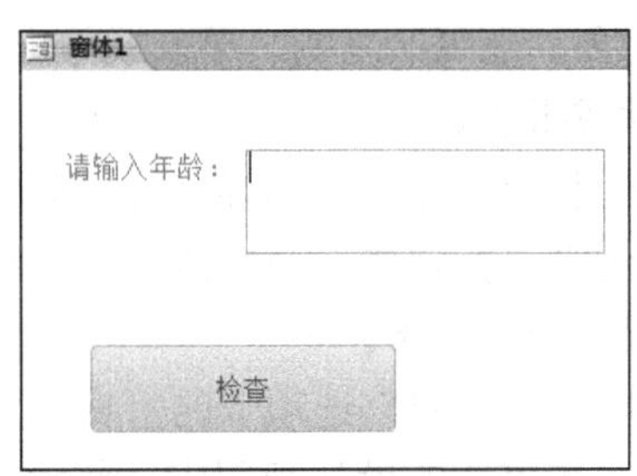

图 7-22 进入窗体视图

8）输入年龄为 8，单击“检查”按钮，系统自动弹出“未成年”消息框，如图 7-23 所示。

9）输入年龄为 18，单击“检查”按钮，系统自动打开“成年人”消息框，如图 7-24 所示。

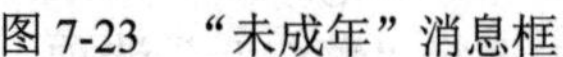
图 7-23 “未成年”消息框

图 7-24 “成年人”消息框

这样，就创建完成了一个检测年龄的窗体，在此窗体中运用了条件宏。

提示：

在输入条件表达式时，可能会引用窗体、报表或相关控件值，可以使用以下格式。

引用窗体：Forms![窗体名]。

引用窗体属性：Forms![窗体名].属性。

引用窗体控件：Forms![窗体名]![控件名]或[Forms]![窗体名]![控件名]。

引用窗体控件属性：Forms![窗体名]![控件名].属性。

引用报表：Reports![报表名]。

引用窗体属性：Reports![报表名].属性。

引用窗体控件：Reports![报表名]![控件名]或[Forms]![窗体名]![控件名]。

引用窗体控件属性：Reports![报表名]![控件名].属性。

7.2.5 创建嵌入宏

在实际的应用系统中，宏更多地是通过窗体、报表及控件所产生的“事件”投入运行（即触发）的，我们通常将这样的宏称为嵌入式宏。嵌入式宏与独立宏有些不同，嵌入式宏存储在窗体、报表或控件的事件属性中，它们不作为对象显示在导航窗格中的宏对象下面。嵌入式宏可以使数据库更容易管理，因为不必跟踪包含窗体或报表的宏的各个宏对象。在每次复制、导入或导出窗体或报表时，嵌入式宏像其他属性一样随附于这些窗体或报表。

下面介绍嵌入式宏的创建过程。

【例 7-4】创建一个按钮，用来触发消息框的嵌入式宏。

操作步骤如下。

1）在“创建”选项卡的“窗体”组中单击“窗体设计”按钮，创建一个窗体。

2）在窗体的设计视图中，将“按钮”控件添加到主体节中，并命名为“点击”，如图 7-25 所示。

3）在“属性表”窗格中，选择“事件”选项卡，单击“单击”属性右侧的…按钮，在打开的“选择生成器”对话框中选择“宏生成器”选项，如图 7-26 所示，然后单击“确定”按钮，进入宏生成器界面。

4）单击“新添加操作”右侧的▾按钮，在弹出的下拉列表中选择“MessageBox”宏操作，如图 7-27 所示。

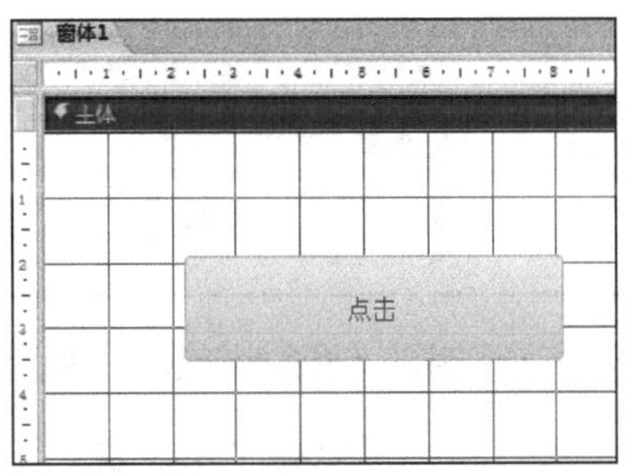

图 7-25　创建“点击”按钮

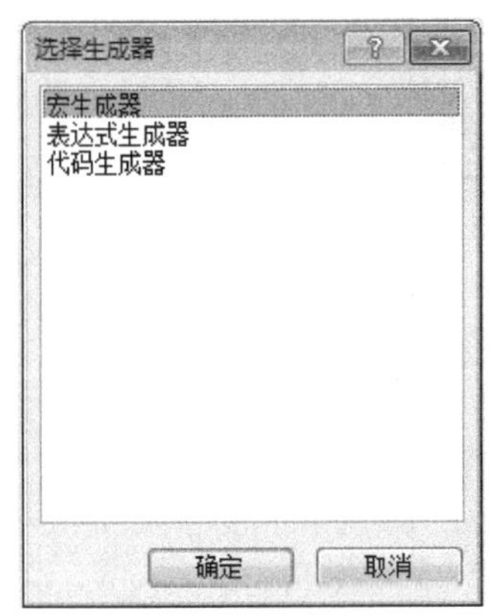

图 7-26　选择“宏生成器”选项

图 7-27　选择“MessageBox”宏操作

5）在“消息”文本框中输入“点击成功”，在“类型”下拉列表框中选择“信息”选项，在“标题”文本框中输入“消息对话框”，其他选项为默认设置，如图 7-28 所示。保存并关闭宏生成器，然后返回窗体的设计视图。

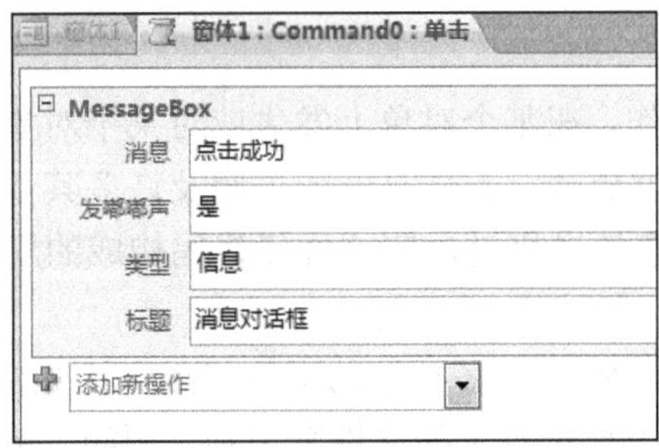

图 7-28　设置“MessageBox”宏操作

6）进入窗体视图，查看设计好的“点击”按钮，单击“点击”按钮，系统自动弹出“消息对话框”消息框，显示“点击成功”，如图 7-29 所示。

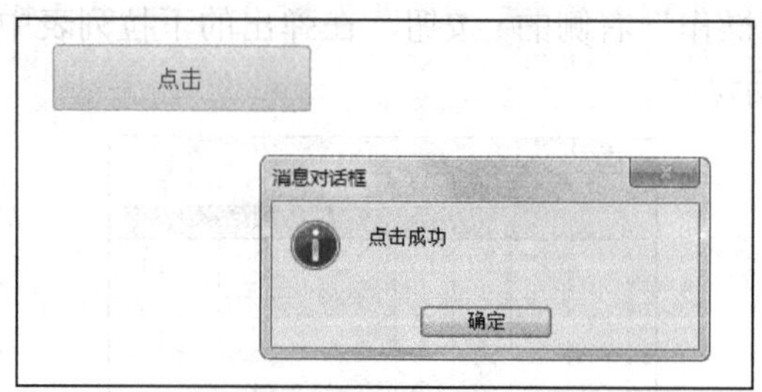

图 7-29　弹出“消息对话框”消息框

这就是创建嵌入式宏的一般过程。可以在“属性表”窗格中的“事件”选项卡中的“单击”属性中查看，其显示的是“嵌入的宏”，如图 7-30 所示。

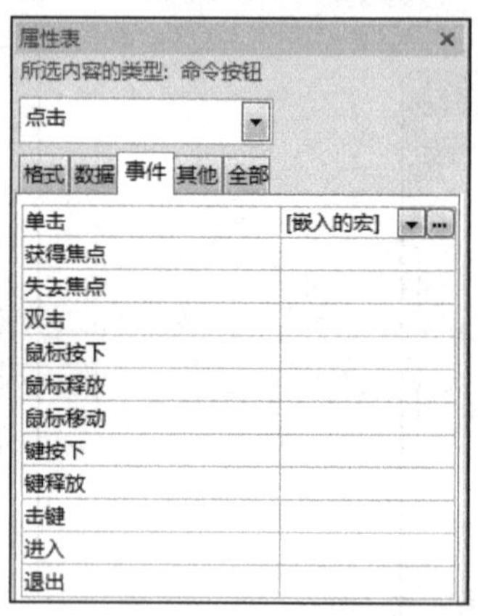

图 7-30　“单击”的属性值

提示：

也可以右击要设置的控件，在弹出的快捷菜单中选择“事件生成器”命令，这样用户也可以进入宏生成器。

1. 事件的概念

事件是一种特定的操作，在某个对象上发生或对某个对象发生。Access 可以响应多种类型的事件：单击、数据更改、窗体打开或关闭及许多其他类型的事件。事件的发生通常是用户操作的结果。事件过程是由宏或程序代码构成的用于处理引发事件或由系统触发的事件运行过程。

Access 数据库对象能够响应许多类型的事件，响应方式由每一个对象内部所含的行为决定。Access 事件可以由特定对象的属性来识别。例如，单击窗体中的命令按钮，该按钮事件属性中“单击”属性可以识别该操作，并根据该操作决定触发哪个宏。

Access 中的事件共有 53 种，可以分为以下几类。

1）窗口事件：打开窗口、关闭窗口及调整窗口大小。

2）数据事件：删除、修改或成为当前项。

3）焦点事件：激活、输入或退出。

4）键盘事件：单击或释放一个键，以及单击和释放合为一体的击键事件。

5）鼠标事件：包括单击、双击、按住鼠标左键、释放鼠标和移动鼠标。

6）打印事件：包括打开报表、关闭报表、报表无数据、打印出错等。

2. 事件触发操作

Access 可以通过窗体控件和报表的特定属性识别某一个事件，当用户执行 Access 能识别的事件时，都能够导致 Access 执行一个宏，这就是所谓的事件触发操作。

Access 可以对窗体、报表或控件中的多种类型的事件做出响应，包括单击、修改数据、打开或关闭窗体，以及打印报表等。

7.2.6 编辑宏

用户可以根据自己的需要对已有的宏进行编辑。在宏生成器中，用户可以进行添加或更改操作，以便完成所需的宏功能。

1. 添加宏操作

对已经创建的宏可以继续添加新的宏操作，操作步骤如下。

1）在导航窗格中选择“宏”，右击要修改的宏，在弹出的快捷菜单中选择“设计视图”命令，打开“宏设计”视图窗口。

2）添加新的宏操作并设置相关的参数。

3）重复步骤 2）可以继续添加。

4）保存宏。

2. 删除宏操作

如果需要在已有的宏中删除宏操作，可采用以下 3 种方法。

1）选中要删除的宏，按【Delete】键。

2）右击要删除的宏，在弹出的快捷菜单中选择“删除”命令。

3）直接单击宏操作右侧的“删除”按钮。

3. 更改宏操作顺序

对于设计好的宏，可以对其中的宏操作调整排列顺序，操作方法有以下 3 种。

1）直接拖动要移动的宏操作到需要的位置。

2）选中宏操作，然后按【Ctrl+↑】组合键和【Ctrl+↓】组合键。

3）选中宏操作，单击该操作右侧的“上移”按钮和“下移”按钮。

4. 添加注释

在设计宏时，添加注释可以提高其可读性，便于以后修改和使用。为宏操作添加注释的操作步骤：在“操作目录”中选中 Comment 操作，拖动到需要添加注释的宏操作的前面，然后在文本框中输入注释内容即可。

【例 7-5】7.2.5 节创建的条件宏还不够完善，当输入的值为空时，单击“检查”按钮，系统自动弹出“成年人”消息框，这样就出现了错误。如果用户添加一个输入为空（IsNull( )）的条件宏，则可完善宏。

操作步骤如下。

1）进入前面创建好的条件宏，单击 If 块中的“添加 Else If”按钮，如图 7-31 所示。

图 7-31　单击“添加 Else If”按钮

2）在 Eles If 块的条件表达式中输入“IsNull([Text0])”，如图 7-32 所示。

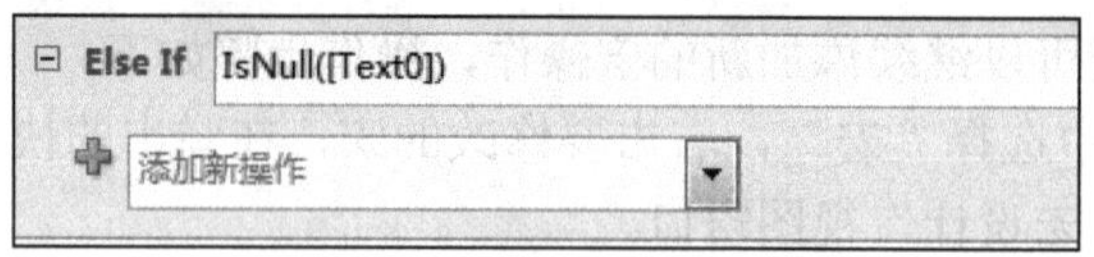

图 7-32　添加条件表达式

3）在 Eles If 块中添加“MessageBox”宏操作中，在“消息”文本框中输入“输入不能为空”，在“类型”下拉列表中选择“重要”选项，其他选项为默认设置，如图 7-33 所示。

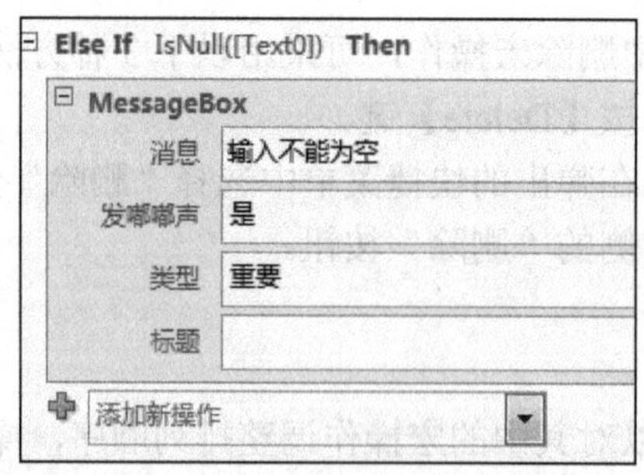

图 7-33　设置“MessageBox”宏操作

4）保存修改后，进入窗体视图，不输入内容，直接单击“检查”按钮，系统自动弹出消息框，如图 7-34 所示。

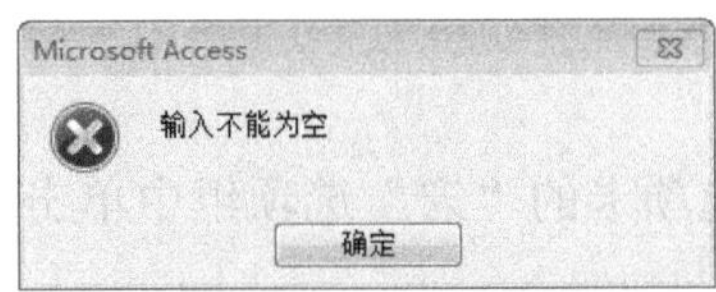

图 7-34　消息框

这样就编辑完善了 7.2.5 节的条件宏。当然，用户也可以对所要编辑的宏进行添加、删除或移动宏操作，从而完善宏的操作功能以满足自己的需要。

7.3　宏的运行和调试

用户创建完成宏之后，就可以调试并运行使用宏了。在 Access 中使用宏的方法有很多，可以直接调用宏，也可以通过窗体、报表上的控件运行宏，还可以通过菜单或工具栏运行宏，以及使用宏调用另一个宏。但是，独立宏与嵌入式宏的执行方法和宏的执行方式是不同的。

在使用宏之前首先需要调试宏，然后运行，以保证运行的正确性。对于创建的宏或宏组，只有运行后，才可以实现宏的操作，得到宏操作的结果。在宏运行时有时会出现错误或异常情况，需要对宏或宏组进行调试。此外，用户还可以对已经创建的宏进行编辑和修改。

7.3.1　宏的运行

运行宏的方法有很多种。由于宏分为独立宏和嵌入式宏，所以宏的运行也分为独立宏的运行和嵌入式宏的运行。

用户若要运行独立的宏，有以下几种方法。

1. 在导航窗格中双击

在导航窗格中直接双击要运行的宏，如图 7-35 所示。

图 7-35　双击要运行的宏

2. 使用“运行宏”按钮

具体操作步骤如下。

1）在“数据库工具”选项卡的“宏”选项组中单击“运行宏”按钮，如图 7-36 所示。

图 7-36　单击“运行宏”按钮

2）系统打开“执行宏”对话框，在“宏名称”下拉列表中选择要运行的宏，如图 7-37 所示，单击“确定”按钮。

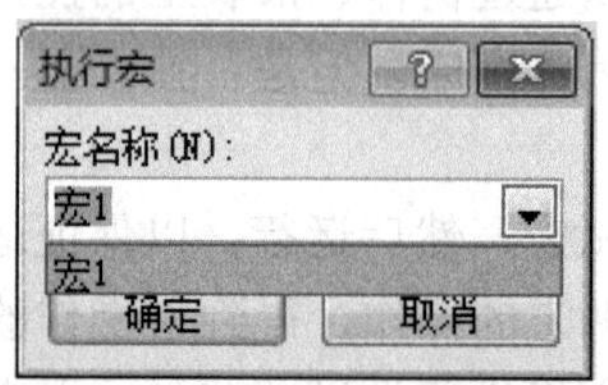

图 7-37　选择要运行的宏

3. 在一个宏中运行另一个宏

具体操作步骤如下。

在宏生成器中添加“RunMacro”宏操作，在“宏名称”的下拉列表中选择要运行的宏，如图 7-38 所示。

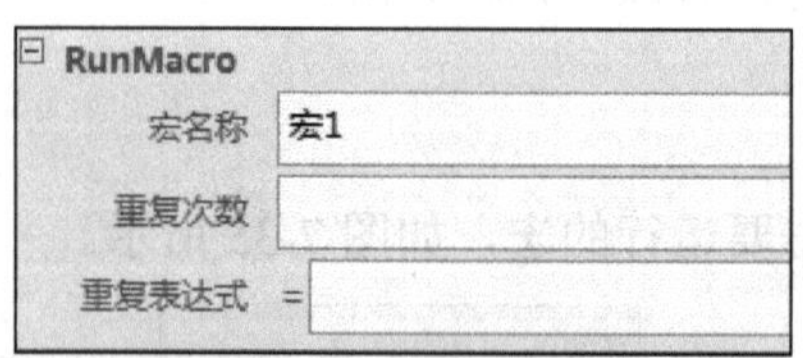

图 7-38　编辑“RunMacro”宏操作

4. 自动运行宏

Access 数据库提供了一个专用的宏“Autoexec”，又称自动宏。如果数据库中有名为“Autoexec”的宏，则在打开数据库时自动运行宏。因此，如果用户想在打开数据库时自动执行某些操作，可以通过自动宏实现，操作步骤如下。

1）创建一个宏，其中的宏操作是打开数据库时自动执行的操作所对应的宏。

2）保存此宏，并将宏命名为“Access”。

设置了自动宏之后，当打开 Access 数据库时，Access 自动执行 Autoexec 宏。所以，可以把打开一个数据库应用系统的启动界面的宏操作存放在 Autoexec 宏中，这样每次打开该数据库时，会自动运行 Autoexec 宏并打开数据库应用系统的启动界面。若要取消自动运行，在打开数据库的同时按【Shift】键即可。

用户若要运行嵌入式宏，则需要触发相应的窗体、报表或控件中的事件，这样嵌入式宏就会随着响应运行。

例如，用户可以在“按钮”控件中的“属性表”窗格中，为“事件”选项卡的“单击”属性添加嵌入式宏，如图 7-39 所示。

图 7-39　添加嵌入式宏

7.3.2　宏的调试

宏的调试是创建宏后必须进行的一项工作，尤其对于由多个操作组成的复杂宏，更需要反复地调试，以观察宏的流程和每一个操作的结果。这样是为了保证在数据库运行时不会因为宏的问题造成错误。

在宏执行时有时会得到异常的结果，可以使用宏的调试工具对宏进行调试，常用的方法是单步执行宏，即每次执行一个操作。在单步执行宏时，用户可以观察到宏的执行过程，以及每一步的结果，从而发现出错的位置并进行修改。

在调试宏时需要用到“宏工具-设计”选项卡“工具”组中的“单步”按钮，通过单击该按钮可以使宏一步一步地运行，方便用户检查错误。

【例 7-6】调试前面创建的“宏 1”。

操作步骤如下。

1）进入“宏 1”的宏生成器界面，在“宏工具-设计”选项卡的“工具”组中单击“单步”按钮，如图 7-40 所示。

2）在“宏工具-设计”选项卡的“工具”组中单击“运行”按钮，打开“单步执行宏”对话框。其中“宏名称”为“宏 1”，“条件”为空，“操作名称”为“RunMacro”，“参数”为“宏 1.Sub2”，单击“单步执行”按钮，运行宏操作，如图 7-41 所示。

图 7-40　单击“单步”按钮

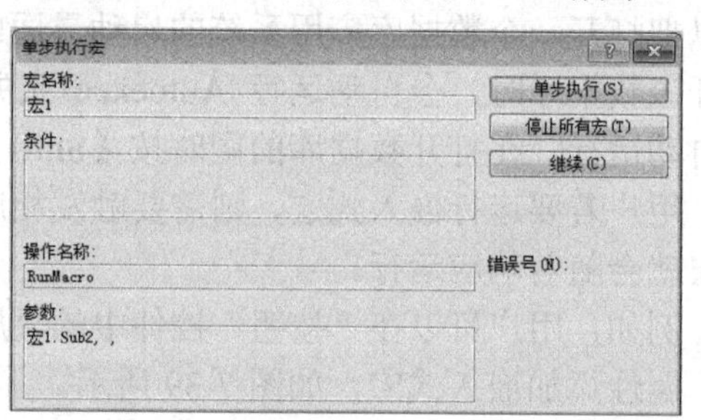

图 7-41　“单步执行宏”对话框

3）系统运行下一步宏操作，其中“宏名称”为“宏 1.Sub2”，“条件”为空，“操作名称”为“MessageBox”，“参数”为“打开学生信息，是，无”，单击“单步执行”按钮，运行宏操作，如图 7-42 所示。

4）系统自动弹出消息框，单击“确定”按钮，如图 7-43 所示。

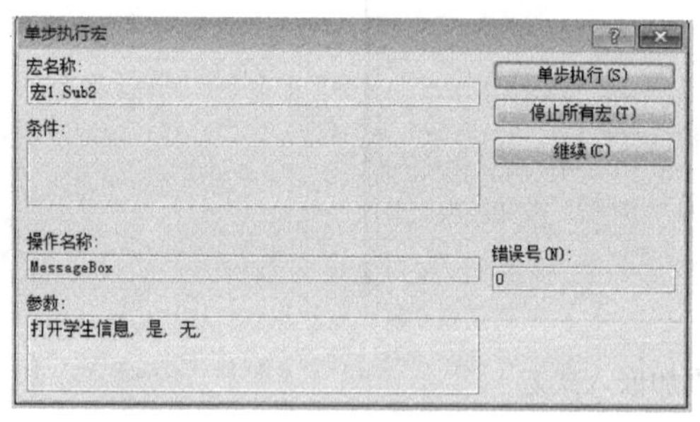

图 7-42　运行“MessageBox”宏操作

图 7-43　单击“确定”按钮

5）系统运行下一步宏操作，其中“宏名称”为“宏 1”，“条件”为空，“操作名称”为“OpenTable”，“参数”为“学生信息，数据表，编辑”，单击“单步执行”按钮，运行宏操作，如图 7-44 所示。

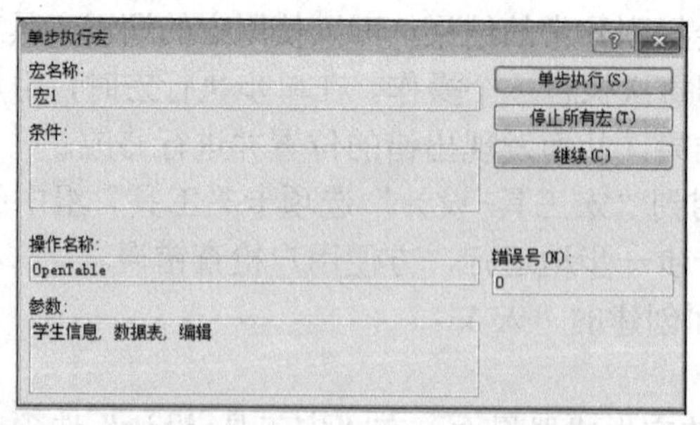

图 7-44　运行“OpenTable”宏操作

6）系统会自动打开“学生信息”表，如图 7-45 所示。

学号	姓氏	名字	性别	年龄	班级	专业	院系
0808139	蔡	欣	女	20	09级3班	应用化学	现代科学
0808206	宋	建芳	女	21	09级8班	计算机	信息技术
0808306	赵	雪娟	女	22	08级9班	应用化学	现代科学
0808312	王	金萍	女	20	09级5班	计算机	信息技术
0808333	金	大林	男	21	09级5班	对外汉语	外语
0808447	李	洋	男	22	08级5班	计算机	信息技术
0808609	宋	兴亮	男	23	08级7班	建筑工程	机械工程
0808774	赵	何洋	男	21	09级1班	电气自动化	机械工程
0808812	王	婷	女	20	08级7班	建筑工程	机械工程

图 7-45　打开“学生信息”表

这样就完成了宏的调试过程。由于此宏没有错误，所以调试过程中没有弹出错误消息框。若把“宏 1”的名称改为“宏 2”，则系统会弹出“Microsoft Access”消息框，提示用户 Microsoft Access 找不到对象“宏 1”，如图 7-46 所示。

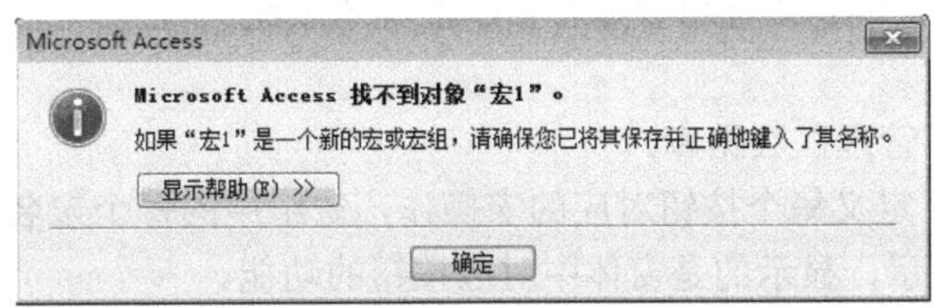

图 7-46　“Microsoft Access”消息框

当调试过程中出现错误时，用户可以根据系统的错误提示发现并改正错误，然后继续进行调试，直到停止宏或者宏操作完成。

在“单步执行宏”对话框中，显示了宏名称、条件、操作名称和参数，通过对这些内容进行分析，可以判断宏的执行是否正常。

“单步执行宏”对话框中，3 个按钮的功能如下。

① 单步执行：执行对话框中显示的宏操作，如果执行正常，则执行下一个宏操作。

② 停止所有宏：停止宏的执行，关闭对话框。

③ 继续：关闭“单步执行”模式，执行宏的其余操作。

如果在宏的执行过程中出现错误，会弹出一个消息框，显示宏操作的错误信息。例如，当宏操作 OpenReport 的操作参数“报表名称”指定一个不存在的报表时，会在消息框中指出出错原因并给出处理建议。用户可以根据实际情况对宏进行修改。

7.4　使用宏创建菜单

在数据库应用系统中，很多功能都可以用菜单的方式实现，可以为数据库应用系统创建菜单系统。在 Access 2010 中，设计菜单使用宏来实现，而菜单系统本身也是依靠宏来运行的。创建菜单使用 AddMenu 命令。AddMenu 命令能够创建以下 3 类菜单。

自定义快捷菜单：使用自定义快捷菜单，可以替代窗体或报表中内置的快捷菜单。

全局快捷菜单：除了已经添加自定义快捷菜单的窗体对象，全局快捷菜单可以替代其余没有设定的窗体对象中的默认快捷菜单。

“加载项”选项卡的自定义菜单：这种自定义菜单出现在程序的“加载项”选项卡中，可用于特定窗体或报表，也可用于整个数据库。

创建自定义菜单的操作步骤如下。

1）为自定义菜单栏上所需的每个下拉菜单均创建一个包含 AddMenu 操作的菜单栏宏。

2）为每个菜单创建一个宏组，为每个下拉菜单指定命令。每个命令都运行由该宏组中的一个宏所定义的操作集合。

3）将所有下拉菜单组合到水平菜单中。

4）通过窗口激活与运行菜单系统。

【例 7-7】使用宏创建“订单管理”系统的菜单系统。

操作步骤如下。

1）打开“订单管理”数据库。

2）创建宏组，定义每个按钮对应的宏操作，宏组中的每个宏名对应于按钮的一个功能，如图 7-47 所示，显示的是窗体中对应按钮的功能。

3）通过窗体激活与运行菜单系统，创建一个新窗体，在窗体中添加所需要的控件，如图 7-48 所示。

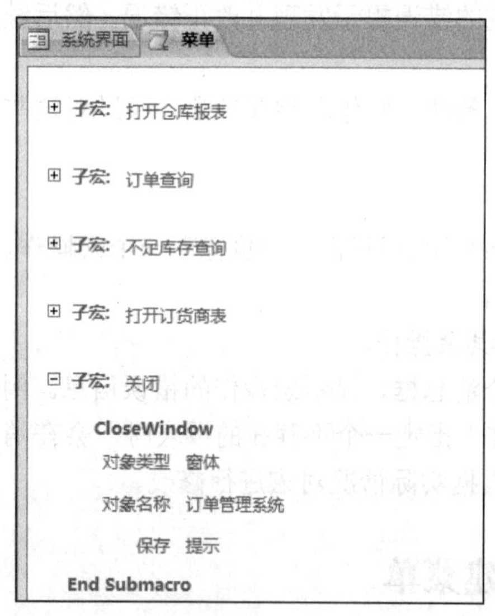

图 7-47 数据输入宏设计视图

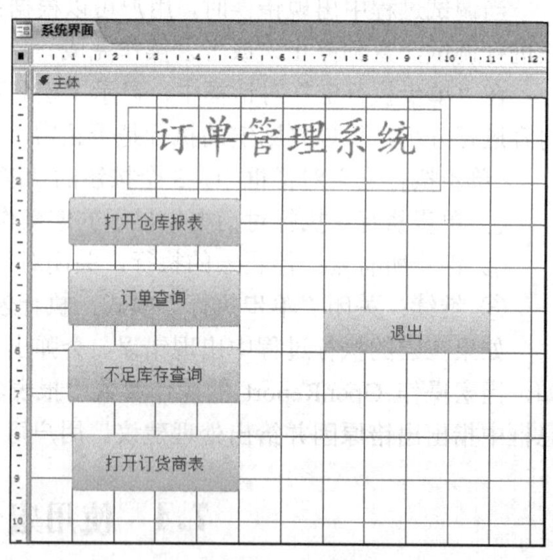

图 7-48 窗体设计视图

4）打开“属性表”窗格，选择“事件”选项卡，设置每个按钮对应的单击事件，如图 7-49 所示。

图 7-49 窗体属性设置

5）关闭“属性表”窗格，保存窗体并命名为“系统界面”。

第8章 模块与VBA编程

本章重点

- VBA 模块的概念。
- VBA 的编程环境。
- VBA 的程序流程控制语句。
- VBA 编写事件的方法。

VBA（Visual Basic for Applications）是一种完全限定的编程语言，主要用来扩展 Windows 的应用程式功能，特别是 Microsoft Office 软件。编写专业水准的 Access 数据库时，基本都会用到 VBA。VBA 提供了功能强大的工具，可以增加数据库的功能和灵活性。利用 VBA 不仅能够设计常用的小工具、小软件，还能够编写代码，让很多程序共享数据。

模块是将 VBA 声明和过程作为一个单元进行保存的集合体。通过模块的组织和 VBA 代码设计，可以大大提高 Access 数据库应用的处理能力，解决复杂问题。本章将介绍 VBA 模块的概念、VBA 的编程环境、VBA 的程序流程控制语句及 VBA 编写事件的方法等内容。

8.1 VBA 概述

8.1.1 VBA 简介

Access 具有较强的交互功能，易于用户掌握。使用 Access 中的窗体、报表和宏等对象可以创建简单的数据库应用系统。如果要对数据库对象进行更复杂、更灵活的控制，就需要通过编程来实现。在 Access 中，编程是通过模块对象实现的。利用模块可以将数据库中的各种对象连接起来，从而使其构成一个完整的系统。模块的编写则采用 VBA 编程语言。

VBA 是 Visual Basic for Applications 的缩写，是一种语法结构类似于 Visual Basic for Windows 的脚本语言，一般是被嵌入在 Microsoft Office 产品中来执行的，采用的是面向对象的编程机制和可视化的编程环境。

VBA 的语法规则与 VB（Visual Basic）相似，但两者又有本质的区别。

VBA 主要面向 Office 办公软件进行系统开发，它提供了很多 VB 中没有的函数和对象，这些函数都是针对 Office 应用的。

VB 是 Microsoft 公司推出的可视化 Basic 语言，是一种编程简单、功能强大的面向对象的开发工具。可以像编写 VB 程序那样来编写 VBA 程序。用 VBA 语言编写的代码将保存在 Access 中的模块里，并通过类似在窗体中激发宏的操作那样来启动模块，从而实现相应的功能。

与宏一样，Access 也允许用户在应用程序中添加 VBA，从而更好地实现程序的自动化和其他功能。用户可以使用第三方控件来扩展 VBA 的功能，并且可以编写自己的函数和过程来满足自己的特定需要。

8.1.2 VBA 模块

VBA 模块是将 VBA 声明和过程作为一个单元进行保存的集合，它以 VBA 为基础编写，以函数过程（Function）或子过程（Sub）为单元的集合方式存储。Access 中模块分为类模块和标准模块两种类型。

模块与宏的使用方法基本相同。在 Access 中，宏也可以存储为模块，宏的每个基本操作在 VBA 中都有相应的等效语句，使用这些语句就可以实现所有单独的宏命令。宏的使用方法简单，不需要编程，而模块则要求对编程有一定的基础知识，它比宏复杂。

简单地说，模块是由能够完成一定功能的过程组成的，过程是由具有一定功能的代码组成的。打开一个代码窗口，这个窗口就是一个模块，窗口中横线与横线间的代码就是一个过程。

1. 类模块

类模块是包含类定义的模块，包括其属性和方法的定义。类模块有 3 种基本形式：窗体类模块、报表类模块和用户定义类模块。窗体类模块和报表类模块通常含有事件过程，而过程的运用会响应窗体或报表上的事件。使用事件过程可以控制窗体或报表的行为，以及它们对用户操作的响应。例如，单击某个命令按钮事件，为窗体或报表创建第一个事件过程时，Microsoft Access 将自动创建与之关联的窗体或报表模块。如果要查看窗体或报表的模块，则需单击窗体或报表设计视图中工具栏中的“代码”按钮。窗体类模块和报表类模块中的过程可以调用标准模块中已经定义好的过程。

提示：

窗体类模块和报表类模块具有局部特性，其作用范围局限在所属窗体或报表内部，生命周期则伴随着窗体或报表的打开而开始，关闭而结束。

类模块是单个窗体或报表的组成部分，通常只包含这些对象的代码。模块未绑定到特定对象，通常包含可在整个数据库中使用的全局代码。类模块就是专门为窗体、报表和控件设置事件过程的模块，其作用是可以更加方便地创建和响应窗体的各种事件。

2. 标准模块

标准模块一般用于存放公共过程（子过程和函数过程），不与其他任何 Access 对象相关联。在标准模块中，通常为整个应用系统设置全局变量或通用过程，供其他窗体或报表等数据库对象在类模块中使用或调用。反过来，在标准模块的子过程中，也可以调用窗体或运行宏等数据库对象。标准模块中的公共变量和公共过程具有全局性，其作用范围为整个应用系统。

提示：

标准模块中的公共变量和公共过程具有局部特性，其作用范围在整个应用程序里，生命周期则伴随着应用程序的运行而开始，关闭而结束。

8.1.3 将宏转换为模块

在 Access 2010 中用户可根据需要，将设计好的宏对象转换成模块代码形式。

【例 8-1】在宏对象中，将已建立好的宏“菜单”转换为模块。

操作步骤如下。

1）打开“订单管理”数据库，在宏对象中选择“菜单”，以设计视图方式打开，如图 8-1 所示。

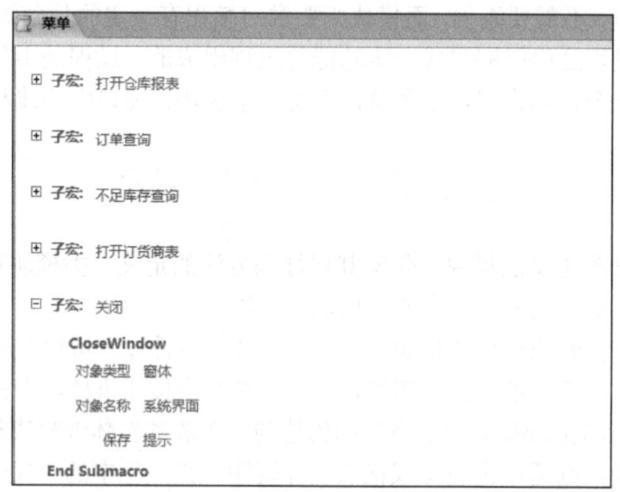

图 8-1 宏“菜单”设计窗口

2）在“宏工具-设计”选项卡的“工具”组中单击“将宏转换为 Visual Basic 代码”按钮，如图 8-2 所示，打开“转换宏”对话框，如图 8-3 所示。

图 8-2 单击“将宏转换为 Visual Basic 代码”按钮

图 8-3 “转换宏”对话框

3）单击“转换”按钮，即完成宏到模块的转换，转换后的代码窗口如图 8-4 所示。

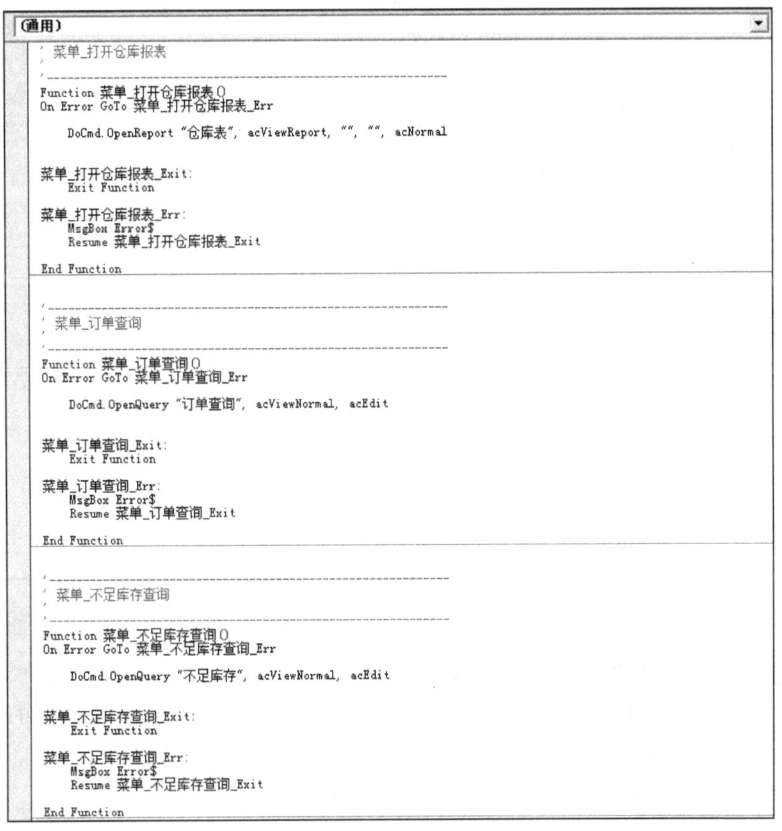

图 8-4　宏菜单转换后的代码窗口

8.1.4　VBA 编程环境

VBE（Visual Basic Editor）是 Access 内嵌的 VB 编辑器，是一种编程简单、功能强大的面向对象的开发环境，结合应用 Access 数据库编写 VBA 程序。用 VBA 语言编写的代码，保存在 Access 的模块内。

1．打开 VBE 窗口

（1）编辑独立程序模块打开 VBE 窗口

打开 Access 数据库窗口，在“创建”选项卡的“宏与代码”组中单击“模块”按钮，打开 VBE 窗口，如图 8-5 所示。

（2）在绑定型程序模块中打开 VBE 窗口

打开窗体、报表等数据库对象设计视图，在窗体、报表上布置控件，如在窗体上布置命令按钮 Command0，右击需要编写代码的控件，在弹出的快捷菜单中选择“事件生成器”命令，在打开的“选择生成器”对话框中选择“代码生成器”选项，单击“确定”按钮，打开 VBE 窗口。

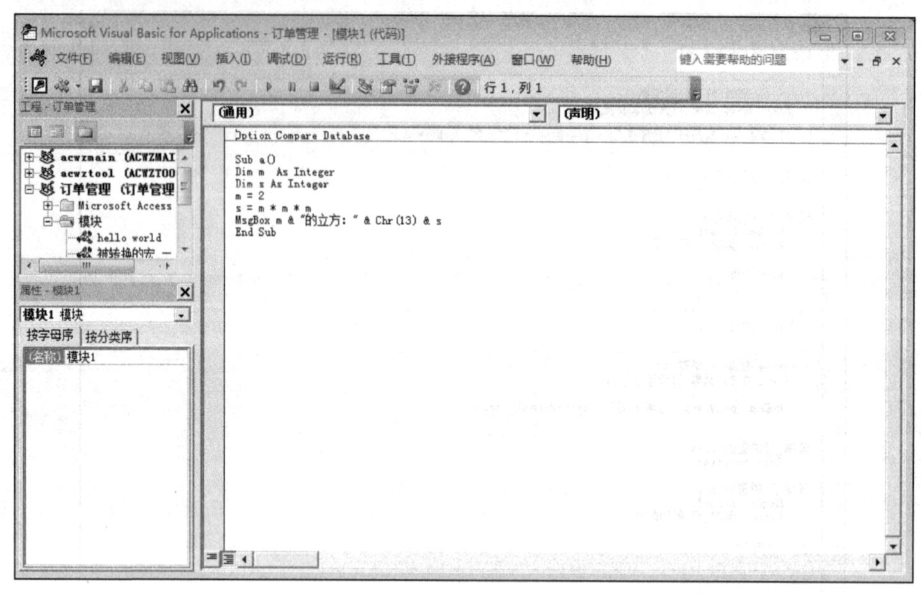

图 8-5　VBE 窗口

（3）使用已存在的模块对象打开 VBE 窗口

在左侧 Access 对象中选择任意模块对象，双击已创建好的模块对象，即可打开 VBE 窗口。

启动 VBE 后，可执行上述方法之一，进入 VBE 窗口。

2. VBE 窗口组成

VBE 窗口即 VBA 编程窗口，与 VB 编辑窗口相同，由标题栏、菜单栏、标准工具栏、工程资源管理器窗口、属性窗口、代码窗口和立即窗口等元素组成。

（1）菜单栏

菜单栏由文件、编辑、视图、插入、调试、运行、工具、外接程序、窗口和帮助菜单项组成，如图 8-6 所示。

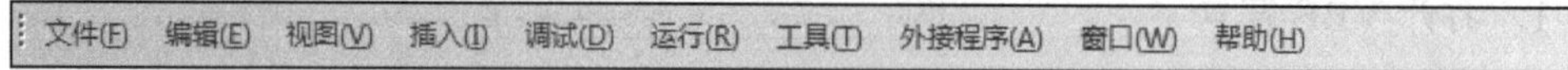

图 8-6　VBE 窗口菜单栏

菜单栏中各选项的功能如下。

文件：实现文件的保存、导入和导出等基本操作。

编辑：实现基本的编辑命令。

视图：用于控制 VBE 的视图显示方式。

插入：能够实现过程、模块、类模块或文件的插入。

调试：能够进行程序基本命令的调试，包括监视和设置断点等。

运行：用于运行程序的基本命令，包括运行和中断等命令。

工具：用于管理 VB 的类库等的引用、宏及 VBE 的选项。

外接程序：用于管理外部程序。

窗口：主要用来设置多个窗口之间的显示排列等。

帮助：用于获取 Microsoft Visual Basic 的链接帮助及网络帮助资源。

（2）标准工具栏

默认情况下，VBA 界面中显示标准工具栏，如图 8-7 所示。标准工具栏各工具的功能如下。

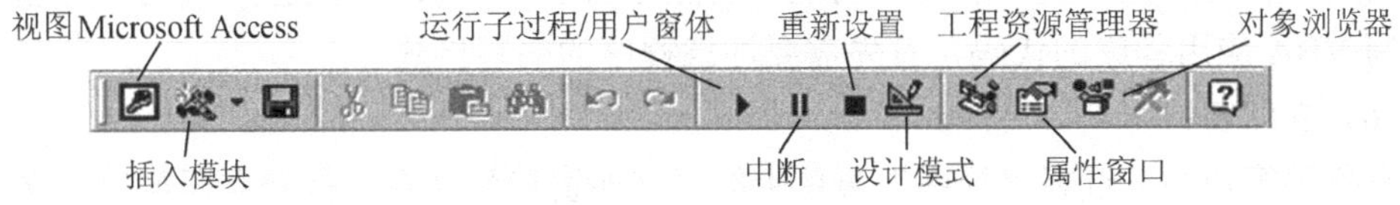

图 8-7　标准工具栏

“视图 Microsoft Access”按钮：用于切换 Access 2010，单击该按钮将显示 Access 界面。

“插入模块”按钮：单击该按钮右侧的下拉按钮，在弹出的下拉列表中有“模块”“类模块”“过程”3 个选项。选择其中的任意一项即可插入新的模块。

“运行子过程/用户窗体”按钮：单击该按钮，运行模块中的程序。

“中断”按钮：单击该按钮，中断正在运行的程序。

“重新设置”按钮：单击该按钮，结束正在运行的程序。

“设计模式”按钮：单击该按钮，系统将在设计模式和非设计模式之间切换。

“工程资源管理器”按钮：单击该按钮，打开工程资源管理器窗口。

“属性窗口”按钮：单击该按钮，打开属性窗口。

“对象浏览器”按钮：单击该按钮，打开对象浏览器。

（3）工程资源管理器窗口

一个数据库应用系统就是一个工程，数据库应用系统中的所有类对象、模块和类模块在工程资源管理器窗口中以树形结构显示出来。工程窗口有“查看代码”“查看对象”“切换文件夹”3 个按钮，选中“模块 1”，单击“查看代码”按钮，打开模块 1 的代码窗口。选中“窗体 1”并单击“查看对象”按钮，打开窗体 1 的设计视图。单击“切换文件夹”按钮，隐藏或显示对象的分类文件夹。

（4）属性窗口

属性窗口列出选中对象的各种属性，供设计时查看、修改这些属性值。当选取多个控件时，属性窗口会列出所有控件的共同属性。属性窗口有“按字母序”和“按分类序”两个选项卡。当打开窗体后，选择“按字母序”选项卡，对象的属性按字母排序；选择“按分类序”选项卡，对象按格式、其他、事件、数据分类排序。

（5）代码窗口

VBE 的代码窗口中包含了完整的开发和调试系统，在顶部有两个下拉列表，左侧的是对象下拉列表，右侧是过程下拉列表。在对象下拉列表中列出了所有可用的对象名称，选择某一个对象后，过程下拉列表中将列出该对象所有的事件过程，供用户选择。

代码窗口用来编写、显示和修改 VBA 代码。可以打开多个代码窗口来查看各模块的代码，也可以在代码窗口之间进行代码的复制。在代码窗口中，关键字和普通代码分别以不同的颜色显示。代码窗口如图 8-8 所示。

用户可以利用代码窗口所提供的便利功能轻松书写 VBA 应用程序代码。要想正确地编写 VBA 应用程序的代码，首先需要注意程序的书写格式。

（6）立即窗口

在代码窗口中，选择“视图”菜单中的“立即窗口”命令，打开立即窗口。立即窗口用来显示表达式输出的数据，在代码窗口用 Debug.Print 语句表示输出变量和表达式的值，运行时，在立即窗口打印变量和表达式的值。立即窗口如图 8-9 所示。

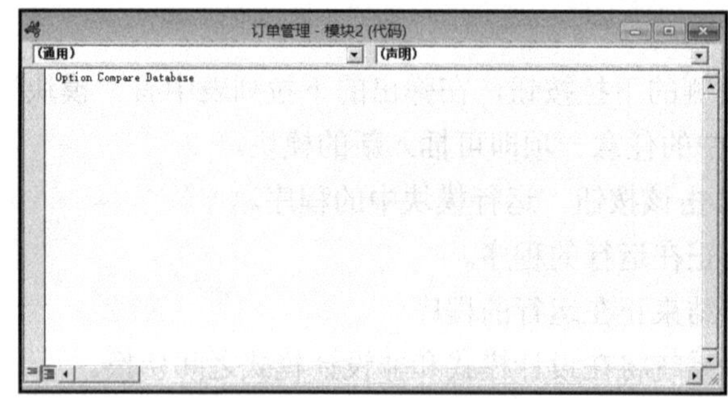

图 8-8　代码窗口

图 8-9　立即窗口

（7）监视窗口

在代码窗口中，选择“视图”菜单中的“监视窗口”命令，打开监视窗口。监视窗口用于监视用户指定的变量或表达式的值。监视窗口如图 8-10 所示。

图 8-10　监视窗口

（8）本地窗口

在代码窗口中，选择“视图”菜单中的“本地窗口”命令，打开本地窗口。本地窗口可以自动显示所有在当前过程中的变量声明及变量值。本地窗口如图 8-11 所示。

（9）对象浏览器

对象浏览器用于显示对象库及工程中的可用类、属性、方法、事件和常数变量，用于搜索及使用既有的对象，或来源于其他应用程序的对象。对象浏览器如图 8-12 所示。

（10）自动显示提示信息

在代码窗口中输入命令代码时，系统会适时地自动显示命令关键字列表、关键字列表、属性列表及过程参数列表等提示信息，用户可选择或查看其中的信息。

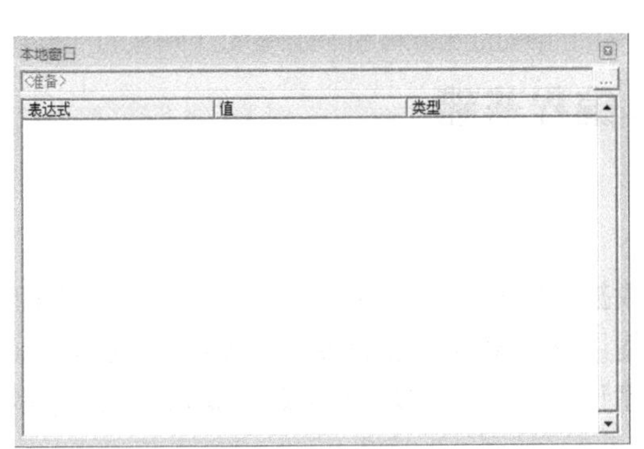

图 8-11　本地窗口

图 8-12　对象浏览器

8.1.5　VBA 的优点

要决定使用宏，还是使用 VBA，或者同时使用两者，这主要取决于用户计划部署或分发数据库的方式。例如，如果数据库存储在用户的计算机上，用户是唯一的用户，而且用户使用 VBA 代码比较得心应手，那么用户可能会决定使用 VBA 执行大部分编程任务。但是，如果用户打算将数据库置于文件服务器上以便与其他人共享该数据库，那么出于安全方面的考虑，用户可能会避免使用 VBA。如果用户打算将数据库作为 Access Web Applications 发布，则必须使用宏执行编程任务，因为 VBA 与 Web 发布功能不兼容。

如果用户要执行下列任意操作，那么应该使用 VBA 编程而不是宏。

（1）使用内置函数或创建自己的函数

Access 中包括很多内置函数，用户可以使用这些内置函数执行计算，而无须创建复杂的表达式。通过使用 VBA 编程，用户还可以创建自己的函数来执行超出内置函数能力的计算或者替代复杂的表达式。

（2）创建或操纵对象

在大多数情况下，用户会发现在对象的设计视图中创建和修改对象最容易。不过，在某些情况下，用户可能想在代码中创建或操纵对象。通过使用 VBA，用户除了可以操纵数据库本身以外，还可以操纵数据库中的所有对象。

（3）执行系统级操作

用户可以在宏内执行 RunApp 操作，以便在 Access 中运行另一个程序，如 Microsoft Excel，但用户无法使用宏在 Access 外部执行更多其他操作。通过使用 VBA，用户可以检查某个文件是否存在于计算机上，可以使用自动化或动态数据交换（DDE）与其他基于 Microsoft Windows 的程序通信，还可以调用 Windows 动态链接库（DLL）中的函数。

（4）一次操作一条记录

用户可以使用 VBA 来逐条处理记录集，一次一条记录，并对每条记录执行操作。相反，宏将同时处理整个记录集。

8.2 VBA 编程基础

8.2.1 面向对象的基本概念

Access 采用面向对象程序开发环境，其数据库窗口可以方便地访问和处理表、查询、窗体、报表、宏和模块对象。VBA 中可以使用这些对象及范围更广泛的一些可编程对象，如“记录集”。VBA 是面向对象的程序设计语言。它是以对象为基础，以事件来驱动对象的程序设计方法。

1. 对象和对象名称

对象是 VBA 应用程序的基础构件。VBA 应用程序就是由许多对象组成的。在开发一个应用程序时，必须先建立各种对象，然后围绕对象进行程序设计。例如，表、查询、窗体、报表、宏、页、模块是对象，字段、窗体和报表中的控件也是对象。

为了便于识别，每个对象必须有一个唯一的名称。例如，第一个窗体的名称是“窗体 1”，第二个窗体的名称是“窗体 2”，以此类推。又如，窗口中的控件对象文本框，第一个文本框的名称是“Text0”，第二个文本框的名称是“Text1”；控件对象按钮，第一个按钮的名称是“Command0”，第二个按钮的名称是“Command1”，以此类推。这指的是系统的自动命名。

2. 对象的属性

属性是对象的一种特性。例如，窗体的标题属性决定了窗体标题栏中显示的内容。若要更改一个对象的特征，可以修改其属性值。例如，修改窗体的高和宽的属性值，可改变窗体的大小；修改窗体的背景颜色的属性值，可改变窗体的背景颜色。但每个对象的属性都有一个默认值。如果不改变该值，应用程序就使用该默认值。如果默认值不能满足要求，就要对其属性值重新设置。属性描述了对象的自身性质。

其格式为

```
对象名.属性=属性值
```

3. 对象的方法

方法是系统事先设计好的，可以完成一定操作的特殊过程，是附属于对象的行为和动作。在需要使用的时候可以直接调用。

其调用格式为

```
对象名.方法名
```

4. 对象的事件

事件是指可以发生在一个对象上且能够被该对象所识别的动作。VBA 是效力于事件驱动的编程模型。程序是为响应事件而执行的。事件是一个对象可以辨认的动作，如单击或按某键等。事件可以由系统触发，也可以由用户动作触发。例如，单击某个命令按钮就产生该按钮的单击事件。当某个对象发生某一事件后，就会驱动系统去执行预先编好的、与这一事件相对应的一段程序。

5. 事件过程

事件过程是事件的处理程序，与事件一一对应。事件过程由事件自动调用或者由同一模块中的其他过程显式调用。例如，程序执行后，单击窗体上的某个命令按钮，系统即自动调用该命令按钮的单击事件过程，执行事件处理程序。事件过程的格式如下。

```
[Public|Private] [Static]  Sub 子过程名 ([<形参>]) [As 数据类型]
    [<子过程语句>]
    [Exit Sub]
      [<子过程语句>]
End Sub
```

8.2.2 VBA 的基本数据类型

数据在计算机中是以特定的形式存在的，如整数、实数、字符等形式，不同的形式有着不同的存储方式和数据结构，因此在程序编写过程中，必须先定义好各种数据的类型，这样才能保证程序在内存中运行时不发生错误，否则数据在内存中存储混乱，极易发生错误。根据数据描述信息的含义，将数据分为不同的种类。对数据种类的区分规定，称为数据类型。数据的类型不同，则在内存中的存储结构也不同，占用空间也不同。

VBA 是在传统的 Basic 语言、面向对象的 VB 语言基础上发展起来的，在数据类型和定义方式上均继承了 Basic 语言和 VB 语言的特点。Access 数据表中字段的数据类型除了 OLE 对象和备注字段数据类型以外，在 VBA 中都定义了与之对应的标准数据类型。

例如，在整数后面加%表示整型数据，在整数后面加&表示长整型数据，在字符串后面加$表示字符串型数据等。同时，VBA 也支持现代程序设计语言的使用类型说明符定义数据类型。表 8-1 所示的 VBA 数据类型表定义了 VBA 的数据类型、类型标识符和字节。

表 8-1　VBA 数据类型表

数据类型	类型标识符	字节
字符串型（String）	$	字符长度（0～65500）
字节型（Byte）	无	1
布尔型（Boolean）	无	2
整型（Integer）	%	2
长整型（Long）	&	4
单精度型（Single）	!	4
双精度型（Double）	#	8
日期型（Date）	无	8（公元 1000/1/1～9999/12/31）
货币型（Currency）	@	8
变体型（Variant）	无	以上任意类型，可变
对象型（Object）	无	4

1. 数值型数据

数值型数据就是可以进行数学计算的数据。数值型数据类型包括字节型、整型、长整型、单精度型、双精度型和货币型。

（1）字节型

字节型（Byte）数据一般用于存储二进制数，指以 1 字节的无符号二进制存储的数，取值为 0～255。

（2）整数

整数是不带小数点和指数符号的数，以二进制补码形式存储。

整数的类型包括整型（Integer）和长整型（Long）两种类型。

整型变量定义如下。

```
Dim  变量 As  Integer
```

长整型变量定义如下。

```
Dim  变量 As  Long
```

整型存储占用 2 字节，用符号%标示；长整型存储占用 4 字节，用符号&标示。例如，1234、-234、56%均表示整型，12&、-123&均表示长整型。十进制整型数的取值为-32768～+32767。

（3）浮点数

浮点数又称实数，指带有小数部分的数值，由 3 部分组成：符号、指数和尾数。例如，123！、-123.45、0.345E+3 均表示单精度浮点数，1234#、-123.45#、0.123D+4#、0.234D+3 均表示双精度浮点数。

浮点数的类型包括单精度型（Single）和双精度型（Double）两种类型。

单精度型变量和双精度型变量定义如下。

```
Dim  变量 As  Single
Dim  变量 As  Double
```

单精度型存储占用 4 字节，其中，符号 1 位，指数 8 位，尾数 23 位，1 位隐含位。用 E 来表示指数。

双精度型存储占用 8 字节，其中，符号 1 位，指数 11 位，尾数 52 位，1 位隐含位。用 D 来表示指数。

（4）货币型

货币型（Currency）数据是为表示钱款而设置的。该类型数据存储占用 8 字节，精确到小数点后 4 位，小数点前有 15 位，小数点后 4 位以后的数字将被舍去。例如，345@、345.12@均表示货币型数据。

货币型变量定义如下。

```
Dim  变量 As  Currency
```

2. 字符串型数据

字符串型（String）数据是一个字符序列，由 ASCII 字符组成，包括标准的 ASCII 字符和扩展 ASCII 字符及汉字等。VB 中的字符串分为两种，即变长字符串和定长字符串。定长字符串包含 1～64K 个字符，而变长字符串最多可以包含 20 亿个字符。例如，“1234”“Access 程序设计”等均表示字符串型数据。

字符串型变量定义如下。

```
Dim  变量 As  String
```

3. 日期型数据

日期型（Date）数据用来表示日期信息，存储占用 8 字节，按浮点数存储，表示范围分为日期范围和时间范围，日期范围为 1000 年 1 月 1 日到 9999 年 12 月 31 日，时间范围为 0:00:00～23:59:59。

日期型数据用数字定界符#将日期和时间括起来。例如，#April 10，2008#。日期的年月日分割符用短横线-或下斜线/表示，格式为 mm-dd-yyyy 或 mm/dd/yyyy。时间用冒号（:）分隔，格式为 hh:mm:ss。例如，#10-11-2005#、#2005-10-11 10 :30:00 PM#等。

4. 变体型数据

变体型（Variant）是一种可变的数据类型，可以表示任何值，包括数值、字符串、日期等类型，可以包括 Empty、Error、Nothing 和 Null 特殊值。在使用时，可以使用 VarType 与 TypeName 函数来决定如何处理 Variant 中的数据。

VBA 规定，如果没有使用“Dim 变量 As [数据类型]”显式声明或使用符号来定义变量的数据类型，系统默认为变体型。

5. 布尔型数据

布尔型（Boolean）用于逻辑判断，又称逻辑型。其值为逻辑值，包括真（True）和假（False）两个值，用 2 字节存储。当逻辑型数据转换成整型数据时，True 转换为-1，False 转换为 0。当将其他类型数据转换成逻辑型数据时，非 0 数据转换为 True，0 转换为 False。

6. 对象型数据

对象型（Object）数据用来表示图形、OLE 对象或其他对象，用 4 字节存储，对象变量可引用应用程序中的对象。

定义了 Student 类型之后，就可以定义 Student 类型的变量了。例如，Dim Stu As Student。可以像引用对象的属性那样引用类型的各个成员。例如：

```
Stu.Num   Stu.Name  Stu.Sex   Stu.Score
```

8.2.3 变量、常量与数组

在 VBA 环境下进行计算时，常常需要存储临时数据。例如，可能需要计算几个值，然后将它们进行比较，并根据比较的结果对它们进行不同的操作。如果想要比较这些值，就要存储它们。和大多数编程语言一样，VBA 使用变量来存储这些值。

1. 变量

变量是指在程序运行过程中其值会发生变化的量。变量是存储在内存中由程序员命名的内存单元，一个变量是内存中用一个标识符命名的一段存储单元，它的值在程序运行过程中可以改变。变量的数据类型不同，分配的内存空间的大小不同。变体型变量为数值型分配 16 字节，字符型分配 22+字符串长的字节。变量的命名规则与字段名相同，变量不能使用 VBA 的关键字，变量名对字母大小写不敏感，习惯用大小写相结合的方式说明变量的含义。

（1）变量的要素

一个变量有以下 3 个要素。

1）变量名：指出数据在内存中的存储位置。

2）数据类型：决定了数据的存储方式和数据结构。VBA 应用程序并不要求在使用变量之前必须进行变量声明。如果使用了一个没有明确声明的变量，那么系统会将它默认为变体型。

3）变量的值：内存中存储的变量值，是可以改变的值。在程序中可以通过赋值语句来改变变量的值。

（2）变量的声明

变量的声明用来定义变量的名称和类型，运行时系统为变量分配内在单元。变量声明分为显式声明和隐式声明两种。

1）显式声明。显式声明在定义变量的同时声明变量的类型。可以使用类型说明符号和 Dim 语句来声明变量类型。使用类型说明符号声明变量类型，如 varNo%说明一个整型变量，类型说明符号放在变量的末尾。使用 Dim 语句声明变量的格式为

```
Dim 变量名 As [数据类型]
```

例如：

```
Dim iK As Integer
Dim dX As Double
```

当在 VBA 程序开始处显示 Option Explicit 语句时，程序中的所有变量一律用显式声明。VBA 还提供了一种简易的声明方式，只要变量名后带有某个特定符号，就代表该变量是某种数据类型，如 Dim StudentName$。

数据类型声明字符：

```
Integer %        '16 位整型
Long  &          '32 位长整型
Single  !        '32 位单精度浮点
Double  #        '64 位双精度浮点
String  $
```

String 用于保存字符串的类型，用双引号括起来。变长 String，最多 2^{31} 个字符，如

```
Dim temp As String
```

定长 String，最多 2^{16} 个字符，不足字符以空格填充，如

```
Dim temp As String * 100
```

提示：

可以在一行中对多个变量进行定义。除定义变体型以外，每个变量定义中必须有

As 关键词，否则系统会把变量定义为变体型。

2）隐式声明。当定义变量时未指定数据类型时，属于隐式声明，声明变量为变体型。隐式声明可以在一个赋值语句中声明变量为变体数据类型，如

```
Dim  varA1,varA2
varB1=123
```

在使用一个变量之前不声明这个变量，这个变量只在当前过程中有效，类型为变体型。

2. 常量

常量是指在程序运行过程中，其值不能被改变的量。例如，程序中出现的定值或者难以记忆的数值可以定义为常量，以使程序代码更容易读取和维护。

在 Access 中，常量的类型有直接常量、符号常量、固有常量和系统常量 4 种。

（1）直接常量

直接常量指通常使用的各种类型数据，包括数值型常量、字符型常量和日期型常量。

数值型常量，如 325、−524.36、$9.36e^2$、$5.19e^{-2}$ 等。

字符型常量，如“China”“All”等。

日期型常量，如#2014-6-12#、#09/02/2016#、#May 15、2015#等。

（2）符号常量

用符号常量代表一些具有特定意义的数字或字符串便于理解和记忆，对于在程序中反复使用的相同值，使用符号常量易于维护和修改。用 Const 语句定义符号常量，语法格式为

```
Const  常量名 [As  类型]=<表达式>[,常量名  [As  类型]=<表达式>[,……]]
```

例如：

```
Const conPI=3.14159265, S  As  Integer=45
```

（3）固有常量

固有常量用两个前缀字母指定常量的对象库。用 ac 开头表示来自 Access 库的常量，用 ad 开头表示来自 ADO 库的常量，用 vb 开头表示来自 VB 库的常量。例如，acForm、adAddNew、vbCurrency、vbOK。

（4）系统常量

系统常量就是系统内部定义的常量，如 vbOK、vbYes 等，这种常量通常由应用程序或各种控件提供。VBA 中的常量都罗列在 VB 类型库中，以及数据访问对象 DAO 程序库中。

3. 数组

数组是由一组具有相同数据类型的变量构成的集合，每一个数据项称为数组元素。

数组变量由变量名和数组下标组成，在 VBA 中用 Dim 语句来声明数组，不允许隐式声明数组。

数组声明简化的语法格式如下。

```
Dim  数组名([下标下界  to ] 下标上界)  As  数据类型
```

例如：

```
Dim  L(3)  As Integer
Dim  M(1 to 3)   As  Single
```

数组 *L* 的下标下界默认值为 0，数组元素为 *L*（0）、*L*（1）、*L*（2）、*L*（3）；数组 *M* 的下标下界为 1，数组元素为 *M*（1）、*M*（2）、*M*（3）。在使用数组时，可以在模块的通用声明部分使用 Option Base 来指定数组的默认下标下界是 0 或 1。

声明二维数组简化的语法格式如下。

```
Dim  数组名([下标下界  to ] 下标上界 1,[下标下界  to ]下标上界 2)  As  数据类型
```

例如：

```
Dim  MM(2,3)  As  Integer     '定义 3*4 个数组元素
```

（1）数组的类型

数组有两种类型：固定大小的数组和动态数组。前者总保持同样的大小，而后者在程序中可根据需要动态地改变数组的大小。

1）固定大小的数组。例如：

```
Dim IntArray(5) As  Integer
```

这条语句声明了一个有 6 个整型数组元素的数组，数组元素从 IntArray(0)到 IntArray（5），每个数组元素为一个整型变量，这里只指定数组元素下标上界来定义数组。

2）动态数组。动态数组的定义方法是先使用 Dim 来声明数组，但不指定数组元素的个数，而在以后使用时再用 ReDim 来指定数组元素个数，称为数组重定义。例如：

```
Dim IntAr() As Integer
……
ReDim IntAr(3,4)
```

（2）数组的使用

数组必须先定义后使用，数组声明后，数组中的每个元素都可以当作单个的变量来使用，其使用方法同相同类型的普通变量。

数组元素的引用格式为

```
数组名(下标值)
```

例如：

```
IntArray(4)=10
```

8.2.4 表达式

表达式是由常量、变量、运算符、函数、标识符、逻辑量和圆括号等按一定的规则组成的式子，表达式的运算结果及运算结果的类型由操作数的数值和运算符共同决定。表达式分为算术表达式、字符表达式、关系表达式和逻辑表达式。

运算符是一组特定的符号或单词，是组成表达式或准则的基本元素。Access 的运算符包括算术运算符、字符运算符、关系运算符、逻辑运算符、特殊运算符等。

1. 算术运算符与算术表达式

（1）算术运算符

算术运算符是常用的运算符，是用来执行简单算术运算的运算符。VBA 提供了 8 个算术运算符，如表 8-2 所示，设 X=8，Y=6。

表 8-2　算术运算符

运算	运算符	算术表达式示例	运算结果
加法运算	+	X+Y	14
减法运算	−	X−Y	2
取负运算	−	−X	−8
乘法运算	*	X*Y	48
整数除法运算	\	X\\Y	1
浮点数除法运算	/	X/Y	1.33333333333
指数运算	^	X^Y	262144
取模运算	Mod	X Mod Y	2

（2）算术表达式

算术表达式是由常量、变量、算术运算符、函数和圆括号等按一定的规则组成的式子，算术表达式的运算级别：圆括号最高，从高到低依次为指数运算、取负运算、乘除运算、整除运算、取模运算、加减运算等。例如，2^2*5/2−8 Mod(15\4+2)的运算次序为

```
2^2*5/2-8 Mod(15\4+2)
 1            4
   2           5
    3      6
       7
```

2. 字符运算符与字符表达式

（1）字符运算符

字符运算就是将两个字符串连接起来生成一个新的字符串。

字符运算符包括强制连接运算符&和连字运算符+。

运算符&：用来强制将两个字符串连接成一个字符串。运算符&将两边的操作数强制转换为字符型，然后进行连接运算。运算符&的前后应加一个空格。

运算符+：用来将两个字符串连接成一个新的字符串。当一个数字字符串 *N*$+一个数字时，结果为数字；当一个字母字符串 *X*$+一个数字时，则系统出错。

（2）字符表达式

字符表达式是由字符常量、变量、运算符、函数、标识符和圆括号等按一定的规则组成的式子。例如，已知 *X*$="Access"，字符表达式 *Y*$=*X*$ & 2010，运算结果是 Access 2010。

【例 8-2】计算下列表达式。

```
1234+5678                  结果为 6912
"1234"+"5678"              结果为"12345678"
"hello"+12345              出错,类型不匹配
```

3. 关系运算符与关系表达式

（1）关系运算符

关系运算符又称比较运算符，用来比较两个表达式的值，比较的结果是一个逻辑值，即真（True）或假（False）。关系运算符有“=”“>”“<”“<=”“>=”“<>”等。

（2）关系表达式

用关系运算符连接两个算术表达式所组成的表达式称为关系表达式。在关系表达式中关系运算符的优先级别都相同，表达式从左到右顺序处理。关系运算的结果为逻辑值，True 为 1，False 为 0。

4. 逻辑运算符与逻辑表达式

（1）逻辑运算符

逻辑运算又称布尔运算，除 Not 是单目运算符外，其余均是双目运算符，如表 8-3 所示。由逻辑运算符连接两个或多个关系式，对操作数进行逻辑运算，结果是逻辑值 True 或 False。

表 8-3 逻辑运算符

A	*B*	Not *A*	*A* And *B*	*A* Or *B*
1	1	0	1	1
1	0	0	0	1

续表

A	*B*	Not *A*	*A* And *B*	*A* Or *B*
0	1	1	0	1
0	0	1	0	0

（2）逻辑表达式

用逻辑运算符连接两个表达式所组成的表达式称为逻辑表达式。逻辑表达式中逻辑运算符的优先级别 Not 最高，And 其次，Or 最低。

8.2.5 函数

Access 提供了大量的标准函数（内置函数），包括数学函数、文本处理函数、日期/时间函数、数据类型转换函数、聚合函数（统计函数）和其他函数。函数的要素包括函数名、参数和返回值，标准函数的函数名由系统定义，函数名后的括号中放置参数，参数具有确定的数据类型，少量函数不带参数，称为无参函数。函数的返回值是函数调用结束时带回到主调函数的数据，具有确定的数据类型和数值。标准函数的语法格式为

```
函数名(参数 1,参数 2,……)
```

函数名标示函数的功能，参数可以是常量、变量或表达式等。

1. 数学函数

数学函数指完成数学计算功能的函数，常用数学函数如表 8-4 所示。

表 8-4　数学函数

函数名	函数	功能	示例	函数值
绝对值	Abs (*N*)	返回绝对值	MsgBox Abs (−12.34)	12.34
正弦	Sin(*N*)	返回正弦值	MsgBox Sin(3.14159/6)	0.499999
余弦	Cos(*N*)	返回余弦值	MsgBox Cos(3.14159/4)	0.707107
正切	Tan(*N*)	返回正切值	MsgBox Tan(3.14159/4)	0.999999
幂	Exp(*N*)	返回 e 的给定次幂	MsgBox Exp(2)	7.389056
对数	Log(*N*)	返回以 e 为底的对数值	MsgBox Log(2.718)	0.999896
取整	Int(*N*)	返回参数的整数部分	MsgBox Int(543.21)	543
开方	Sqr(*N*)	返回平方根值	MsgBox Sqr(9)	3
随机数	Rnd(*N*)	返回 0～1 的随机数	MsgBox Rnd	0～1 的数
符号	Sgn(*N*)	返回数字的正负符号	MsgBox Sgn(−100)	−1

2. 字符串函数

字符串函数指处理字符型变量及表达式的函数，常用字符串函数如表 8-5 所示。

表 8-5　字符串函数

函数名	功能	示例
InStr	检索字符串 Str2 在字符串 Str1 中最早出现的位置	InStr("ABCabefabc","ab")=1
Len	返回字符串所含字符的个数	Len("汕头大学工学院")=7
Left	截取字符串左边的 N 个字符	Left("汕头大学工学院",4)= "汕头大学"
Right	截取字符串右边的 N 个字符	Right("汕头大学工学院",3)= "工学院"
Mid	从字符串左边第 N1 个字符起截取 N2 个字符	Mid("汕头大学工学院",3,2)= "大学"
Space	生成空格字符	Space(2)生成 2 个空格字符
Ucase	将字符串中所有的小写字母转换成大写字母	Ucase("abcDEFgh")="ABCDEFGH"
Lcase	将字符串中所有的大写字母转换成小写字母	Lcase("abcDEFgh")="abcdefgh"
Trim	删除字符串的开始空格和尾部空格	Trim("　AA　bb　")="AA　bb"
LTrim	删除字符串的开始空格	LTrim("　AA　bb　")= "AA　bb　"
RTrim	删除字符串的尾部空格	RTrim("　AA　bb　")= "　AA　bb"

格式化输出函数 Format( )对数值、日期或字符串指定输出格式。函数格式为

```
Format(表达式[,格式符])
```

例如，日期格式：Format(#2003/10/1#, "dddd")，输出结果为 Wednesday。

数值格式：Format(12345, "$#,##0")，输出结果为$12,345。

3. 转换函数

转换函数用于转换数据类型和数据的表示形式，如表 8-6 所示。

表 8-6　转换函数

函数名	函数	功能	示例	函数值
ASCII	Asc	返回字母的 ASCII 值	MsgBox Asc("A")	65
求字符	Chr	将 ASCII 值转换为字符	MsgBox Chr(65)	"A"
转换为字符	Str	将数值转换为字符	MsgBox Str(3124)	"3124"
转换为数值	Val	将字符转换为数值	MsgBox Val("2648")	2648
转换为日期	CDate	将字符串转换为日期	MsgBox CDate("2008/4/5")	2008/4/5

4. 日期/时间函数

日期/时间函数用于处理日期和时间型的变量或表达式，如表 8-7 所示。

表 8-7　日期/时间函数

函数名	功能	示例
Date	返回系统当前日期	Date( )=2009-5-3

续表

函数名	功能	示例
Time	返回系统当前时间	Time( )=13:44:04
Now	返回系统当前日期和时间	Now( )=2009-5-3 13:44:04
Year	返回日期表达式的年	Year(#2009-5-3#)=2009
Month	返回日期表达式的月	Month(#2009-5-3#)=5
Day	返回日期表达式的日	Day(#2009-5-3#)=3
Weekday	返回 1～7，表示星期几	Weekday(#2009-5-3#)=1 '表示星期日
Hour	返回时间表达式的小时	Hour(#13:44:04#)=13
Minute	返回时间表达式的分	Minute(#13:44:04#)=44
Second	返回时间表达式的秒	Second(#13:44:04#)=4
DateValue	返回字符串表达式的日期值	DateValue("May 3,2009")=2009-5-3

5. 聚合函数

聚合函数用于求和 Sum、求均值 Avg、计数 Count 等统计计算的函数，如表 8-8 所示。

表 8-8　聚合函数

函数名	函数	返回值	函数处理的数据类型
求和	Sum	字段值的总和	数字、日期时间、货币和自动编号
求均值	Avg	字段值的平均值	数字、日期时间、货币和自动编号
最小值	Min	字段值的最小值	文本、数字、日期时间、货币和自动编号
最大值	Max	字段值的最大值	文本、数字、日期时间、货币和自动编号
计数	Count	字段中值的个数，空值除外	文本、备注、数字、日期时间、货币和自动编号、是否和 OLE 对象

6. 其他常用函数

（1）InputBox( )函数

InputBox( )函数用人-机交互方式输入数据，使用 InputBox( )函数打开一个对话框，显示提示信息和默认值，等待用户输入数据。函数的调用格式为

```
InputBox(prompt[,title][,default][,xpos][,ypos][,helpfile][,context])
```

返回值：返回输入的数据。

说明：InputBox 函数的参数由提示字符 prompt、标题 title、默认值 default、屏幕位置坐标的 x 点 xpos、y 点 ypos、帮助文件 helpfile、帮助主题编号 context 等组成，返回输入的数据。

用法：InputBox( )函数括号中的参数提示字符 prompt 不能省略，为对话框显示的字符串，其最大长度为 1024 个字符，用 VBA 的常数 vbCrLf 代表换行符；其他参数可省

略。省略 title，则把应用程序名放入标题栏中。省略 default，则文本框为空。xpos 和 ypos 成对出现，指定消息框左边位于屏幕左边的水平距离；如果省略这对参数，则对话框在水平方向居中。省略 helpfile，不显示帮助文件。省略 context，则不显示帮助主题编号。

例如，*x*=InputBox("输入整数","整数输入",10,400,400)，执行该函数，在屏幕位置 400×400 处打开“整数输入”对话框，在“输入整数”文本框中显示默认值 10，修改文本框中的输入数据，如输入 108，单击“确定”按钮，则输入的数据 108 赋给变量 *x*。

（2）Msgbox( )函数与 Msgbox 过程

Msgbox 用消息框输出提示信息，等待用户单击按钮并返回一个整数值，告诉系统用户单击了哪一个按钮，若不需要返回值，可将 Msgbox 过程直接作为命令语句使用，显示提示信息。函数的调用格式为

```
Value=Msgbox(prompt[,buttons] [,title] [,helpfile][,context])
```

返回值：返回用户选择的按钮值，“确定”返回 1；“取消”返回 2；“终止”返回 3；“重试”返回 4；“忽略”返回 5；“是”返回 6；“”返回 7。

过程调用格式为

```
Msgbox  prompt[,buttons] [,title] [,helpfile][,context]
```

说明：Msgbox( )函数后用括号括起参数，函数的返回值是用户选择的按钮；Msgbox 过程后不用括号，直接写参数。参数由提示字符 prompt、按钮 buttons、标题 title、帮助文件 helpfile、帮助主题编号 context 等组成。

用法：使用 Msgbox( )函数，必须在函数名后加括号，使用 Msgbox 过程不加括号。参数 prompt 不能省略，在信息框中显示提示文本；其他参数可以省略。buttons 参数的值为按钮常量或按钮值，二者等价，将按钮值分为 4 组，其组成原则是从每一类中选择一个值，把这几个值累加在一起就是 buttons 参数的值（主要使用前 3 组数值的组合），不同的组合可得到不同的结果。buttons 参数的取值如表 8-9 所示。

表 8-9　按钮常数值

常量	值	说明
vbOkOnly	0	只显示“确定”（Ok）按钮
vbOkCancel	1	显示“确定”（Ok）及“取消”（Cancel）按钮
vbAbortRetryIgnore	2	显示“终止”（Abort）、“重试”（Retry）及“忽略”（Ignore）按钮
vbYesNoCancel	3	显示“是”（Yes）、“否”（No）及“取消”（Cancel）按钮
vbYesNo	4	显示“是”（Yes）及“否”（No）按钮
vbRetryCancel	5	显示“重试”（Retry）及“取消”（Cancel）按钮
vbCritical	16	显示 Critical Message 图标
vbQuestion	32	显示 Warning Qnery 图标
vbEmclamation	48	显示 Warning Message 图标
vbInformation	64	显示 Information Message 图标
vbDefaultButton1	0	以第 1 个按钮为默认按钮

续表

常量	值	说明
vbDefaultButton2	256	以第 2 个按钮为默认按钮
vbDefaultButton3	512	以第 3 个按钮为默认按钮
vbDefaultButton4	768	以第 4 个按钮为默认按钮
vbApplicationModal	0	进入该消息框，当前应用程序暂停
vbSystemModal	4096	进入该消息框，所有应用程序暂停

第 1 组值（0～5）决定消息框中按钮的类型与数量。

第 2 组值（16，32，48，64）决定对话框中显示的图标。

第 3 组值（0，256，512，768）设置对话框的默认活动按钮。活动按钮中文字的四周有虚线，按【Enter】键可执行该按钮的单击事件代码。

第 4 组值（0，4096）进入消息框，强制应用程序的响应。

buttons 按钮值可省略，默认值取 0。

title 参数设置消息框的标题，省略时，显示“Microsoft Access”。

帮助文件 helpfile 与帮助主题编号 context 可省略。省略 helpfile，不显示帮助文件；省略 context，不显示帮助主题编号。

（3）Iif( )函数

条件函数 Iif( )用于选择操作，根据条件表达式的值决定函数的返回值。函数的调用格式为

```
Iif (条件表达式,表达式 1,表达式 2)
```

例如：

```
score=Iif([cj]>=60,"及格","不及格" )
```

说明：如果条件表达式的值为“真”（True），函数返回表达式 1 的值；条件表达式的值为“假”（Flase），函数返回表达式 2 的值。

（4）Choose( )函数

Choose( )函数根据数值表达式的值决定返回值。函数的调用格式为

```
Choose (数值表达式,表达式 1[,表达式 2]…… [,表达式 n])
```

用法：若不考虑变量的小数的定义位数，当数值表达式的值大于 1、小于 2 时，函数将返回表达式 1 的值；值大于 2、小于 3 时，返回表达式 2 的值，以此类推。数值表达式的值应在 1～*n*，否则，函数返回 Null 值。

例如：

```
=Choose(x,x+1,m,m+n,10)
```

提示：

在使用函数时要注意以下几点。

函数的名称：每一种编程语言中的每个数学函数都有固定的名称，如 Sin()函数求正弦、Sqrt()函数求平方根等。需要说明的是，函数名一般不区分大小写。

函数的参数：函数的参数相当于数学函数中的自变量，参数跟在函数名的后面，并用小括号()括起来，如 Sin()。当函数的参数超过一个时，各个参数之间用逗号分隔开来。当函数没有参数或参数的个数为零时，直接写上函数名即可。

函数参数及结果的数据类型：不同的函数要求有不同的数据类型，同样函数的结果也可能不相同，例如，Sin(*x*)函数和 Now()函数有不同的结果。

8.3 VBA 程序设计及流程控制

8.3.1 VBA 程序的基本规则

1. 标识符的命名规则

标识符是为常量、变量、数组、控件、对象、函数、过程等元素命名的标识，利用它可以完成对常量、变量、函数、过程、类模块等的引用。在 VBA 中，标识符的命名规则如下。

1）必须由字母或汉字开头，可由字母、汉字、数字、下画线组成。

2）长度小于 256 个字符。

3）不能使用 VBA 的关键字。

4）标识符不区分大小写，建议采用匈牙利命名法。

5）为了增加程序的可读性，可在变量名前加一个缩写的前缀来表明该变量的数据类型。

2. 程序注释

程序注释是对编写的程序加以说明和注解，这样便于程序的阅读、修改和使用。注释语句是以单引号（'）开头的语句行，或在命令之后用单引号（'）为后面的语句注释。

3. 语句的构成

在 VBA 程序中，语句由保留字及语句体构成，语句体由命令短语和表达式构成。

保留字和命令短语中的关键字，是系统规定的专用符号，用来标示计算机的动作，必须严格按系统要求来编写；语句体中的表达式由用户定义，要严格按语法规则书写。

4. 程序书写规则

在 VBA 程序中，每条语句占一行，一行最多允许有 255 个字符；如果一行书写多个语句，语句之间用冒号（：）隔开；如果某个语句一行写不完，可用下画线（_）连接。

下面通过一个简单的例子来认识 VBA。

【例 8-3】简单的 VBA 程序，具体操作步骤如下。

1）打开原有的数据库或新建的一个数据库，在其中创建模块。

2）在“创建”选项卡的“宏与代码”组中单击“Visual Basic”按钮，如图 8-13 所示，打开 VBE 窗口。

图 8-13　打开 VBE 窗口

3）打开 VBE 窗口后，在工程资源管理器窗口中单击“被转换的宏-菜单”，如图 8-14 所示。

4）选择“插入”菜单中的“模块”命令，如图 8-15 所示。

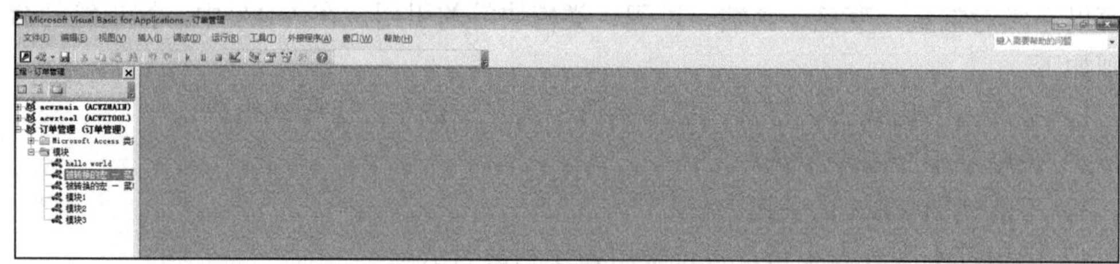

图 8-14　选择位置

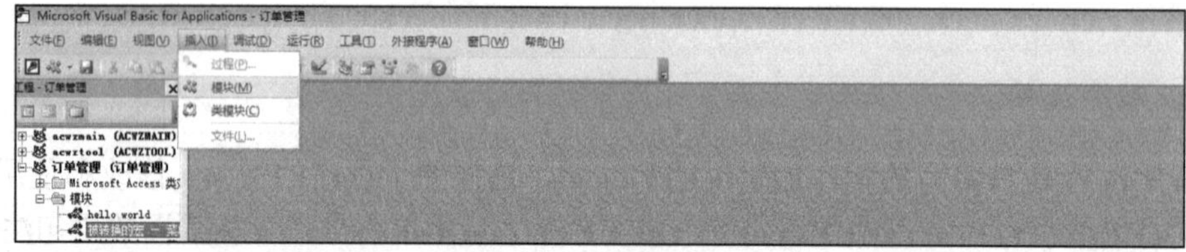

图 8-15　创建模块

5）打开代码窗口，在其中输入如下内容。

```
Sub hellomsg()
    MsgBox "hello world!"
End Sub
```

6）输入后的效果如图 8-16 所示。

7）单击工具栏的“运行子过程/用户窗体”按钮，如图 8-17 所示，运行程序。

8）系统自动弹出消息框，效果如图 8-18 所示。

9）按【Ctrl+S】组合键保存模块，打开“另存为”对话框，输入模块名称“hello world”，如图 8-19 所示，单击“确定”按钮完成保存。

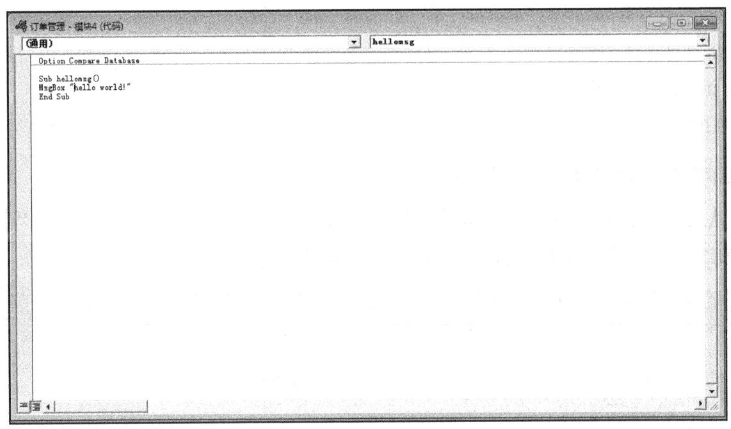

图 8-16　编写代码

“运行子过程/用户窗体”按钮

图 8-17　单击“运行子过程/用户窗体”按钮

图 8-18　运行结果

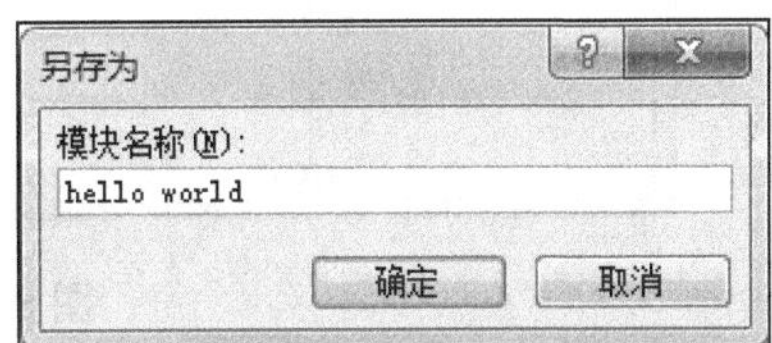

图 8-19　保存模块

8.3.2　VBA 顺序结构程序设计

在 VBA 结构化程序设计中，使用的基本控制结构有顺序结构、选择结构和循环结构 3 种。顺序结构是按照语句的书写顺序从上到下、逐条语句地执行。执行时，编写在前面的代码先执行，编写在后面的代码后执行。这是一种普遍的结构形式，在前面的程序举例中，除了 GoTo 标号语句外，都是顺序结构程序设计。

顺序结构是最基本的语句结构，它是在执行完一条语句之后，继续执行第二条语句，然后执行下面的语句，直到程序结束为止。每个基本的程序都是按照顺序一步一步执行的。

【例 8-4】 将 *a* 的值赋值给 *b*，并用窗口显示输出 *b* 的值。

用顺序结构语句编写的程序如下。

```
Sub main()
Dim  a  As  Integer
```

```
Dim  b  As  Integer
    a=1
    b=a
    MsgBox "b 等于" & b
End Sub
```

编写此程序的具体操作步骤如下。

1）启动 Access 2010，在“创建”选项卡的“宏与代码”组中单击“模块”按钮，新建了一个模块，并打开 VBE 窗口，如图 8-20 所示。

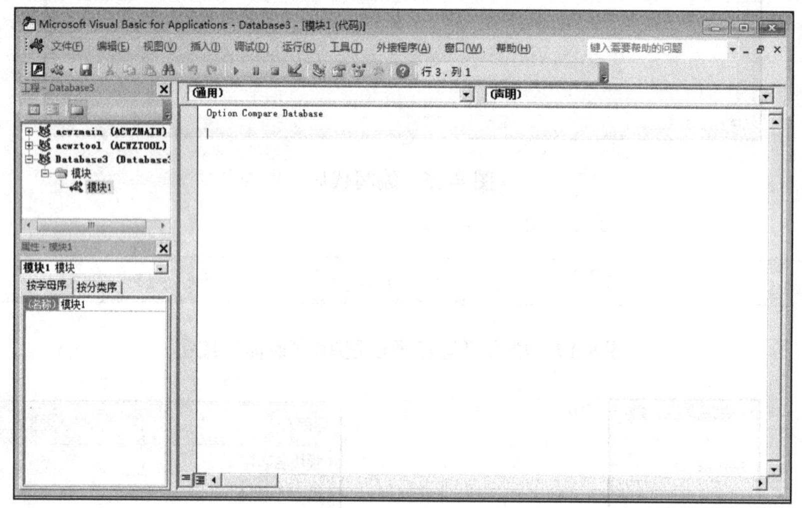

图 8-20　VBE 窗口

2）在代码窗口中输入代码，如图 8-21 所示。按【F5】键运行代码，运行结果如图 8-22 所示。

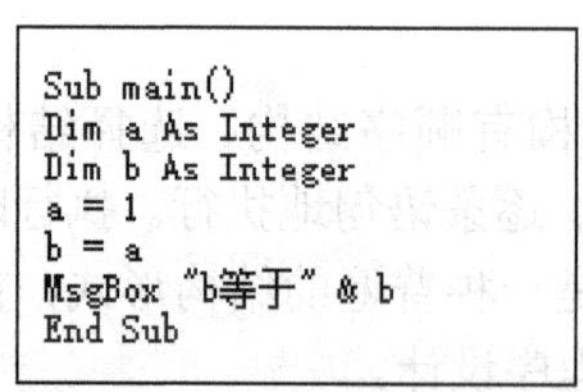

```
Sub main()
Dim a As Integer
Dim b As Integer
a = 1
b = a
MsgBox "b等于" & b
End Sub
```

图 8-21　输入代码

图 8-22　运行结果

8.3.3　VBA 选择结构程序设计

选择结构程序设计使用条件语句组织程序结构，根据语句中的条件表达式结果是否为真，确定程序语句的执行，包括单分支结构 If-Then、双分支结构 If-Then-Else、嵌套 If 结构 If-Then-ElseIf、多分支结构 Select Case-End Select 等选择结构。

1. If-Then 语句

用 If-Then 语句组成单分支选择结构，适用于表达式为真，执行语句块；表达式为假，什么也不做的操作类型。单分支结构的语句分为块 If 和行 If，语法格式如下。

（1）块 If 语句

```
If <条件表达式> Then
   语句
End If
```

（2）行 If 语句

```
If <条件表达式> Then 语句
```

说明：关键字 If 为条件语句的关键字，计算条件表达式的值，当条件表达式为真时，执行关键字 Then 后面的语句，否则不做任何操作。关键字 End If 表示条件语句结束。

用法：If 语句中，语句可以是一条语句或多条语句，一条语句占一行。行 If 语句中，Then 后只能是一条语句，或者是冒号分隔的多条语句，且必须与 If 语句在同一行上，没有 End If 结尾。

【例 8-5】 如果变量 *x* 的值大于 250，则 *x* 减去 100。

用 If-Then 语句编写的程序如下。

```
Dim x As Integer
If x>=250 Then
   x=x-100
End If
```

2. If-Then-Else 语句

用 If-Then-Else 语句构成双分支选择结构，适用于表达式为真，执行语句 1；表达式为假，执行语句 2 的操作类型。双分支结构的语句分为块 If 和行 If，语法格式如下。

（1）块 If 语句

```
If  <条件表达式> Then
    语句 1
Else
    语句 2
End If
```

（2）行 If 语句

```
If <条件表达式> Then <语句 1> Else<语句 2>
```

说明：关键字 If 为条件语句的关键字，计算条件表达式的值。当条件表达式为真时，执行关键字 Then 后面的语句 1，否则执行关键字 Else 后面的语句 2。关键字 End If 表示条件语句结束。

用法：块 If 语句中，Then、Else 和 End If 相当于语句括号，Then 与 Else 之间的语句块，是在表达式的值为真时执行的语句块，Else 与 End If 之间的语句块是在表达式的值为假时执行的语句块。行 If 语句中，Then 和 Else 后只能是一条语句，或者是冒号分隔的多条语句，且必须与 If 语句在同一行上。

【例 8-6】要求用户输入任意一个日期，用户提供的字符串通过一个内置函数 CDate( ) 转变为 Date 数据类型，函数 Weekday( )将日期转变为一个指明该日期在一周里的天数（参见表 8-10）。该整数储存于变量 myDate 中。条件测试用以检查变量 myDate 是否大于等于 2 以及小于等于 6。如果测试结果为真，用户就被告知该提供的数据是工作日；否则，程序宣布这是周末。

表 8-10　内置函数 Weekday( )返回的值

常量	值
vbSunday	1
vbMonday	2
vbTuesday	3
vbWednesday	4
vbThursday	5
vbFriday	6
vbSaturday	7

用 If-Then-Else 语句编写的程序如下。

```
Sub WhatTypeOfDay()
Dim response As String
Dim question As String
Dim strmsg1 As String, strmsg2 As String
Dim myDate As Date
question="Enter any date in the format mm/dd/yyyy:" _
& Chr(13)& " (e.g., 11/22/1999)"
strmsg1="weekday"
strmsg2="weekend"
response=InputBox(question)
myDate=Weekday(CDate(response))
If myDate>=2 AND myDate<=6 Then
   MsgBox strmsg1
Else
   MsgBox strmsg2
```

```
End If
End Sub
```

运行该选择语句结构的具体操作步骤如下。

1）在代码窗口中输入代码，如图 8-23 所示。

2）运行程序，在打开的对话框中输入“11/25/2016”，如图 8-24 所示，然后单击“确定”按钮。

```
Sub WhatTypeOfDay()
Dim response As String
Dim question As String
Dim strmsg1 As String, strmsg2 As String
Dim myDate As Date
question = "Enter any date in the format mm/dd/yyyy:"
& Chr(13) & " (e.g., 11/22/1999)"
strmsg1 = "weekday"
strmsg2 = "weekend"
response = InputBox(question)
myDate = Weekday(CDate(response))
If myDate >= 2 And myDate <= 6 Then
MsgBox strmsg1
Else
MsgBox strmsg2
End If
End Sub
```

图 8-23　输入代码

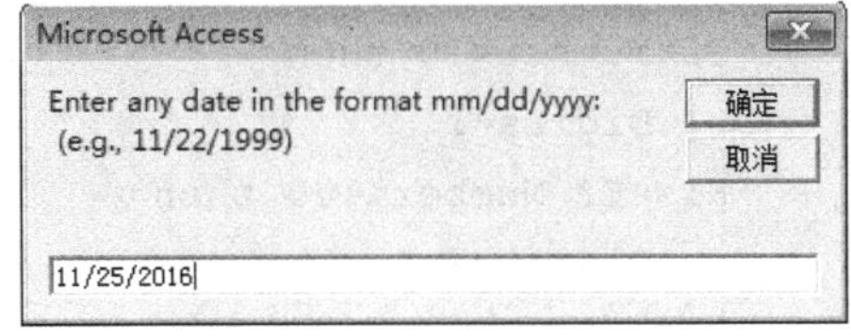

图 8-24　输入日期

3）运行结果如图 8-25 所示，该日期是工作日，即 weekday。

图 8-25　运行结果

3. If-Then-ElseIf 语句

If-Then-ElseIf 语句构成标准的嵌套 If 结构，适用于在否则语句块中嵌套 If 结构，使程序的条件表达式的覆盖区域依次定义，逻辑判断准确、清晰，易于理解，语法格式如下。

```
If <条件表达式 1> Then
    语句 1
ElseIf <条件表达式 2> Then
    语句 2
    ……
    ElseIf <条件表达式 n> Then
        <语句 n>
        Else
        <语句 n+1>
End If
```

说明：当条件表达式 1 的值为真时，执行关键字 Then 后面的语句 1，否则判断条件表达式 2 的值，表达式 2 的值为真，执行 Then 后面的语句 2……以此类推，直到判断条件表达式 *n* 的值为真，执行语句 *n*，否则执行语句 *n*+1，到 End If 条件语句结束。

用法：使用标准的嵌套 If 结构时，条件表达式指定的覆盖区域一定要按升序或降序依次判断，不能跳跃性地设定条件。采用缩进格式书写时，每级的 If 与 Else 要对齐。

【例 8-7】根据变量 Number 值的大小范围区间，输出不同的数字。

用 If-Then-ElseIf 语句编写的程序如下。

```
Dim Number,Digits  As Integer
If Number<10 then
   Digits=1
ElseIf Number<100 then
   Digits=2
Else
   Digits=3
End If
```

对于非标准嵌套 If 结构，编程时注意 If 与 Else 之间的配对，必要时可以增加空 Else 语句。阅读非标准嵌套 If 结构的程序时，先从第一个 Else 入手，找到紧靠其上的 If，配成一对，再找与第二个 Else 配对的 If，依次找完全部的 Else 和与之配对的 If，确定 If 的嵌套方法。

提示：

语句块中的语句不能与前一行的 Then 写在同一行，否则 VBA 会认为这是一个单行选择结构，不能执行多个条件的选择。值得说明的是，格式中的条件一般为逻辑表达式。如果条件为数值表达式，那么只有 0 值表示 False，所有的非 0 值都表示 True。

在 VBA 中，True 用-1 来表示，False 用 0 来表示，多个条件之间不是并列关系，有可能多个条件都为 True，但是程序只能执行第一个符合要求的语句块。因为 ElseIf 的执行检查顺序是先看是否满足第一个条件，在不满足时才看是否满足下面的条件，一旦满足，程序便跳出 ElseIf，不再执行下面的检查。

块状结构有很多优点，如可读性好、可以进行多条件选择、有良好的灵活性、可以按照人的逻辑来设计程序、便于程序的维护和拓展等。因此，在编写程序时，推荐使用块状结构编写程序。

4. Select Case-End Select 语句

虽然利用 ElseIf 语句可以实现多种情况选择，但是当条件过多时，用这种方法建立的程序可读性差。通常，多分支结构程序可以通过选择结构语句来实现。选择结构语句又称 Case 语句，它是根据一个表达式的值，在一组相互独立的可选择语句序列中选择要执行的语句序列。

Select Case 语句构成多分支选择结构，适用于对多路分支语句的选择。首先计算表达式的值，然后选择与之匹配的表达式值列表，执行该语句块。

Select Case 语句的语法格式如下。

```
Select Case <表达式>
Case <表达式值 1>
    <语句块 1>
Case <表达式值 2>
    <语句块 2>
    ……
Case <表达式值 n>
    <语句块 n>
[Case Else
     <语句块 n+1> ]
End Select
```

说明：关键字 Select Case 标示多分支语句，<表达式>为测试表达式，Case <表达式值 *n*>标示成员结构，<语句块>为待执行的语句集合。通过计算<表达式>的值，决定与之匹配的表达式值；依次检查 *n* 个 Case <表达式值 1～*n*>，与表达式相匹配的表达式值被选中，执行其后的<语句块 *n*>；没有与<表达式>计算的结果相匹配的表达式值时，则执行 Case Else 后的<语句块 *n*+1>，执行完任一语句块后退出，执行 End Select 后的下一条语句。

用法：使用多路分支语句应注意以下几点。

1）<表达式>可以是各类表达式，可以取值常数的常量、变量、函数及对象的属性。

2）<表达式值>可以包括一个表达式的值或多个表达式的值，多项表达式用逗号分隔，可以用关键字 to 表示两个值的范围。

3）Case 成员结构中的语句块可以是任何语句，可以是简单语句、If 语句、Select Case 语句、循环语句或复合语句，也可以是以上语句的嵌套结构。

4）当<表达式>计算的结果与任何的表达式值不相匹配时，则执行 Case Else 后的<语句块 *n*+1>。

5）Select 与 End Select 必须配对使用。

【例 8-8】根据用户输入的颜色，判断输出颜色的名称。

用 Select Case 语句编写的程序如下。

```
Sub  Choose()
Dim  st1 As String
   st1=InputBox("请输入颜色：")
   Select Case st1
Case "红"
   Msgbox"您输入的是红色"
```

```
    Case "黑"
        MsgBox"您输入的是黑色"
    Case "白"
        MsgBox"您输入的是白色"
    End Select
    End Sub
```

运行该选择语句结构的具体操作步骤如下。

1）在代码窗口中输入代码，如图 8-26 所示。

2）运行程序，在打开的对话框中输入“白”，然后单击“确定”按钮，如图 8-27 所示。

3）运行结果如图 8-28 所示。

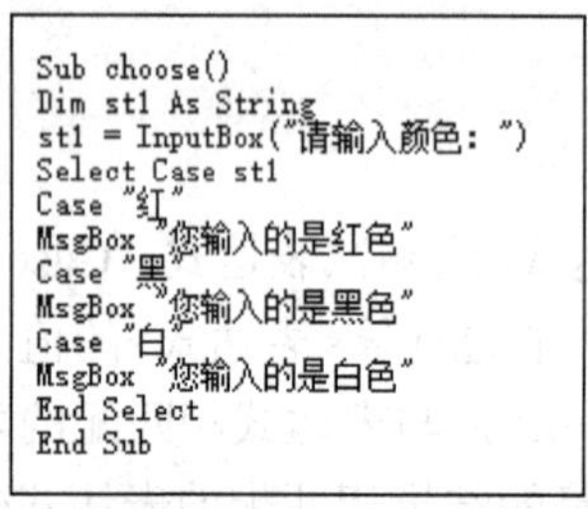

```
Sub choose()
Dim st1 As String
st1 = InputBox("请输入颜色: ")
Select Case st1
Case "红"
MsgBox "您输入的是红色"
Case "黑"
MsgBox "您输入的是黑色"
Case "白"
MsgBox "您输入的是白色"
End Select
End Sub
```

图 8-26　输入代码

图 8-27　输入“白”

图 8-28　运行结果

8.3.4　VBA 循环结构程序设计

循环结构又称重复结构，该结构包含一个判断语句，根据判断语句选择是重复执行还是中止执行。循环结构是对同一程序段重复执行若干次，被重复执行的部分称为循环体，每循环一次需要判断循环条件，决定是继续循环还是中止循环。VBA 常用的循环语句包括 For-Next 语句、While-Wend 语句、Do-Loop 语句。

1. For-Next 语句

For-Next 语句构成循环结构，称为计数型循环控制语句或步长循环语句，可以计算出循环的执行次数，语法格式如下。

```
For <循环变量>=<初值> To <终值> [Step<步长>]
    <循环体>
[Exit For]                <循环体>
    <语句块>
Next <循环变量>
```

说明：For 是循环关键字，循环变量从初值变到终值，每步按照步长改变，当步长为 1 时，可以省略 Step<步长>子句。每一次循环，执行一遍循环体，一直执行到循环变量为终值时，执行完所有循环体后退出循环。若执行到 Exit For 语句，可以跳出循环。

用法：使用 For-Next 语句应注意，循环变量从初值开始执行，执行完循环变量的终值结束；第一次循环按照步长修改循环变量；步长可为正，可为负，可为整数，可为小数；若省略 Step 子句，则步长为 1。

【例 8-9】编程输出由“*”组成的直角三角形图形。

用 For-Next 语句编写的程序如下。

```
Sub com()
n=5
Dim a As String
For i=1 To n
    Debug.Print String(i,"*")
Next i
    Debug.Print Chr(13)
End Sub
```

运行该循环语句结构的具体操作步骤如下。

1）在代码窗口中输入代码，如图 8-29 所示。

2）按【F5】键运行，按【Ctrl+G】组合键，打开立即窗口，运行结果如图 8-30 所示。

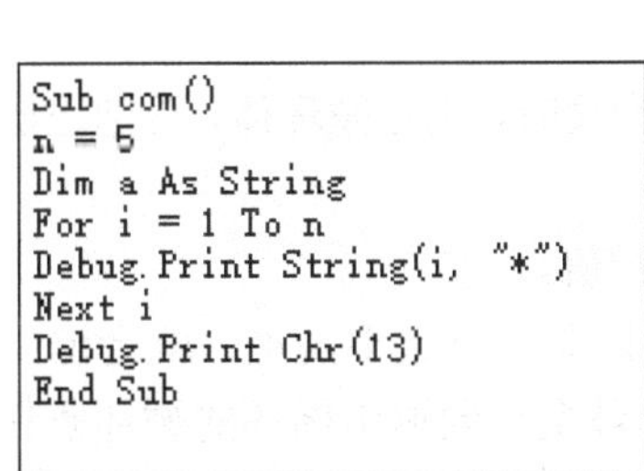

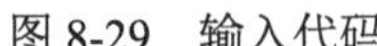
图 8-29　输入代码

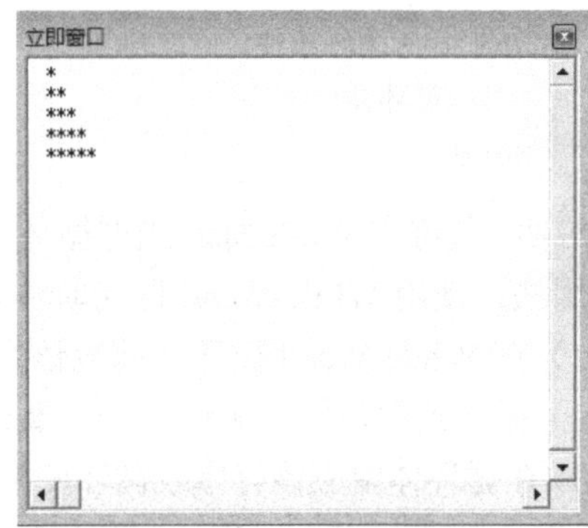

图 8-30　运行结果

循环体由<循环体>、[Exit For]、<语句块>组成，执行循环体，执行到 Exit For 语句退出循环。若没有执行到 Exit For 语句，则执行到循环变量大于终值时循环结束。

【例 8-10】编写子过程，输出 1～100 的所有整数之和。

用 For-Next 语句编写的程序如下。

```
Private Sub proc6()
   Dim i As Integer
   Dim sum As Single
   sum=0
   For i=1 To 100
      sum=sum+i
   Next
   MsgBox "1~100 之间的所有数之和为:"&sum
End Sub
```

运行该循环语句结构的具体操作步骤如下。

1）在代码窗口中输入代码，如图 8-31 所示。

2）运行程序，弹出消息框，运行结果如图 8-32 所示。

```
Private Sub proc6()
Dim i As Integer
Dim sum As Single
 sum = 0
For i = 1 To 100
   sum = sum + i
Next
MsgBox "1~100之间的所有数之和为:" & sum
End Sub
```

图 8-31　输入代码

图 8-32　运行结果

2. While-Wend 语句

While 语句构成当型循环控制语句，语法格式如下。

```
While <循环条件>
    <循环体>
Wend
```

说明：关键字 While 标示当型循环，当循环条件为真时，执行循环体，否则退出循环。

用法：使用 While-Wend 语句时注意以下几点。

1）在 While-Wend 循环之前应该为循环变量赋初值。

2）循环条件是执行循环体一直要满足的条件，只要有一次不满足，就会退出循环。

3）在循环体中应该有修改循环变量的语句，使循环变量向退出循环的循环条件转化。

【例 8-11】用 While-Wend 循环结构，求 1～100 所有偶数之和。

用 While-Wend 语句编写的程序如下。

```
Private Sub proc1()
i=1
```

```
While i<=100
   If  i Mod 2=0 Then
      Sum=Sum+i
   End If
   i=i+1
   Wend
   MsgBox Sum
End Sub
```

程序运行结果如图 8-33 所示。

图 8-33 运行结果

3. Do-Loop 语句

Do-Loop 语句可以构成当型循环和直到型循环，Do-Loop 语句包括当型先测 Do While-Loop 语句、直到型先测 Do Until-Loop 语句、当型后测 Do-Loop While 语句、直到型后测 Do-Loop Until 语句 4 种。Do-Loop 语法格式如表 8-11 所示。

表 8-11 Do-Loop 语法格式

语句	Do While-Loop 语法	Do Until-Loop 语法	Do-Loop While 语法	Do-Loop Until 语法
Do	Do While 条件表达式	Do Until 条件表达式	Do	Do
循环体	<语句块>	<语句块>	<语句块>	<语句块>
	[Exit Do]	[Exit Do]	[Exit Do]	[Exit Do]
	<语句块>	<语句块>	<语句块>	<语句块>
Loop	Loop	Loop	Loop While 条件表达式	Loop Until 条件表达式
测试条件	当条件满足执行循环体时	直到条件为真退出循环	当条件满足执行循环体时	直到条件为真退出循环
测试次序	先测试条件，再执行循环体，可能循环体一次也不执行		先执行循环体，后测试条件，循环体至少要执行一次	

说明：Do-Loop 循环条件判断有当型和直到型两种。当型用 While <条件表达式>，表示当条件表达式为真时，执行循环体，否则结束循环。直到型用 Until<条件表达式>，表示当直到条件表达式为真时，结束循环体，否则执行循环体。测试条件放置的位置有

先测或后测两种，先测的循环判断放在关键字 Do 之后，执行时先测试条件，再执行循环体，可能循环体一次也不执行。后测的循环判断放在关键字 Loop 之后，执行循环语句，先执行循环体，后测试条件，循环体至少要执行一次。

用法：根据循环条件判断方法的不同和测试条件放置的位置不同，可以组合成当型先测 Do While-Loop 语句、直到型先测 Do Until-Loop 语句、当型后测 Do-Loop While 语句、直到型后测 Do-Loop Until 语句 4 种循环语句。下面分别举例说明。

【例 8-12】分别用 Do While-Loop 语句和 Do-Loop While 语句求 1～100 的所有整数之和。

用 Do While-Loop 语句编写的程序如下。

```
Private Function s(x As Single) As  Single
   Dim t,tem  As  Single
   t=0
   tem=0
   Do  While  (t<x)
      t=1+t
      tem=t+tem
   Loop
   s=tem
End Function
Sub  aaa()
   Dim  a  As  Single
   a=s(100)
   MsgBox(a)
End Sub
```

用 Do-Loop While 语句编写的程序如下。

```
Private Function s(x As Single) As  Single
   Dim t,tem  As  Single
   t=0
   tem=0
   Do
      t=1+t
      tem=t+tem
   Loop While  (t<x)
   s=tem
End Function
Sub  aaa()
   Dim  a  As  Single
   a=s(100)
```

```
    MsgBox(a)
End Sub
```

其运行结果如图 8-34 所示。

图 8-34 运行结果

【例 8-13】 分别用 Do Until-Loop 语句和 Do-Loop Until 语句求 1！+2！+3！+……+*N*! 的结果。

用 Do Until-Loop 语句编写的程序如下。

```
Private Sub proc2()
    Dim i, N As Integer
    Dim m, sum As String
    N=InputBox("请输入 N 的值")
    If IsNull("请输入 N 的值") Then
        MsgBox "N 的值不能为空"
        Exit Sub
    End If
    i=1
    m=1
    sum=0
    Do Until i>N
        m=m*i
        i=i+1
        sum=m+sum
    Loop
    MsgBox sum
End Sub
```

用 Do-Loop Until 语句编写的程序如下。

```
Private Sub proc3()
    Dim i, N As Integer
    Dim m, sum As String
    N=InputBox("请输入 N 的值")
```

```
    If IsNull("请输入N的值") Then
       MsgBox "N的值不能为空"
       Exit Sub
    End If
    i=1
    m=1
    sum=0
    Do
       m=m*i
       i=i+1
       sum=m+sum
    Loop Until (i>N)
    MsgBox sum
End Sub
```

运行程序，在打开的对话框中输入 *N* 的值为“10”，如图 8-35 所示，单击“确定”按钮，运行结果如图 8-36 所示。

图 8-35　输入 *N* 的值

图 8-36　运行结果

8.3.5　For Each-Next 语句

For Each-Next 语句的主要功能是对一个数组或集合对象进行循环，让所有元素重复执行一次语句。语法格式如下。

```
For Each [元素] In [元素组]
   <循环体>
Next [元素]
```

例如：

```
For Each rang2 In rang1
   With rang2.interior.colorndex=6
   End With
Next
```

上面的例子中用到了 With-End With 语句，目的是省去多次调用对象，加快循环速度。

8.4 常用对象的属性和事件

窗体是实现和用户交互的接口，通过窗体不仅可改善程序的界面友好性，而且可进一步增强、完善程序的功能。VBA 是面向对象的程序设计，用户选取的对象不同，触发事件的方法也就不同，因此，在编写 VBA 代码时，必须了解窗体、控件等对象的属性和事件。

8.4.1 窗体的控件、事件和属性控件

1. 窗体的常用控件

1）标签控件：用于显示不可编辑的文本，默认属性为 Caption 属性，默认事件为 Click 事件。

2）文本框控件：用于显示可编辑的文本信息，是 VBA 开发中最常用的编辑控件，默认属性为 Value 属性，默认事件为 Change 事件。

3）复合框控件：将列表框和文本框进行结合，用户可进行输入和列表框选择操作，默认属性为 Value 属性，默认事件为 Change 事件。

4）列表框控件：用于显示值列表，用户可选择一个或多个列表项，VBA 中的列表框可通过列表形式和选项按钮或复选框的形式使用，默认属性为 Value 属性，默认事件为 Click 事件。

5）复选框控件：用于显示选择的状态，即允许用户从两个值（如 True 或 False）中选择一个。如选中则将显示标记，默认属性为 Value 属性，默认事件为 Click 事件。

6）选项按钮控件：用于显示多选项中每一项的选择状态，默认属性为 Value 属性，默认事件为 Click 事件。

7）切换按钮控件：用于显示选择状态，默认属性为 Value 属性，默认事件为 Click 事件。

8）框架控件：用于创建功能或视觉角度的控件组，默认事件为 Click 事件。

9）命令按钮控件：用于启动、结束或中断操作，其 Click 事件是窗体编程中最常用的事件代码，默认属性为 Value 属性，默认事件为 Click 事件。

10）表头控件：用于将一系列相关控件显示为一个多表的集合，默认属性为 SelectedItem 属性，默认事件为 Change 事件。

11）多页控件：用于将多页面的内容以单个控件的方式实现，在处理不同类别的大量信息时很有用，默认事件为 Change 事件。

12）滚动条控件：用于按滚动块位置，返回或设置变量值，默认属性为 Value 属性，

默认事件为 Change 事件。如需创建横向或纵向的滚动条，可在窗体设计时横向或纵向拖动滚动条控制点。

13）旋转按钮控件：用于增加及减少变量数值，默认属性为 Value 属性，默认事件为 Change 事件。

14）图像控件：用于显示图片，其支持的图片文件格式包括 BMP、CUR、GIF、ICO、JPG 和 WMF 等，默认事件为 Click 事件。

2. 用户窗体常用事件

用户窗体的常用事件和 VB 窗体有一定的区别。

1）Initialize 事件：发生在加载对象后和显示对象前，通常在该事件中初始化变量值或设置控件的属性。

2）QueryClose 事件：发生在用户窗体关闭前，通常在该事件中检查用户窗体中未完成的操作。

Cancel 参数：整型，若将该参数设置为非零值，则可阻止关闭用户窗体。

Closemode 参数：用于获取触发 QueryClose 事件的原因。

3）Terminate 事件：将所有引用的对象变量设置为 Nothing 常量，即删除对象的引用。该事件发生在卸载对象后。如非正常退出程序，则不会触发。

3. 窗体属性

Access 常用窗体属性如表 8-12 所示。

表 8-12　Access 常用窗体属性

属性	代码	说明
记录源	RecordSource	可以是一个表或查询，也可以是 SQL 语句
筛选	Filter	设置窗体显示数据的筛选条件
排序依据	OrderBy	决定窗体显示记录的顺序
允许筛选	AllowFilters	此选项为“是”，筛选才有效
标题	Caption	设置窗体视图界面标题栏上的显示，如果为空，则显示此窗体的名字
默认视图	DefaultView	默认为“单一窗体”，当此窗体作为子窗体用时，一般情况下要改为“连续窗体”或“数据表”，“数据透视表”与“数据透视图”则很少用到。“单一窗体”每页显示一条记录，“连续窗体”与“数据表”可显示多条记录

续表

属性	代码	说明
允许“窗体”视图	AllowFormView	这几项用于设置此窗体允许显示的形式
允许“数据表”视图	AllowDatasheetView	
允许“数据透视表”视图	AllowPivotTableView	
允许“数据透视图”视图	AllowPivotChartView	
允许编辑	AllowEdits	设置此窗体是否可更改数据。前提是此窗体绑定记录源
允许删除	AllowDeletions	设置此窗体是否可删除记录。前提是此窗体绑定记录源
允许添加	AllowAdditions	设置此窗体是否可添加记录。前提是此窗体绑定记录源
数据输入	DataEntry	如设置为“是”，那么此窗体只能用于添加新记录，换言之，就是每次打开都是转到新记录。当然，前提也是此窗体绑定记录源
滚动条	ScrollBars	设置此窗体具有横/竖/无滚动条
记录选择器	RecordSelectors	设置记录左边是否有一个选择记录的按钮，一般在“单一窗体”模式下设置为“否”。需要特别注意的是，即便设置了“否”，在窗体显示时同样可以按【Ctrl＋A】组合键选择记录
导航按钮	NavigationButtons	设置窗体下方是否需要显示跳转到记录的几个小按钮
自动调整	AutoResize	设置为“是”，窗体打开时可自动调整窗体大小，依据是各节长宽
自动居中	AutoCenter	设置窗体打开时是否自动居于屏幕中央。如果设置为“否”，则打开时居于窗体设计视图最后一次保存时的位置
弹出方式	PopUp	如设置为“是”，则此窗体打开时浮于其他普通窗体上方，只有模式设置为“否”时其他同类窗体才可以覆盖它
模式	Modal	如设置为“是”，则此窗体以对话框形式打开，在关闭它之前，别的窗体不能操作
边框样式	BorderStyle	设置窗体的边框，可设置为细边框或不可调，当设置为无边框时，此窗体无边框及标题栏
控制框	ControlBox	设置窗体标题栏左边是否显示一个窗体图标，实际上这就是窗体控制按钮
最大/最小化按钮	Max/MinButtons	设置窗体标题栏右边要显示的改变窗体尺寸的几个小按钮
关闭按钮	CloseButton	设置窗体标题栏最右端关闭窗体的按钮是否可用
宽度	Width	设置整个窗体的宽度。注意，这里只能设置窗体宽度，不能设置窗体高度，窗体高度的设置分到了各节的属性中
图片	Picture	设置窗体背景图片

续表

属性	代码	说明
图片类型	PictureType	这几项用于设置图片显示的模式
图片缩放模式	PictureSizeMode	
图片对齐方式	PictureAlignment	
图片平铺	PictureTiling	
菜单栏	MenuBar	指定窗体专用菜单，前提是有自定义的菜单。如果不指定，则使用系统菜单
工具栏	ToolBar	指定窗体专用工具栏，前提是有自定义的工具栏。如果不指定，则使用系统工具栏
快捷菜单	ShortcutMenu	设置是否允许使用快捷菜单，只有设置为“是”，下面一项设置才有效
快捷菜单栏	ShortcutMenuBar	指定窗体专用的快捷菜单，前提是有自定义的快捷菜单。注意，这里设置的是整个窗体的快捷菜单，优先级低于特定控件指定的快捷菜单
网格线 X 坐标	GridX	设置窗体网格的密度，主要在窗体设计中使用
网格线 Y 坐标	GridY	
成为当前	Current/OnCurrent	设置当一条记录为当前记录时引发的事件，可以是宏，也可以是代码
更新前	BeforeUpdate/OnBeforeUpdate	设置窗体数据更新前需引发的事件，需注意的是，这里指的是整个窗体
更新后	AfterUpdate/OnAfterUpdate	设置窗体数据更新后需引发的事件，需注意的是，这里指的是整个窗体
删除	Delete/OnDelete	在记录删除时引发的事件，可以依据条件，中止删除动作
确认删除前	BeforeDelConfirm	把事件引发时间分得很细，具体情况具体应用
确认删除后	AfterDelConfirm	
打开	Open/OnOpen	在窗体打开时引发事件
加载	Load/OnLoad	在窗体加载时引发事件，时间上晚于打开事件
调整大小	Resize/OnResize	在改变窗体显示尺寸时引发事件，一般用于窗体重画（控件布局）
卸载	Unload/OnUnload	在窗体卸载时引发事件，时间上早于关闭事件
关闭	Close/OnClose	在窗体关闭时引发事件
激活	Activate/OnActivate	在窗体间切换时，切换到此窗体时引发的事件
停用	Deactivate/OnDeactivate	在窗体间切换时，从此窗体切换到别的窗体时引发的事件，与上一项相反
获得焦点	GotFocus/OnGotFocus	在此窗体获得焦点时引发事件
失去焦点	LostFocus/OnLostFocus	在此窗体失去焦点时引发事件
单击	Click/OnClick	在单击窗体时引发事件
双击	DblClick/OnDblClick	在双击窗体时引发事件

8.4.2 编写事件过程

Access 中的程序设计是一种面向对象的程序设计，面向对象的程序设计中很重要的一点就是为对象事件编写事件代码。对象还有现成的方法可调用。下面用实例介绍如何编写事件代码。

【例 8-14】 创建如图 8-37 所示的窗体，并为“确定”按钮编写事件过程，检测输入的密码是否正确，如果不正确，弹出输入密码错误消息框。

操作步骤如下。

1）建立窗体，并命名为“密码验证窗体”，如图 8-37 所示。

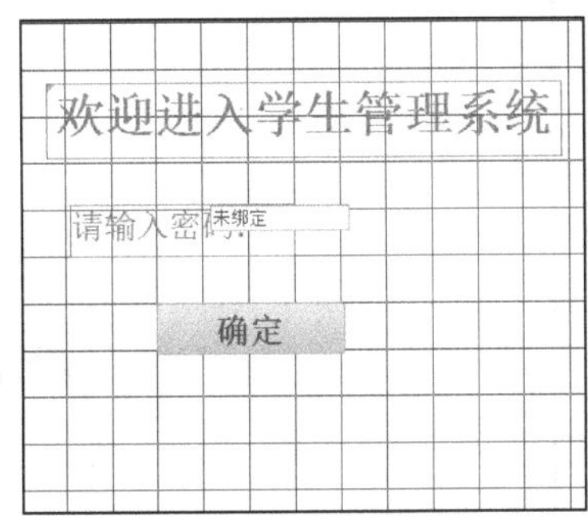

图 8-37　密码验证窗体

2）右击“确定”按钮，在弹出的快捷菜单中选择“事件生成器”命令，如图 8-38 所示。

3）在打开的“选择生成器”对话框中选择“代码生成器”选项，如图 8-39 所示，然后单击“确定”按钮，打开显示标题为“Form_密码验证窗体”的代码窗口，如图 8-40 所示。

4）在 VBA 代码窗口中输入如下代码。

```
Private Sub Command4_Click()
    m1=Text2.Value
    If m1 <> "666666" Then
       MsgBox "密码输入有误！", vbCritical, "错误提示"
       DoCmd.Quit
    End If
    MsgBox ("欢迎进入学生管理系统！")
End Sub
```

5）运行程序，在文本框中分别输入正确和错误的密码，运行结果分别为图 8-41 所示的正确密码运行结果和图 8-42 所示的错误密码运行结果。

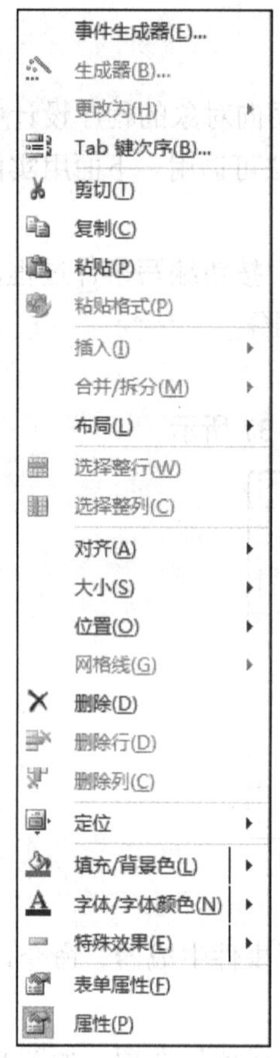

图 8-38　快捷菜单

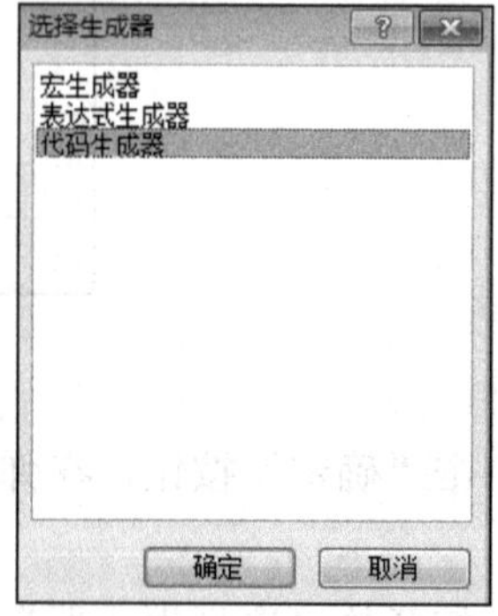

图 8-39　“选择生成器”对话框

图 8-40　Form_密码验证窗体的 VBA 代码窗口

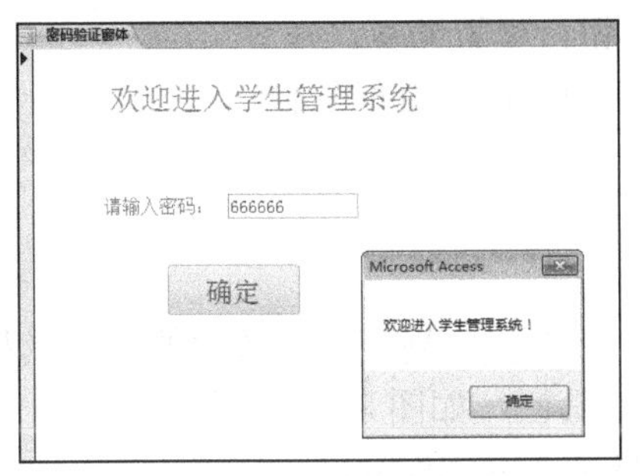

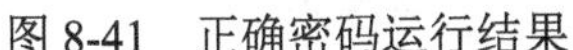
图 8-41　正确密码运行结果

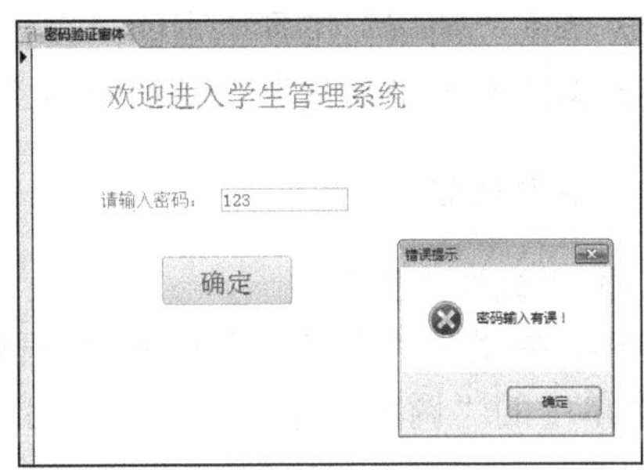

图 8-42　错误密码运行结果

8.5　VBA 程序的调试

由于在编写代码的过程中会出现各种各样的问题，所以编写的代码很难一次成功。这时就需要一个专用的调试工具，来快速地找到程序中的问题，以便消除代码中的错误。VBA 开发环境中的“调试”菜单、“调试”工具栏、“立即窗口”、“本地窗口”和“监视窗口”就是专门用来调试 VBA 程序的。

1. 程序代码颜色说明

从代码窗口中可以看到，程序代码中每一行的每一个单词都具有自己的颜色，这样用户可以从复杂的代码中轻松地辨别出程序的各个部分。代码行中各种颜色所代表的含义如下。

1）绿色：表示注释行，它不会被执行，只用于对代码进行说明。

2）蓝色：表示 VBA 预定义的关键字名。

3）黑色：表示存储数值的内容，如赋值语句、变量名。

4）红色：表示有语法错误的语句。

2. 设置断点

VBE 提供的大部分调试工具，都要在程序处于挂起状态时才有效，这就需要暂停 VBA 程序的运行。在这种情况下，程序仍处于执行状态，只是在正在执行的语句之间暂停，变量和对象的属性仍然保持，当前运行的代码在模块窗口中被显示出来。

（1）定义

在过程的某个特定语句上设置一个位置点以中断程序的执行。

如果要将语句设为挂起状态，可采用以下几种方法。

1）断点挂起。

2）Stop 语句挂起。

（2）断点的设置与取消

1）使用暂停语句 Stop。

2）单击“调试”工具栏中的“切换断点”按钮，设置断点。

3）再次单击“调试”工具栏中的“切换断点”按钮，取消断点。

3. 单步跟踪

（1）“调试”工具栏

VBA 提供了“调试”菜单和“调试”工具栏，选择“视图”菜单中的“工具栏”级联菜单中的“调试”命令，即可弹出“调试”工具栏，如图 8-43 所示。

图 8-43 “调试”工具栏

“调试”工具栏命令按钮的功能说明如表 8-13 所示。

表 8-13 “调试”工具栏命令按钮的功能说明

按钮名称	图标	功能说明
设计模式		打开或关闭设计模式
运行子过程/用户窗体		如果光标在过程中，则运行当前过程；如果用户窗体处于激活状态，则运行用户窗体，否则将运行宏
中断		终止程序的执行，并切换到中断模式
重新设置		消除执行堆栈和模块级变量，并重新设置工程
切换断点		在当前行设置或清除断点
逐语句		一次执行一句代码
逐过程		在代码窗口中一次执行一个过程或一句代码
跳出		执行当前执行点处的过程的其余行
本地窗口		显示本地窗口
立即窗口		显示立即窗口
监视窗口		显示监视窗口
快速监视		显示所选表达式的当前值的“快速监视”对话框
调用堆栈		显示“调用堆栈”对话框，列出当前活动的过程调用

（2）主要调试工具

1）立即窗口。

2）监视窗口。

3）逐语句执行代码。

4）逐过程执行代码。

5）跳出执行代码。

4. 错误分类

执行代码时产生的错误有 3 种，分别为逻辑错误、编译错误和运行时错误。

（1）逻辑错误

逻辑错误是指应用程序运行时没有出现语法错误，但是没有按照既定的设计执行，生成了无效的结果。

这种错误不提示任何信息，一般是由程序中的错误逻辑设计引起的。

（2）编译错误

编译错误一般是由各种语法错误引起的。语法错误可能缺少配对、输入错误、标点丢失或是不适当地使用某些关键字。

当进行编译时，系统对于此种错误会自动弹出消息框，如图 8-44 所示。单击“确定”按钮以后，系统会自动将光标定位。程序中错误的过程或语句突出显示，提示用户进行更正，如图 8-45 所示。

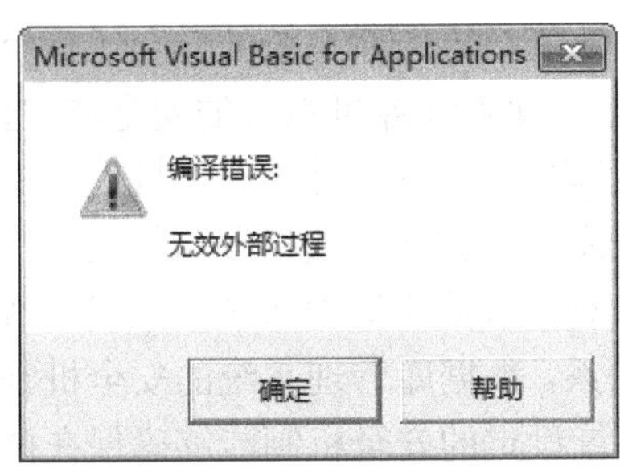

图 8-44　编译错误消息框

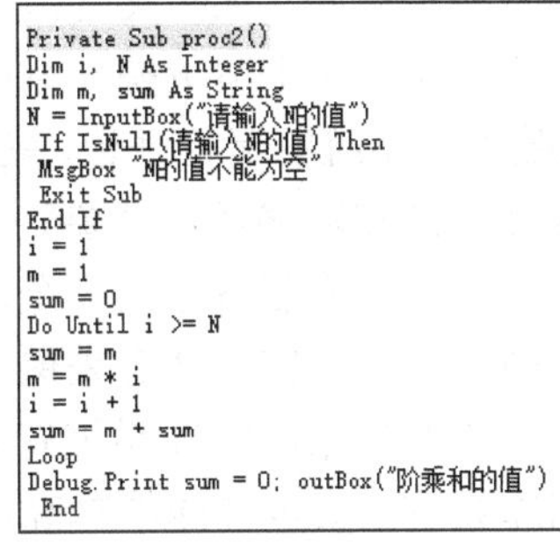

图 8-45　提示更正

（3）运行时错误

运行时错误是程序在运行过程中发生的错误。程序在一般状态下运行正常，但是遇到非法数据时会产生错误。例如，在编写的求数的阶乘的例子中，如果输入的值过大，则有可能定义的数据类型存放不下计算结果，而产生数据溢出的错误。其他一些非法操作也会产生运行时错误。例如，分母为 0、向不存在的文件中写入数据等。

了解错误的分类，可以更加清楚程序调试的过程。

当程序运行错误时，VBA 提供以下语句进行相应的处理，防止进一步终止程序的运行。

格式：

```
On Error Goto 标号
```

当产生运行错误时，控制程序将跳转到 On Error 语句所指定的标号处。

第9章　数据库安全与维护

本章重点

- 数据库的安全和保护的相关概念。
- 数据库的密码。
- 数据库的管理：备份和修复。
- 数据库的转换。
- 数据库的导入与导出。

数据库系统可以划分为3个层次安全结构：网络系统级、宿主操作系统级和数据库管理系统级。对于网络系统级来说，网络系统是数据库的第一个安全屏障，这个安全屏障面临着许多的威胁，如报文修改、特洛伊木马等威胁，这些都有可能导致出现数据库系统安全性问题。对于宿主操作系统级来说，操作系统对数据库系统的安全运行至关重要，作为数据库系统的运行平台，操作系统安全策略对保障计算机系统的安全非常重要。不同的操作系统和网络环境需要采取不同的安全管理策略，主要是对计算机用户的权限进行分配，以及保障服务器的安全，主要通过数据库加密技术、数据存储的安全性、数据备份、数据传输的安全性等来保证数据的安全。对于数据库管理系统级来说，数据库系统的安全性与数据库管理系统有着十分密切的联系，数据库管理系统的安全机制越强大，数据库系统的安全性能就越高，数据库管理系统设定的安全机制能够确保在操作系统级安全被突破的情况下保证数据的安全。数据库系统从以上3个方面构建了一套完整的安全体系。

本章主要介绍如何保证数据库系统安全可靠地运行，以及如何在创建数据库之后对数据库进行安全管理和保护。Access 2010提供了一些对数据库进行安全管理的保护措施，本章主要介绍如何利用Access 2010提供的安全功能来实现数据库安全的操作和维护。

9.1　数据库的安全

在现代计算机技术中，信息的保密已经成为人们广泛关注的问题，尤其是一些重要的数据库、文件等。而在Access中提供了设置数据库密码、数据加密、创建ACCDE文件等保护手段。

9.1.1　数据库密码

当希望帮助防止未经授权使用Access数据库时，可以考虑通过设置密码来加密数据库。如果知道加密数据库的密码，还可以解密该数据库并删除其密码。本节介绍如何使用数据库密码加密数据库，以及如何解密数据库并删除其密码。

1. 简介

加密工具使其他工具无法读取用户的数据，并设置使用数据库所必需的密码。执行操作时，请记住下列规则。

1）新的加密功能只适用于.accdb 文件格式的数据库。

2）此工具使用的加密算法比早期版本的 Access 中使用的加密算法更强。

3）如果要对早期版本的 Access 数据库（.mdb 文件）进行编码或应用密码，Access 将使用 Access 2003 中的编码和密码功能。

2. 设置数据库密码

设置数据库密码的操作步骤如下。

1）以独占方式打开数据库。以独占方式打开数据库的方法：选择“文件”选项卡中的“打开”命令，在打开的“打开”对话框中，除了选择数据库文件外，单击右下角的“打开”下拉按钮，在弹出的下拉列表中选择“以独占方式打开”选项，如图 9-1 所示。

图 9-1 “打开”对话框

2）选择“文件”选项卡中的“信息”命令，在“有关 mybase 的信息”窗格中单击“用密码进行加密”按钮，打开“设置数据库密码”对话框，如图 9-2 所示。注意：使用由大写字母、小写字母、数字和符号组合的强密码。弱密码不混合使用这些元素。例如，Y6dh!et5 是强密码，House27 是弱密码。密码长度应不少于 8 个字符。最好使用包括 14 个或更多个字符的密码。记住密码是非常重要的。如果用户忘记了密码，Microsoft 无法为用户找回。请将记好的密码保存在安全位置，远离密码所要保护的信息。

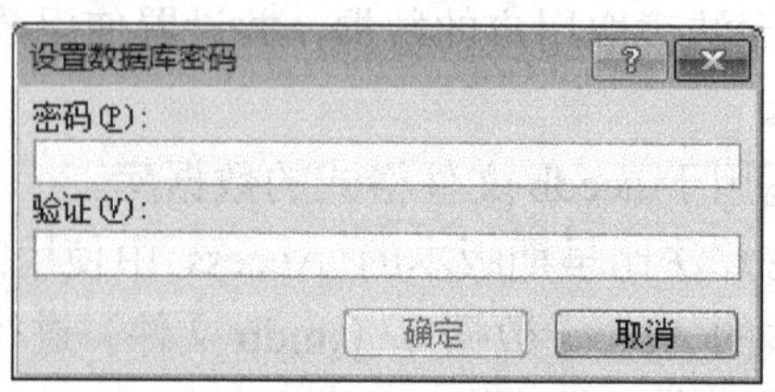

图 9-2　“设置数据库密码”对话框

3）在“设置数据库密码”对话框中，输入密码和验证密码，然后单击“确定”按钮，则密码设置完成。

数据库密码设置完毕。当下次打开这个数据库的时候，打开数据库之前就会在屏幕上出现一个对话框，要求输入这个数据库的密码。只有输入正确的密码才能打开这个数据库，否则就不能打开。

如果没有以独占方式打开数据库，这时候弹出一个如图 9-3 所示的消息框，它提示要用独占方式打开数据库才能设置或撤销数据库密码。

图 9-3　提示要以独占方式打开数据库的消息框

此时，应该关闭该数据库，以独占方式重新打开它，再进行密码设置。

3. 加密拆分数据库

需要加密拆分的数据库，需同时加密前端数据库和后端数据库。加密后端数据库后，重新链接到其表。

1）参照设置数据库密码的步骤加密后端数据库。

2）在前端数据库中，删除指向后端数据库中表的链接，然后再次链接到这些表。在重新链接时，Access 会提示用户输入后端数据库密码。

3）重新链接这些表后，参照设置数据库密码的步骤加密前端数据库。

4. 撤销数据库密码

撤销数据库密码的操作步骤如下。

1）在 Access 系统窗口中，以独占方式打开数据库（打开方法见 2.设置数据库密码）。

2）选择“文件”选项卡中的“信息”命令，在“有关 mybase 的信息”窗格中单击“解密数据库”按钮，打开“撤销数据库密码”对话框，如图 9-4 所示。

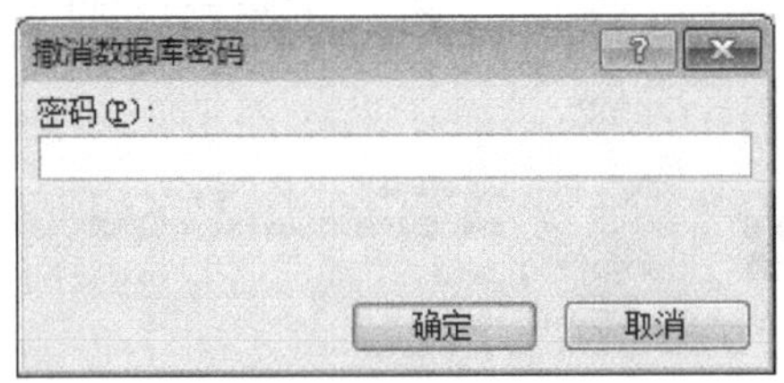

图 9-4　“撤销数据库密码”对话框

3）在“撤销数据库密码”对话框中输入正确密码，再单击“确定”按钮即可。

9.1.2　压缩和修复数据库

随着不断添加、更新数据及更改数据库设计，数据库文件会变得越来越大。导致增大的因素不仅包括新数据，还包括其他一些方面。例如，Access 会创建临时的隐藏对象来完成各种任务。有时，Access 在不再需要这些临时对象后仍将它们保留在数据库中。又如，删除数据库对象时，系统不会自动回收该对象所占用的磁盘空间。也就是说，尽管该对象已被删除，但是数据库文件仍然使用该磁盘空间。

随着数据库文件不断被遗留的临时对象和已删除对象所填充，其性能也会逐渐降低。其症状包括：对象可能打开得更慢，查询可能比正常情况下运行的时间更长，各种典型操作通常似乎也需要使用更长时间。压缩和修复数据库可以重新整理数据库，消除磁盘中的碎片，修复被破坏的数据库，从而提高数据库的使用效率，保证数据库中数据的正确性。

压缩和修复数据库的操作步骤如下。

1）启动 Access 2010，打开要压缩和修复的数据库。

2）选择“文件”选项卡中的“信息”命令，在“有关 mybase 的信息”窗格中单击“压缩和修复数据库”按钮，如图 9-5 所示，或在“数据库工具”选项卡的“工具”组中单击“压缩并修复数据库”按钮，系统将自动对当前数据库进行压缩和修复，并生成与数据库文件名同名并且扩展名为.laccdb 的文件。

Access 2010 关闭时自动压缩和修复数据库的方法：选择“文件”选项卡中的“选项”命令，在打开的“Access 选项”对话框中，选择“当前数据库”命令。在“应用程序选项”选项组中选中“关闭时压缩”复选框，如图 9-6 所示。

图 9-5　压缩和修复数据库

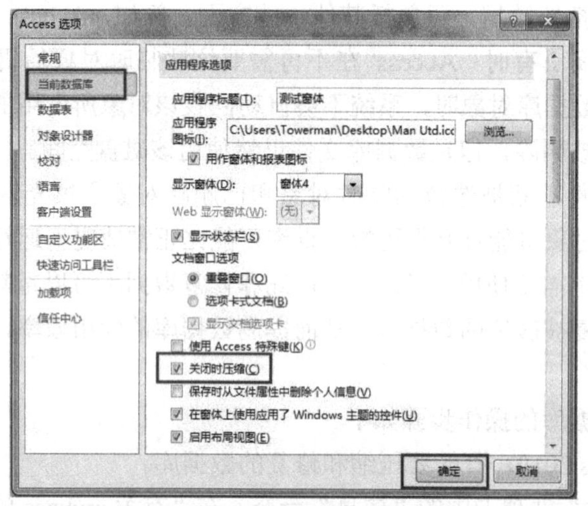

图 9-6　“Access 选项”对话框

开始执行压缩和修复操作之前，请考虑执行下列操作。

始终创建备份：在修复过程中，Access 可能会截断损坏的表中的某些数据，因此有时可能要从备份恢复此数据。除了定期备份策略外，还应制作备份，然后使用压缩和修复数据库命令。可以通过使用备份数据库命令进行备份：选择“文件”选项卡中的“保存并发布”命令，然后在“高级”选项组中单击“备份数据库”按钮。

自动压缩和修复：除非通过网络与其他用户共享一个数据库文件，否则应将数据库设置为自动压缩和修复。

获取到要使用压缩和修复数据库命令的数据库的独占访问权：仅使用用户的数据库的人员可以跳过此部分中的其余部分，直接转至压缩和修复数据库。压缩和修复操作需要以独占方式访问数据库文件，因为该操作可能会中断其他用户。当用户计划进行压缩和修复操作时，应通知其他用户，以使他们可以避开在该时间段内使用数据库。

9.2 数据库的转换与导入/导出

9.2.1 数据库转换

在 Access 中，可以实现数据库在不同的版本之间进行转换，从而使数据库在不同的 Access 环境中都能使用。

在 Access 中，可以将当前数据库转换为 Access 2000、Access 2003 的格式，也可以将低版本的 Access 数据库转换为 Access 2010 格式。操作步骤如下。

1）打开要转换的数据库。

2）选择“文件”选项卡中的“保存并发布”命令，打开“文件类型”与“数据库另存为”窗格，单击“数据库另存为”按钮。

3）在右侧窗格中的“数据库文件类型”选项组中，有以下 4 个按钮。

① “Access 数据库”按钮：将当前数据库转换为 Access 2010 格式。

② “Access 2002-2003 数据库”按钮：将当前数据库转换为 Access 2003 格式。

③ “Access 2000 数据库”按钮：将当前数据库转换为 Access 2000 格式。

④ “模板”按钮：将当前数据库另存为数据库模板。

单击所需要的按钮，然后单击“另存为”按钮，在打开的“另存为”对话框中输入转换后的数据库文件名，单击“保存”按钮，系统将对数据库文件进行转换并保存。

9.2.2 数据库导入

数据导入是将文本文件、电子表格或其他数据库中的数据复制到当前数据库的表中。Access 2010 可以将多种数据类型导入。

导入数据操作通常使用“外部数据”选项卡“导入并链接”组中的功能按钮进行操作。

将其他数据导入 Access 的当前数据库中，操作步骤如下。

1）在“外部数据”选项卡的“导入并链接”组中，单击需要导入文件的类型，如 Excel 文件，则单击“Excel”按钮，打开“获取外部数据-Excel 电子表格”对话框，如图 9-7 所示。

2）单击“确定”按钮，打开“导入数据表向导”对话框，如图 9-8 所示。选中“显示工作表”单选按钮，再选择工作表“Sheet1”。单击“下一步”按钮，打开确定表的列标题的向导对话框，然后确定指定的第一行是否包含列标题。

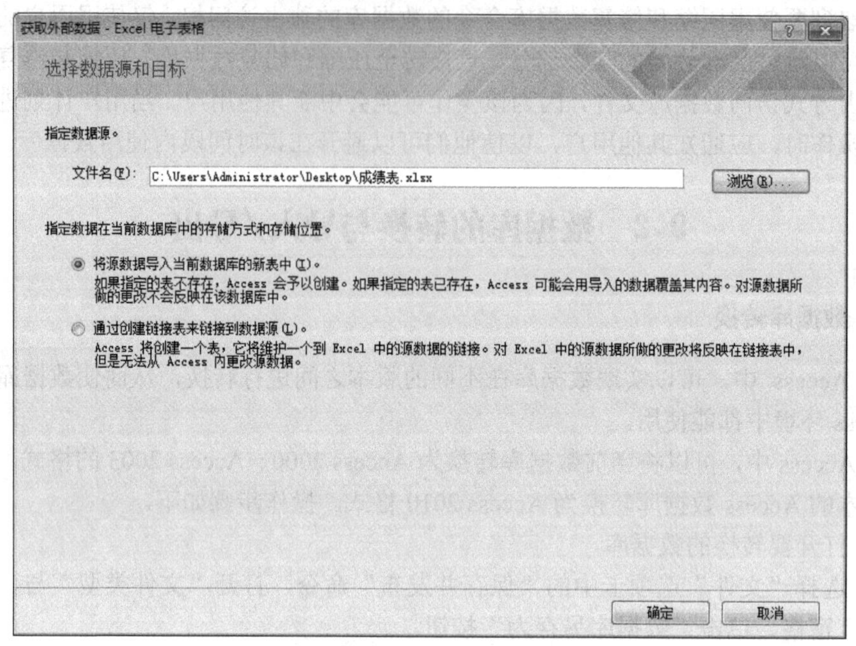

图 9-7 “获取外部数据-Excel 电子表格”对话框

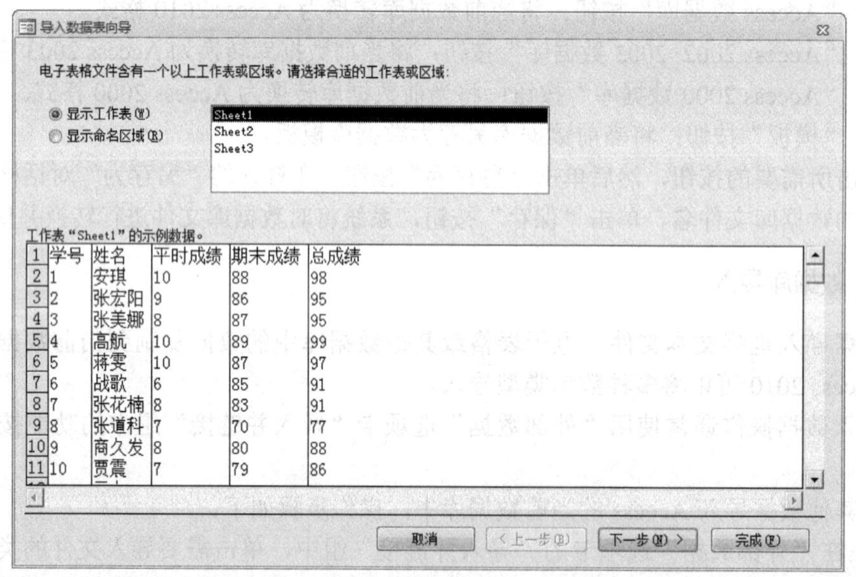

图 9-8 “导入数据表向导”对话框

3）根据向导指示，选择表的存放位置，然后进行有关表的字段的设置，如确认字段的名称，选择字段的数据类型，设置字段的索引属性，以及为表确定主关键字字段等，如图 9-9 所示。最后输入新表的名称，单击“完成”按钮导入数据。

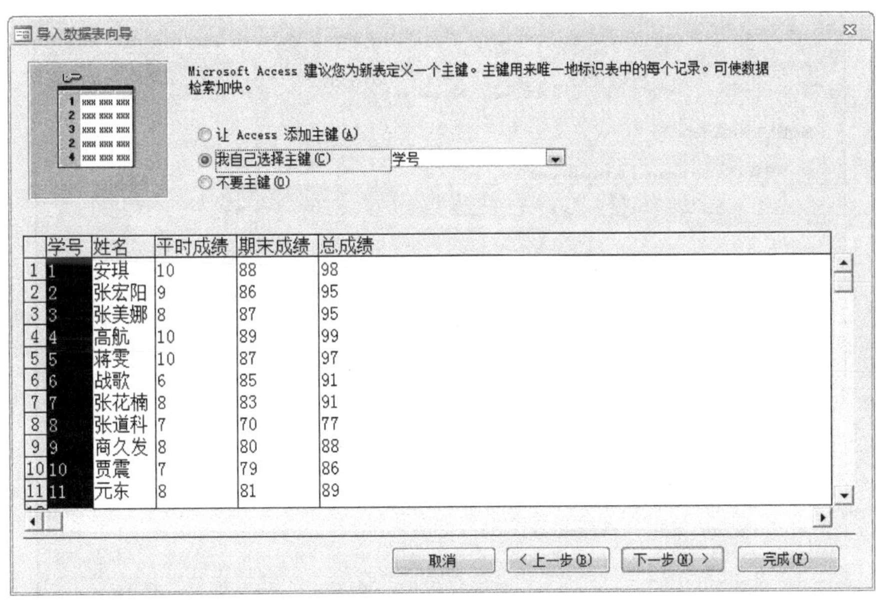

图 9-9　设置表的主键

9.2.3　数据库导出

Access 2010 可以将数据库对象导出为多种数据类型，如 Excel、SharePoint 列表、文本文件、Word、XML 文件、HTML 文档和 dBASE 文件等，还可以将数据库导出到其他数据库中，甚至可以直接使用 Word 中的“邮件合并向导”命令来合并数据。

导出数据操作通常使用“外部数据”选项卡“导出”组中的功能按钮进行操作。

导出数据时，一般通过 Access 的导出向导来完成。

1. 将数据库对象导出到 Access 数据库中

在 Access 中可以将当前数据库中的对象导出到其他数据库中，操作步骤如下。

1）打开数据库，选择要导出的数据库对象“成绩表”。

2）在“外部数据”选项卡的“导出”组中单击“Access”按钮 Access，打开“导出-Access 数据库”对话框，如图 9-10 所示。

3）指定保存导出对象的数据库文件，在“文件名”文本框中输入文件名，或单击“浏览”按钮来选择保存文件名，单击“确定”按钮，打开“导出”对话框，如图 9-11 所示。

4）在“将成绩表导出到”文本框中输入导出表名，在下面的“导出表”选项组中选择导出数据或只导出表结构。单击“确定”按钮，完成操作。

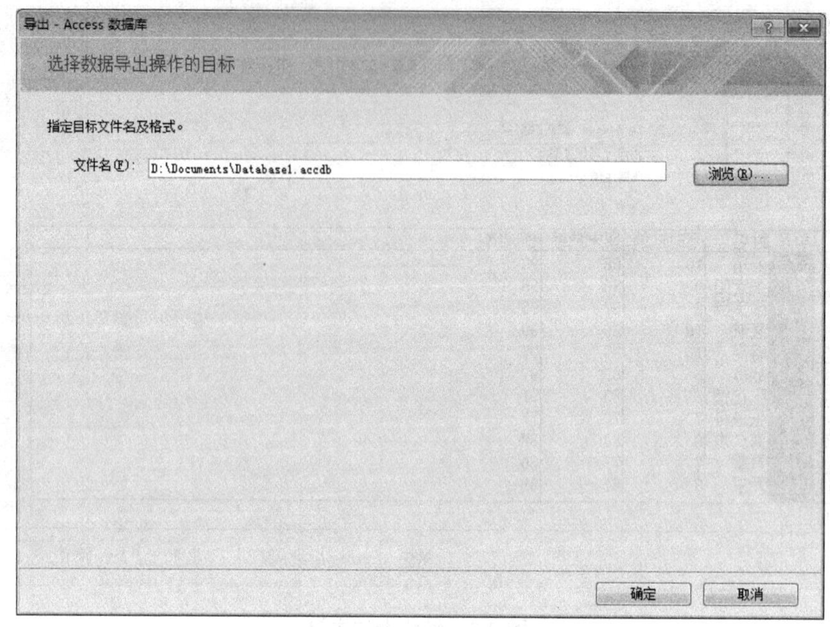

图 9-10 “导出-Access 数据库”对话框

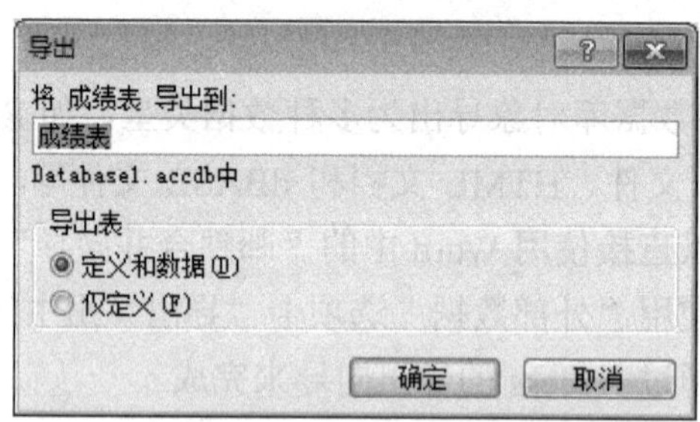

图 9-11 “导出”对话框

2. 将数据库对象导出到 Excel 中

在 Access 中可以将表、查询、窗体或报表导出到 Excel 中，操作步骤如下。

1）打开数据库，选择要导出的数据库对象“成绩表”。

2）在“外部数据”选项卡的“导出”组中单击“Excel”按钮，打开“导出-Excel 电子表格”对话框，如图 9-12 所示。

3）指定存储成绩表数据的 Excel 文件名和文件格式或单击“浏览”按钮，在打开的“保存文件”对话框中选择保存路径和文件名。保存后返回“导出-Excel 电子表格”对话框。

4）指定导出选项，选择导出时是否包含格式和布局，然后单击“确定”按钮，完成操作。

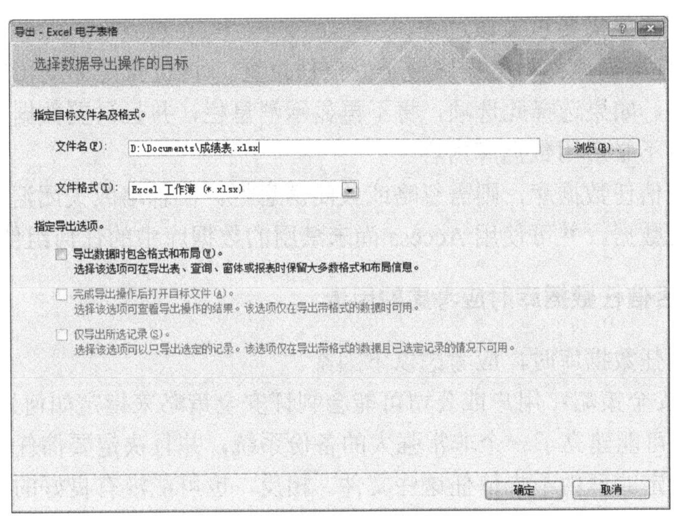

图 9-12 “导出-Excel 电子表格”对话框

9.3 决定是否信任数据库

Access 2010 使用了比早期版本更为简单的安全模型。在 Access 2010 中，可以指明是否信任数据库，系统将基于用户的信任决定自动做出所有其他安全决定。此过程与 Access 2007 中的过程相同，但 Access 2010 中的过程更加简单。本节主要介绍 Access 2010 中的信任工作原理及其与 Access 早期版本中安全的不同之处，另外还介绍用户决定是否信任数据库时应考虑的因素。

9.3.1 简介

如果使用的是早于 Access 2007 的 Access 版本中的安全功能，则在打开数据库时必须做出一系列的选择。例如，必须在安全级别（“低”“中”“高”）之间进行选择，并选择是否希望运行可能不安全的代码。当在 Access 2010 中打开数据库时，不再需要做出上述决定。默认情况下，Access 2010 将禁用数据库中所有可能不安全的代码或其他组件，无论该数据库是使用哪个版本的 Access 创建的。

当 Access 禁用内容时，会显示消息栏以告知用户此操作，如图 9-13 所示。

图 9-13 “安全警告”消息栏

如果看到消息栏，则可以选择是否信任数据库中已禁用的内容。如果决定信任已禁用的内容，则可以通过下面两种方式达到此目的。

1）使用消息栏：单击消息栏上的“启用内容”按钮。如果单击此按钮，则当数据库发生更改时，可能需要重复该过程。

2）永久信任数据库：将数据库置于受信任位置，该位置是驱动器或网络上标记为受信任的文件夹。如果选择此选项，将不再显示消息栏，并且只要数据库保留在该受信任的位置中，就不必启用数据库内容。

如果不希望信任数据库，则需忽略或关闭消息栏。在忽略或关闭消息栏后，仍可以查看数据库中的数据，并可使用 Access 尚未禁用的数据库中的任何组件。

9.3.2 决定是否信任数据库时应考虑的因素

决定是否信任数据库时，应考虑以下因素。

1）自己的安全策略：用户或公司可能会制订安全策略来指定如何处理 Access 数据库文件。例如，可能建立了一个非常强大的备份系统，并且决定要信任大多数的数据库文件，除非有特定的理由不去信任这些文件。相反，也可能没有良好的备份系统，因此在决定是否信任数据库时需要非常谨慎。

2）目标：当 Access 禁用不受信任的数据库中的内容时，它不会阻止访问该数据库中的数据。如果要查看数据库中的数据，但不希望执行任何可能不安全的操作（如运行动作查询或使用某些宏操作），则无需信任数据库。如果不确定某个操作是否安全，则可以尝试在数据库内容已由禁用模式阻止的情况下执行操作。如果该操作可能不安全，在这种情况下将会阻止它。

3）数据库源：如果数据库是由用户创建的，或者用户知道数据库来自受信任的源，则可以决定信任数据库。如果数据库来自可能不可靠的源，则可能要保持数据库为不受信任状态，直到可以确定数据库内容是安全的。

4）数据库文件的内容：如果无法基于其他信息做出信任决定，则可能需要考虑全面检查数据库内容以查看数据库可能包含的潜在不安全内容。在进行完整检查并确保内容安全之后，可以决定信任数据库。

5）存储数据库位置的安全性：即使知道数据库文件的内容是安全的，但如果该文件存储在一个并非完全安全的位置，则可能会有人在数据库中引入不安全的内容。在决定信任存储在可能不安全位置的数据库文件时应谨慎。

9.3.3 信任数据库的方法

在决定信任数据库后，可以通过使用消息栏或通过将数据库文件放置在受信任位置来信任数据库。

使用消息栏启用内容，消息栏显示在功能区的正下方。在消息栏中，单击“启用内容”按钮。如果看不到消息栏，但内容已被禁用，则应确保已启用消息栏。

（1）启用消息栏

1）选择“文件”选项卡中的“选项”命令。

2）在打开的“Access 选项”对话框的左窗格中选择“信任中心”命令。

3）在右窗格中的“Microsoft Access 信任中心”选项组中单击“信任中心设置”按钮。

4）在打开的“信任中心”对话框的左窗格中选择“消息栏”命令。

5）在右窗格中选中“活动内容（如 ActiveX 控件和宏）被阻止时在所有应用程序中显示消息栏”单选按钮，然后单击“确定”按钮。

6）关闭并重新打开数据库以应用更改后的设置。

在“消息栏”变为可见并且已启用之后，就可以使用它来启用内容了。

（2）将数据库文件移动到受信任位置

若要指定给定的数据库是可信的并且应该在默认情况下启用，需确保数据库文件位于受信任位置。受信任位置是计算机上的某个文件夹或文件路径，或者是 Intranet 上的某个位置，从该位置运行代码将被视为是安全的。还可以指定自己的受信任位置。打开数据库文件当前所在的文件夹，然后将数据库文件复制到所需的受信任位置。

指定受信任位置的操作步骤如下。

1）选择“文件”选项卡中的“选项”命令。

2）在打开的“Access 选项”对话框的左窗格中选择“信任中心”命令。

3）在右窗格中的“Microsoft Access 信任中心”选项组中单击“信任中心设置”按钮。

4）在打开的“信任中心”对话框的左窗格中选择“受信任位置”命令。

5）若要添加网络位置，则在右窗格中选中“允许网络上的受信任位置”复选框。

6）单击“添加新位置”按钮。

7）在打开的“Microsoft Office 受信任位置”对话框中，选用以下方法之一。

① 在“路径”文本框中输入要添加位置的完整路径。

② 单击“浏览”按钮以通过浏览找到该位置。

8）若要指定新的受信任位置的子文件夹也应受到信任，则选中“同时信任此位置的子文件夹”复选框。

9）在“说明”文本框中输入对受信任位置的描述（可选）。

附　录

全国计算机等级考试二级 Access 数据库程序设计模拟试题 1

选择题（每小题 1 分，共 40 分）

（1）程序流程图中带有箭头的线段表示的是（　　）。

A．图元关系　　B．数据流

C．控制流　　D．调用关系

（2）结构化程序设计的基本原则不包括（　　）。

A．多态性　　B．自顶向下

C．模块化　　D．逐步求精

（3）软件设计中模块划分应遵循的准则是（　　）。

A．低内聚低耦合　　B．高内聚低耦合

C．低内聚高耦合　　D．高内聚高耦合

（4）在软件开发中，需求分析阶段产生的主要文档（　　）。

A．可行性分析报告

B．软件需求规格说明书

C．概要设计说明书

D．集成测试计划

（5）算法的有穷性是指（　　）。

A．算法程序的运行时间是有限的

B．算法程序所处理的数据量是有限的

C．算法程序的长度是有限的

D．算法只能被有限的用户使用

（6）对长度为 n 的线性表排序，在最坏情况下，比较次数不是 $n(n-1)/2$ 的排序方法是（　　）。

A．快速排序　　B．冒泡排序

C．直接插入排序　　D．堆排序

（7）下列关于栈的叙述正确的是（　　）。

A．栈按“先进先出”组织数据

B．栈按“先进后出”组织数据

C．只能在栈底插入数据

D．不能删除数据

（8）在数据库设计中，将 E-R 图转换成关系数据模型的过程属于（　　）。

A．需求分析阶段　　B．概念设计阶段

C．逻辑设计阶段　　D．物理设计阶段

（9）运动会中一个运动项目可以有多名运动员参加，一名运动员可以参加多个项目。则实体项目与运动员之间的联系是（　　）。

A．多对多　　B．一对多

C．多对一　　D．一对一

（10）设有表示学生选课的 3 个表，学生 S（学号，姓名，性别，年龄，身份证号），课程 C（课程号，课程名），选课 SC（学号，课程号，成绩），则表 SC 的关键字为（　　）。

A．课程号，成绩　　B．学号，成绩

C．学号，课程号　　D．学号，姓名，成绩

（11）按数据的组织形式，数据库的数据模型可分为 3 种模型，它们是（　　）。

A．小型、中型和大型

B．网状、环状和链状

C．层次、网状和关系

D．独享、共享和实时

（12）在书写查询准则时，日期型数据应该使用适当的分隔符括起来，正确的分隔符是（　　）。

A．*　　B．%　　C．&　　D．#

（13）如果在创建表中建立“性别”字段，并要求用汉字表示，则其数据类型应当是（　　）。

A．是/否　　B．数字　　C．文本　　D．备注

（14）下列关于字段属性的叙述中，正确的是（　　）。

A．可对任意类型的字段设置“默认值”属性

B．设置字段默认值就是规定该字段值不允许为空

C．只有文本型数据能够使用“输入掩码向导”

D．“有效性规则”属性只允许定义一个条件表达式

（15）在 Access 中，如果不想显示数据表中的某些字段，可以使用的命令是（　　）。

A．隐藏　　B．删除　　C．冻结　　D．筛选

（16）如果在数据库中已有同名的表，要通过查询覆盖原来的表，应该使用的查询类型是（　　）。

A．删除　　B．追加　　C．生成表　　D．更新

（17）在 SQL 查询中“GROUP BY”的含义是（　　）。

A．选择行条件　　B．对查询进行排序

C．选择列字段　　D．对查询进行分组

（18）下列关于 SQL 语句的叙述中，错误的是（　　）。

A．INSERT 语句可以向数据表中追加新的数据记录

B．UPDATE 语句用来修改数据表中已经存在的数据记录

C．DELETE 语句用来删除数据表中的记录

D．CREATE 语句用来建立表结构并追加新的记录

（19）如果有学生表（学号，姓名，专业），若要删除“专业”字段的全部内容，则应使用的查询是（　　）。

A．追加查询　　B．更新查询

C．删除查询　　D．生成表查询

（20）查询“书名”字段中包含“等级考试”字样的记录，应该使用的条件是（　　）。

A．Like "等级考试"　　B．Like "*等级考试"

C．Like "等级考试*"　　D．Like "*等级考试*"

（21）在教师信息输入窗体中，为“职称”字段提供“教授”“副教授”“讲师”等选项供用户直接选择，最合适的控件是（　　）。

A．标签　　B．复选框

C．文本框　　D．组合框

（22）在报表中要计算“实发工资”字段的平均值，则应将控件的“控件来源”设置为（　　）。

A．=Avg（[实发工资]）　　B．Avg（实发工资）

C．=Avg[实发工资]　　D．=Avg（实发工资）

（23）发生在控件接收焦点之前的事件是（　　）。

A．Enter　　B．Exit

C．GotFocus　　D．LostFocus

（24）下列关于报表的叙述中，正确的是（　　）。

A．报表只能输入数据

B．报表只能输出数据

C．报表可以输入和输出数据

D．报表不能输入和输出数据

（25）在报表设计过程中，不适合添加的控件是（　　）。

A．标签控件　　B．图形控件

C．文本框控件　　D．选项组控件

（26）在宏的参数中，要引用窗体 F1 上的 Text1 文本框的值，应该使用的表达式是（　　）。

A．[Forms]！[F1]！[Text1]

B．Text1

C．[F1].[Text1]

D. [Forms]_[F1]_[Text1]

(27) 在运行宏的过程中，宏不能修改的是（　　）。

A. 窗体　B. 宏本身　C. 表　D. 数据库

(28) 为窗体或报表的控件设置属性值的正确宏操作命令是（　　）。

A. Set　B. SetData

C. SetValue　D. SetWarnings

(29) 下列给出的选项中，非法的变量名是（　　）。

A. Sum　B. Integer_2

C. Rem　D. Form1

(30) 在模块的声明部分使用“Option Base 1”语句，然后定义二维数组 *A*(2 to 5, 5)，则该数组的元素个数为（　　）。

A. 20　B. 24　C. 25　D. 36

(31) 在 VBA 中，能自动检查出来的错误是（　　）。

A. 语法错误　B. 逻辑错误

C. 运行错误　D. 注释错误

(32) 如果在被调用的过程中改变了形参变量的值，但又不影响实参变量本身，这种参数传递方式称为（　　）。

A. 按值传递　B. 按地址传递

C. ByRef 传递　D. 按形参传递

(33) 表达式“B= INT(A+0.5)”的功能是（　　）。

A. 将变量 A 保留小数点后 1 位

B. 将变量 A 四舍五入取整

C. 将变量 A 保留小数点后 5 位

D. 舍去变量 A 的小数部分

(34) 运行下列程序段，结果是（　　）。

```
For  m=10  to  1  step 0
   k=k+3
Next  m
```

A. 形成死循环

B. 循环体不执行，即结束循环

C. 出现语法错误

D. 循环体执行一次后结束循环

(35) 下列 4 个选项中，不是 VBA 的条件函数的是（　　）。

A. Choose　B. If

C. IIf　D. Switch

(36) 运行下列程序，结果是（　　）。

```
Private Sub Command32_Click()
    f0=1 :  f1=1 :  k=1
    Do While k<=5
        f=f0+f1
        f0=f1
        f1=f
        k=k+1
    Loop
    MsgBox "f=" & f
End Sub
```

A. f=5　　B. f=7　　C. f=8　　D. f=13

(37) 在窗体中添加一个名为 Command1 的命令按钮，然后编写如下事件代码：

```
Private Sub Command1_Click()
    MsgBox f(24,18)
End  Sub
Public Function f(m As Integer,n As Integer)As Integer
    Do While m<>n
        Do While  m>n
            m=m-n
        Loop
        Do While  m<n
            n=n-m
        Loop
    Loop
    f=m
End Function
```

窗体打开运行后，单击命令按钮，则消息框的输出结果是（　　）。

A. 2　　B. 4　　C. 6　　D. 8

(38) 在窗体上有一个命令按钮 Command1，编写事件代码如下：

```
Private Sub Command1_Click()
    Dim d1 As Date
    Dim d2 As Date
    d1=#12/25/2009#
    d2=#1/5/2010#
    MsgBox DateDiff("ww",d1,d2)
End Sub
```

打开窗体运行后，单击命令按钮，消息框中的输出结果是（　　）。

A．1　　B．2　　C．10　　D．11

（39）能够实现从指定记录集里检索特定字段值的函数是（　　）。

A．Nz　　B．Find

C．Lookup　　D．DLookup

（40）下列程序的功能是返回当前窗体的记录集：

```
Sub GetRecNum()
    Dim rs As Object
    Set rs=【 】
    MsgBox  rs.RecordCount
End Sub
```

为保证程序输出记录集（窗体记录源）的记录数，【 】内应填入的语句是（　　）。

A．Me.Recordset

B．Me.RecordLocks

C．Me.RecordSource

D．Me.RecordSelectors

全国计算机等级考试二级 Access 数据库程序设计模拟试题 2

选择题（每小题 1 分，共 40 分）

（1）下列叙述中正确的是（　　）。

A．每一个结点有两个指针域的链表一定是非线性结构

B．所有结点的指针域都为非空的链表一定是非线性结构

C．循环链表是循环队列的链式存储结构

D．线性结构的存储结点也可以有多个指针

（2）使用白盒测试方法时，应根据（　　）设计测试用例。

A．程序的内部逻辑　　B．程序的复杂结构

C．程序的功能　　D．使用说明书

（3）在医院，每个医生只属于某一个诊疗科，医生同一天可为多位患者看病，而一名患者可在多个科室治疗，则实体医生和患者之间的联系是（　　）。

A．多对多　　B．多对一

C．一对多　　D．一对一

（4）设序列长度为 n，在最坏情况下，时间复杂度为 $O(\log_2 n)$的算法是（　　）。

A．二分法查找　　B．顺序查找

C．分块查找　　D．哈希查找

（5）设数据集合为 $D=\{1,3,5,7,9\}$，D 上的关系为 R，下列数据结构 $B=(D,R)$中为非线性结构的是（　　）。

A．$R=\{(5,1), (7,9), (1,7), (9,3)\}$

B．$R=\{(9,7), (1,3), (7,1), (3,5)\}$

C．$R=\{(1,9), (9,7), (7,5), (5,3)\}$

D．$R=\{(1,3), (3,5), (5,9)\}$

（6）深度为 7 的二叉树共有 127 个结点，则下列说法中错误的是（　　）。

A．该二叉树有一个度为 1 的结点

B．该二叉树是满二叉树

C．该二叉树是完全二叉树

D．该二叉树有 64 个叶子结点

（7）某二叉树的中序序列为 BDCA，后序序列为 DCBA，则前序序列为（　　）。

A．DCBA　　B．BDCA

C．ABCD　　D．BADC

（8）下面能作为软件需求分析工具的是（　　）。

A．PAD 图　　B．程序流程图

C. 甘特图　　D. 数据流程图（DFD 图）

（9）下面不属于对象主要特征的是（　　）。

A. 唯一性　　B. 多态性

C. 可复用性　　D. 封装性

（10）在 Access 数据库中要建立“期末成绩表”，包括“学号”“平时成绩”“期中成绩”“末成绩”“总成绩”等字段，其中平时成绩为 0～20 分，期中成绩、期末成绩和总成绩均为 0～100 分，总成绩=平时成绩+期中成绩×30%+期末成绩×50%，则在建立表时，错误的操作是（　　）。

A. 将“总成绩”字段设置为计算类型

B. 为“总成绩”字段设置有效性规则

C. 将“平时成绩”字段设置为数字类型

D. 将“学号”字段设置为主关键字

（11）下列关于 Access 索引的叙述中，正确的是（　　）。

A. 建立索引可以提高查找速度，且可以对表中的记录实施唯一性限制

B. 建立索引不能提高查找速度，但可以对表中的记录实施唯一性限制

C. 建立索引可以提高查找速度，但不能对表中的记录实施唯一性限制

D. 建立索引不能提高查找速度，且不能对表中的记录实施唯一性限制

（12）关系模型中的术语“属性”对应的是 Access 数据库中的是（　　）。

A. 字段　　B. 索引　　C. 类型　　D. 取值范围

（13）要通过关系运算得到表中年龄大于 18 岁的元组，应该使用的关系运算是（　　）。

A. 连接　　B. 关系　　C. 选择　　D. 投影

（14）在窗体中要显示一名学生的基本信息和该学生各门课程的成绩，窗体设计时在主窗体中显示学生的基本信息，在子窗体中显示学生各门课程的成绩，则主窗体和子窗体数据源之间的关系是（　　）。

A. 一对一关系　　B. 一对多关系

C. 多对一关系　　D. 多对多关系

（15）在“查找和替换”对话框的“查找内容”文本框中，设置“[a-c]defg”的含义是（　　）。

A. 查找“a-cdefg”字符串

B. 查找“[a-c]defg”字符串

C. 查找“adefg”、“bdefg”或“cdefg”的字符串

D. 查找“abcdefg”字符串

（16）下列字段中，可以作为主关键字的是（　　）。

A. 身份证号　　B. 姓名

C. 班级　　D. 专业

（17）如果一个字段的值为空值，则含义是（　　）。

A．字段的值为 0

B．字段的值为空格

C．字段的值为空串

D．字段目前还没有值

（18）下列与主关键字相关的概念中，错误的是（　　）。

A．作为主关键字的字段中允许出现 Null 值

B．作为主关键字的字段中不允许出现重复值

C．可以使用自动编号作为主关键字

D．可用多个字段组合作为主关键字

（19）在显示查询结果时，若要将数据表中的“name”字段名显示为“姓名”，则应进行的相关设置是（　　）。

A．在查询设计视图的“字段”行中输入“姓名”

B．在查询设计视图的“显示”行中输入“姓名”

C．在查询设计视图的“字段”行中输入“姓名:name”

D．在查询设计视图的“显示”行中输入“姓名:name”

（20）要在设计视图中创建一个查询，查找平均分在 85 分以上的男生，并显示姓名、性别和平均分，正确设置查询条件的方法是（　）。

A．在姓名的“条件”单元格中输入“平均分>=85 Or 性别="男"”

B．在姓名的“条件”单元格中输入“平均分>=85 And 性别= "男"”

C．在平均分的“条件”单元格中输入“>=85”，在性别的“条件”单元格中输入“"男"”

D．在平均分的“条件”单元格中输入“平均分>=85”，在性别的“条件”单元格中输入“性别="男"”

（21）在 Access 数据库中要删除表中的一个字段，可使用的 SQL 命令是（　　）。

A．DELECT Table　　B．DROP Table

C．ALTER Table　　D．SELECT Table

（22）在已建职工表中有“姓名”“性别”“出生日期”等字段，查询并显示女职工年龄最小的职工姓名、性别和年龄，正确的 SQL 命令是（　）。

A．SELECT 姓名,性别,MIN(YEAR(DATE( ))−YEAR([出生日期])) AS 年龄 FROM 职工 WHERE 性别=女

B．SELECT 姓名,性别,MIN(YEAR(DATE( ))−YEAR([出生日期])) AS 年龄 FROM 职工 WHERE 性别="女"

C．SELECT 姓名,性别,年龄 FROM 职工 WHERE 年龄=MIN(YEAR(DATE( ))－YEAR([出生日期])) AND 性别=女

D．SELECT 姓名,性别,年龄 FROM 职工 WHERE 年龄=MIN(YEAR(DATE( ))－YEAR([出生日期])) AND 性别="女"

（23）在 Access 中有教师表，表中有“教师编号”“姓名”“性别”“职称”“工资”等字段。执行如下 SQL 命令：

```
SELECT 性别, Avg(工资) FROM 教师 GROUP BY 性别;
```

其结果是（　　）。

A．计算工资的平均值，并按性别顺序显示每位教师的性别和工资

B．计算工资的平均值，并按性别顺序显示每位教师的工资和工资的平均值

C．计算男女职工工资的平均值，并显示性别和按性别区分的平均值

D．计算男女职工工资的平均值，并显示性别和总工资平均值

（24）在 Access 数据库中要修改一个表的结构，可使用的 SQL 命令是（　　）。

A．CREATE Table　　B．CREATE Index

C．ALTER Table　　D．ALTER Index

（25）如果要批量更改数据表中的某个值，可以使用的查询是（　　）。

A．参数查询　　B．更新查询

C．追加查询　　D．选择查询

（26）在学生报表中有一个文本框控件，其控件来源属性设置为“=count(*)”，则下列叙述正确的是（　　）。

A．处于不同分组级别的节中，计算结果不同

B．文本控件的值为报表记录源的记录总数

C．可将其放在页面页脚以显示当前页显示的学生数

D．只能存在于分组报表中

（27）为简化输入，可事先将“报考专业”的全部可能存入一个表中，在设计窗体时，则“报考专业”对应的控件可以是（　　）。

A．组合框或列表框控件　　D．复选框控件

C．切换按钮控件　　D．文本框控件

（28）可以在窗体中进行数据输入的控件是（　　）。

A．标签控件　　B．文本框控件

C．命令按钮控件　　D．图像控件

（29）在报表中，若文本框控件的“控件来源”属性设置为“=[page]&"页/"&[pages]&"页"”，该报表共 10 页，则打印预览报表时第 2 页报表的页码输出为（　　）。

A．2 页/10 页　　B．1 页，10 页

C．第 2 页，共 10 页　　D．=2 页/10 页

（30）使用报表设计视图创建一个分组统计报表的操作包括

① 指定报表的数据来源

② 计算汇总信息

③ 创建一个空白报表

④ 设置报表排序和分组信息

⑤ 添加或删除各种控件

正确的操作步骤为（　　）。

A. ①②③④⑤

B. ③①⑤④②

C. ③①②④⑤

D. ⑤④③②①

（31）要在一个窗体的某个按钮的单击事件上添加动作，可以创建的宏是（　　）。

A. 只能是独立宏

B. 只能是嵌入宏

C. 独立宏或数据宏

D. 独立宏或嵌入宏

（32）有一个“学生信息”窗体，其中，若要用宏操作 GoToControl 将焦点移到“学号”字段上，则该宏操作的参数“控件名称”应设置为（　　）。

A. [Forms]![学生信息]![学号]

B. [学生信息]![学号]

C. [学号]![学生信息]

D. [学号]

（33）在窗体中有一个 Command1 按钮，该模块内还有一个函数过程：

```
Public Function f(x As Integer)As Integer
  Dim y As Integer
  x=20
  y=2
  f=x*y
End Function
Private Sub Command1_Click()
  Dim y As Integer
  Static x As Integer
  x=10
  y=5
  y=f(x)
  Debug.Print x; y
End Sub
```

打开窗体运行后，如果单击按钮，则在立即窗口上显示的内容是（　　）。

A. 10　5　　B. 10　40　　C. 20　5　　D. 20　40

（34）若数据库中有表 STUD，则下列函数实现的功能是（　　）。

```
Function DropPrimaryKey()
   Dim strSQL As String
   strSQL="ALTER TABLE STUD Drop CONSTRAINT PRIMARY_KEY"
   CurrentProject.Connection.Execute strSQL
End Function
```

A．为关系 STUD 设置主关键字
B．取消关系 STUD 中的主关键字
C．为关系 STUD 添加索引
D．取消关系 STUD 中的全部索引

（35）下列子过程实现对教师表中的基本工资涨 10% 的操作。

```
Sub GongZi()
   Dim cn As New ADODB.Connection
   Dim rs As New ADODB.Recordset
   Dim fd As ADODB.Field
   Dim strConnect As String
   Dim strSQL As String
   Set cn=CurrentProject.Connection
   strSQL="Select 基本工资 from 教师表"
   rs.Open strSQL, cn, adOpenDynamic, adLockOptimistic, adCmdText '
   Set fd=rs.Fields("基本工资")
   Do While Not rs.EOF
     【 】
     rs.Update
     rs.MoveNext
   Loop
   rs.Close
   cn.Close
   Set rs=Nothing
   Set cn=Nothing
End Sub
```

程序空白处【 】应该填写的语句是（　　）。

A．fd=fd*1.1
B．rs=rs*1.1
C．基本工资=基本工资*1.1
D．rs.fd =rs.fd*1.1

（36）已知事件对应的程序代码如下：

```
Private Sub Command0_Click()
   Dim J As Integer
   J=100
   Call GetData(J+5)
   MsgBox J
End Sub
Private Sub GetData(ByRef f As Integer)
   f=f+120
End Sub
```

则程序输出的是（　　）。

A. 100　　B. 120　　C. 125　　D. 225

（37）下列选项中，与 VBA 语句“Dim New%,sum！”等价的是（　　）。

A. Dim New As Integer, sum As Single

B. Dim New As Integer, sum As Double

C. Dim New As Double, sum As Single

D. Dim New As Double, sum As Integer

（38）VBA 中要进行读文件操作，应使用的命令是（　　）。

A. Input　　B. Read　　C. Get　　D. Fgets

（39）用户表中包含 4 个字段：用户名（文本，主关键字）、密码（文本）、登录次数（数字）和最近登录时间（日期/时间）。在登录界面的窗体中有两个名为 tUser 和 tPassword 的文本框，一个登录按钮 Command0。进入登录界面后，用户输入用户名和密码，单击“登录”按钮后，程序查找用户表。如果用户名和密码全部正确，则登录次数加 1，显示上次的登录时间，并记录本次登录的当前日期和时间；否则，显示出错提示信息。

为完成上述功能，请在程序中【 】处填入适当语句（　　）。

```
Private Sub Command0_Click()
   Dim cn As New ADODB.Connection
   Dim rs As New ADODB.Recordset
   Dim fd1 As ADODB.Field
   Dim fd2 As ADODB.Field
   Dim strSQL As String
   Set cn=CurrentProject.Connection
   strSQL="Select 登录次数, 最近登录时间 From 用户表 Where 用户名=" &
   Me!tUser & " And 密码=" & Me!tPassword & ""
   rs.Open strSQL, cn, adOpenDynamic, adLockOptimistic, adCmdText
   Set fd1=rs.Fields("登录次数")
   Set fd2=rs.Fields("最近登录时间")
```

```
If Not rs.EOF Then
fd1=fd1+1
MsgBox "用户已经登录：" & fd1 & "次" & Chr(13) & Chr(13) & "上次登录时间：" & fd2
fd2=Now()
【 】
Else
MsgBox "用户名或密码错误."
End If
rs.Close
cn.Close
Set rs=Nothing
Set cn=Nothing
End Sub
```

A．rs.Update　　B．Update

C．rs.Change　　D．Change

（40）以下程序的功能是求“x^3-5”表达式的值，其中 x 的值由文本框 Text0 输入，运算的结果由文本框 Text3 输出。

```
Private Sub Command0_Click()
   Dim x As Integer
   Dim y As Long
   Me.Text0=x
   y=x^3-5
   Me.Text3=y
End Sub
```

上述程序有错误，错误的语句是（　　）。

A．Dim x As Integer

B．Me.Text0 = x

C．Me.Text3 = y

D．Dim y As Long

参 考 文 献

教育部考试中心，2010．全国计算机等级考试二级教程：Access 数据库程序设计（2011 年版）．北京：高等教育出版社．
吕英华，2014．Access 数据库技术及应用．2 版．北京：科学出版社．
孟强，陈林琳，2013．中文版 Access 2010 数据库应用实用教程．北京：清华大学出版社．
全国计算机等级考试命题研究中心，2013．全国计算机等级考试考点分析、题解与模拟二级 Access（最新版）．北京：电子工业出版社．
单颀，王芳，2015．数据库技术与应用基础：Access 2010．2 版．北京：科学出版社．
王芳，杨莉，2015．数据库技术与应用实训教程：Access 2010．2 版．北京：科学出版社．
相世强，李绍勇，2014．Access 2010 中文版入门与提高．北京：清华大学出版社．
张星云，张秋生，2013．Access 2010 数据库原理及应用．北京：科学出版社．